住房城乡建设部土建类学科专业“十三五”规划教材
教育部高等学校建筑电气与智能化专业教学
指导分委员会规划推荐教材

综合布线技术（第二版）

于海鹰　韩　宁　屠景盛　编　著

中国建筑工业出版社

图书在版编目(CIP)数据

综合布线技术/于海鹰，韩宁，屠景盛编著. —2版. —北京：中国建筑工业出版社，2021.11
住房城乡建设部土建类学科专业"十三五"规划教材
教育部高等学校建筑电气与智能化专业教学指导分委员会规划推荐教材
ISBN 978-7-112-26890-0

Ⅰ.①综… Ⅱ.①于…②韩…③屠… Ⅲ.①计算机网络-布线-高等学校-教材 Ⅳ.①TP393.03

中国版本图书馆CIP数据核字(2021)第247796号

本教材从理论到实践、从材料到实施、从规划到验收，将综合布线技术体系展现在读者面前，具有基本原理与实训教程相结合的特点。

本教材共分八章，在介绍综合布线技术产生的背景发展历程和标准体系的基础上，依次详细论述了现阶段综合布线技术相关的基础知识、基本线材和连接部件、系统规划要求、各子系统设计方法、智能布线新技术和产品、实训内容、检测方法、要求与设备以及验收要求，并介绍了三个工程案例，为没有工程经历的读者提供了由浅入深、循序渐进地学习综合布线技术的素材。

本次修订，突出技术的先进性、概念的准确性和知识的实用性，力求教师易教，学生易学。

本教材可作为高等学校电气信息类和建筑电气与智能化等专业的本科课程与实训教材，也可作为从事建筑电气、建筑智能化工作的技术人员的培训指导书，或从事建筑电气工程设计、施工及管理人员的参考用书。

本教材的课件获取方式见封底，关于本书更多的讨论请加QQ群：244966210。

责任编辑：张 健 齐庆梅 王 跃
文字编辑：胡欣蕊
责任校对：赵 菲

住房城乡建设部土建类学科专业"十三五"规划教材
教育部高等学校建筑电气与智能化专业教学指导分委员会规划推荐教材
综合布线技术（第二版）
于海鹰 韩 宁 屠景盛 编 著

*

中国建筑工业出版社出版、发行(北京海淀三里河路9号)
各地新华书店、建筑书店经销
北京科地亚盟排版公司制版
北京君升印刷有限公司印刷

*

开本：787毫米×1092毫米 1/16 印张：12¾ 字数：315千字
2022年6月第二版 2022年6月第一次印刷
定价：**42.00**元（赠教师课件）
ISBN 978-7-112-26890-0
(38608)

教材编审委员会

序

自20世纪80年代智能建筑出现以来，智能建筑技术迅猛发展，其内涵不断创新丰富，外延不断扩展渗透，已引起世界范围内教育界和工业界的高度关注，并成为研究热点。进入21世纪，随着我国国民经济的快速发展，现代化、信息化、城镇化的迅速普及，智能建筑产业不但完成了“量”的积累，更是实现了“质”的飞跃，已成为现代建筑业的“龙头”，为绿色、节能、可持续发展做出了重大的贡献。智能建筑技术已延伸到建筑结构、建筑材料、建筑能源以及建筑全生命周期的运营服务等方面，促进了“绿色建筑”、“智慧城市”日新月异的发展。

坚持“节能降耗、生态环保”的可持续发展之路，是国家推进生态文明建设的重要举措。建筑电气与智能化专业承载着智能建筑人才培养的重任，肩负着现代建筑业的未来，且直接关系到国家“节能环保”目标的实现，其重要性愈加凸显。

全国高等学校建筑电气与智能化学科专业指导委员会十分重视教材在人才培养中的基础性作用，多年来下大力气加强教材建设，已取得了可喜的成绩。为进一步促进建筑电气与智能化专业建设和发展，根据住房和城乡建设部《关于申报高等教育、职业教育土建类学科专业“十三五”规划教材的通知》（建人专函〔2016〕号）精神，建筑电气与智能化学科专业指导委员会依据专业标准和规范，组织编写建筑电气与智能化专业“十三五”规划教材，以适应和满足建筑电气与智能化专业教学和人才培养需求。

该系列教材的出版目的是为培养专业基础扎实、实践能力强、具有创新精神的高素质人才。真诚希望使用本规划教材的广大读者多提宝贵意见，以便不断完善与优化教材内容。

全国高等学校建筑电气与智能化学科专业指导委员会
主任委员
方潜生

第二版前言

本教材作为土建类学科专业“十一五”的规划教材，出版已有十余年。随着信息化社会对信息传输能力需求的不断提高，各种通信系统和通信技术，特别是计算机网络技术有了极大的发展。作为承载各种信息传输的物理通道的综合布线系统，也在与时俱进地不断发展和进步，因此对本教材的修订亦是非常必要和迫切。

本次修订主要是根据 2017 年 4 月开始实施的《综合布线系统工程设计规范》GB 50311—2016 和《综合布线系统工程验收规范》GB/T 50312—2016 以及其他国际标准进行编写。

为保证教材的统一性和延续性，教材整体结构与第一版基本相同；第 1 至 3 章和第 7 章的内容修订篇幅很大，反映了综合布线系统的最新成就；第 4、5 章的内容进行了合并，对系统设计部分的结构做了调整；新增加了智能布线系统作为第 5 章；第 7 章新增了光纤测试的部分内容；第 6 章和第 8 章基本保留了第一版的内容。

本次修订，突出技术的先进性、概念的准确性和知识的实用性，力求教师易教，学生易学。

本教材是住房城乡建设部土建类学科专业“十三五”规划教材，参考学时为 30 学时，可供“建筑电气与智能化”专业及“电气信息类”相关专业教学之用，同时也可作为从事建筑电气、建筑智能化工作的技术人员的培训指导书。

本次修编工作是在中国建筑工业出版社张健博士的组织下开展的。承蒙张健博士的信任和关心，在此深表感谢！胡欣蕊编辑作为本教材的编辑倾注了精力和时间，向作者提出了许多有益建议并推荐审稿专家，严谨的工作态度令人感动。于军琪教授百忙之中对书稿进行了严格、认真的审阅，指出了一些错误并提出了若干十分有益的建议。于教授的广博知识和对业界的深刻理解给作者留下深刻印象。衷心感谢于教授的指教！

本教材的修编过程中得到了一些设备制造厂商和业内同行的大力支持。在此首先特别感谢武汉睿特富连技术有限公司总经理、以色列 RIT 科技公司执行董事韩庆荣博士，为本次修订提供了有关智能布线系统的极有价值的资料，并组织技术人员为作者做了系统展示。还要特别感谢山东朗坤信息系统有限公司高玉萍总经理和吕志新工程师以及福禄克（Fluke）公司齐志仕工程师的大力帮助，提供了有关线缆认证测试仪器的最新资料、光纤检测方面的详细说明和检测报告样本，并为编者做了测试演示。感谢济南通恒泛信电气设备有限公司臧丽娟总经理、武汉长飞集团李明飞经理和宁波一舟集团有限公司等单位对修编调研工作的细心安排与支持。最后，特别感谢第一版教材的编者韩宁教授和屠景盛先生，为教材搭建了良好的架构，制作了精致的插图，提供了经典的工程案例。修订版中仍保留了很多第一版的内容与插图，特别是工程案例基本未做修改。本教材由于军琪教授担任主审。

由于作者水平有限，教材中不当与错误之处在所难免，恳请各位同行、专家、使用本教材的师生和所有读者批评指正，并将意见和建议反馈给编著者，以便修正。

第一版前言

综合布线有如智能建筑中的信息高速公路，是现代建筑必备的基础设施。综合布线给布线技术领域带来巨大变革和飞跃，并不断跟随计算机网络飞速发展的脚步前进。因此，普通高等学校相关专业开设“综合布线技术”课程是非常必要的。

综合布线是多学科交叉的技术领域，全面地应用了电气工程、通信工程与计算机网络的最新技术。本书的作者收集了国内外大量的资料、设计实例，融合国际、国内综合布线标准，结合自己的工程实践经验，经过认真整理、提升、凝练，系统地介绍了综合布线技术。本教材在概述了相关的通信技术知识的基础上，通过认识综合布线工程常用材料，重点阐述了综合布线工程的设计原理，给出了基于试验台环境与工程仿真环境的综合布线技术实训教程，并提供典型的综合布线工程设计实例。通过本书的学习与训练，使读者建立起综合布线技术的基本概念与操作技能，以培养综合布线工程技术后备人才。

本教材是土建学科专业“十一五”规划教材，参考学时为 30 学时，可供“建筑电气与智能化”专业以及“电气信息类”相关专业教学之用，同时也可作为从事建筑电气、建筑智能化工作的技术人员的培训指导书。

教材在编写过程中，得到了许多同行的关注和大力支持。金陵科技学院建筑电气与智能化专业鞠全勇老师、牟福元老师、郑李明老师以及南京创协科技有限公司胡作进、朱卫东工程师参加了本书部分章节的编写；日本大金工业株式会社、宁波东方大金通信科技有限公司提供了很有参考价值的资料，谨在此一并向他们表示由衷的感谢。由于综合布线是近二十年来发展起来的多学科交叉的新兴技术，它将随着计算机技术、通信技术、控制技术与建筑技术紧密结合而不断发展，许多理论和技术问题有待进一步研究。笔者真诚希望读者提出宝贵意见，以便不断完善教材内容(E-mail：hn217@bjfu. edu. cn)。

目　录

第1章 概　论

综合布线系统是当代智能建筑和智能住宅小区中一个必不可少、极为重要的系统。它为建筑物和建筑群中的信息传输提供一个安全、可靠、高速、灵活、经济的通信平台。它是“三网融合”和“信息高速公路”实现“最后一公里”宽带接入的基础。

1.1 综合布线系统产生背景

综合布线系统诞生于20世纪80年代中期，是由当时隶属于美国电话电报公司(AT&T)的贝尔实验室(Bell Laboratory)首先提出的。它的提出有其特殊的时代背景。

20世纪60年代末，首个真正意义上的计算机网络ARPANET诞生了。它将分布于美国各地的高校和科研机构的不同类型的计算机主机连接起来，实现了软件和硬件资源共享。

20世纪70年代信息产业(IT)开始进入高速发展期。计算机和计算机网络技术进入了一个“IT战国”时代，涌现出国际商业机器公司(IBM)、数字设备公司(DEC)、惠普公司(HP)、王安公司(Wang)等十余家大型的计算机主机制造商，并且诞生了以太网(Ethernet)、令牌环网(Token Ring)、令牌总线网(Token Bus)和主机-终端以及调制解调器(Modem)拨号等网络通信体系。每个制造商和每种网络系统都占据了一定的市场份额。CPU的性能按摩尔定律快速提升，导致计算机系统的性能不断提升，IT新技术、新设备不断推陈出新，使得主机和网络系统频繁更新换代，这不仅带来了系统兼容性的问题，而且使用的传输电缆规格还各不相同。计算机主机系统或网络系统一旦更新，往往配套的传输电缆也得更换，造成了很大的浪费。

经常性的系统更新不仅使用户深受困扰，也给建筑电气设计人员带来极大的困难。在没有计算机的年代，一般建筑中的弱电系统只有固定电话系统，其布线系统简单、固定。有了计算机系统后，弱电系统设计除了电话通信系统的布线设计，还要考虑计算机主机与终端通信以及计算机网络通信的布线要求，因此会有多套布线系统并存。令电气设计师苦恼的是，一栋建筑在工程完工前，不知道用户入住以后会采用何种计算机和网络系统，因此根本无法为其设计合理、适用的布线系统。那时通常的做法是，电气设计不包含计算机和网络的布线系统，等用户搬进办公室并确定了主机和网络系统后，再根据具体的系统技术要求布放明线。最后的结果是，各种电缆在建筑物内杂乱无章地挂满墙壁。

为了解决上述问题，贝尔实验室推出了一个针对办公和商用写字楼建筑的布线系统Systimax® PDS(Premises Distribution System)，实现一套布线系统能够支持多种应用，包括电话通信、大型计算机主机与终端的通信、计算机网络通信以及监控系统的通信。如果用户的计算机主机系统或网络系统进行了更新改造，仅需要对布线系统做微小的变更和很小的再投资，不必更换基础的布线设施。其结果是既节省了费用，又缩短了工程周期，而这样的布线系统可以随土建和装修工程同步进行。换言之，它是可以预先设计的。

1.2 综合布线系统的定义与结构

1.2.1 综合布线系统的定义

关于综合布线系统的定义，在我国最早出自邮电部于 1997 年 9 月颁发的《大楼通信综合布线系统 第 1 部分：总规范》YD/T 926.1—1997(已作废)。在该标准中对综合布线系统的定义是：通信电缆、光缆、各种软电缆及有关连接硬件构成的通用布线系统，它能支持多种应用系统。即使用户尚未确定具体的应用系统，也可进行布线系统的设计和安装。综合布线系统中不包括应用的各种设备。

该定义包含了三层含义。第一层含义说明了综合布线系统的属性，即它是一个布线系统，由各种线缆和连接件组成；第二层含义说明了综合布线系统的主要特点，即它是通用的布线系统，可以同时支持各种应用系统，如语音、数据和图像等信息的传输，而且它可以随建筑工程同步实施；第三层含义是对布线系统范围的进一步界定，即它仅仅是布线系统，不包括各种端接的应用系统和设备。

1.2.2 综合布线系统的结构

综合布线系统又称为结构化布线系统。它采用模块化结构，将整个系统分为既相互独立，又有机结合的 6 个模块，通常称之为六个子系统。这六个子系统分别是工作区子系统、水平(布线)子系统、管理子系统、垂直(主干)子系统、设备间子系统和建筑群子系统。综合布线系统的整体结构及其子系统如图 1-1 所示。

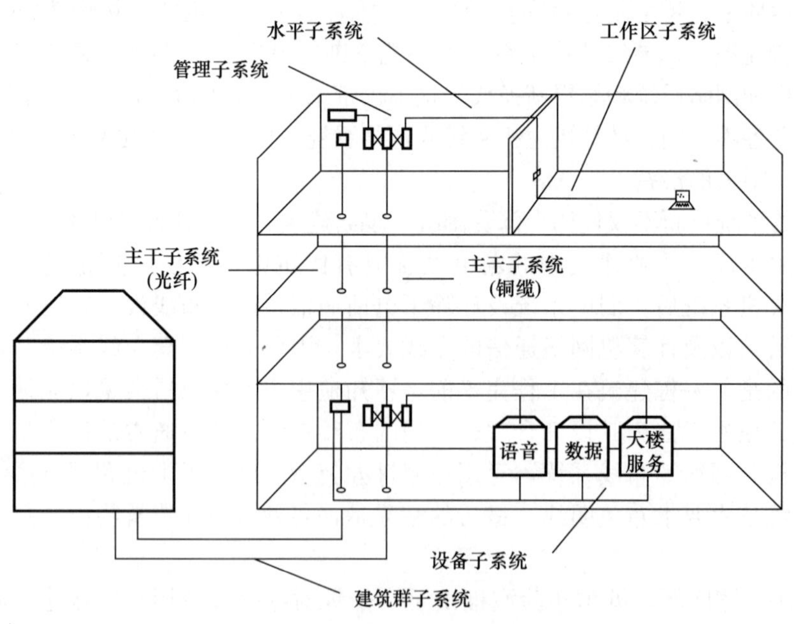

图 1-1 综合布线系统总体结构

在此需要说明一点，国内外的综合布线系统工程设计规范中对该系统的结构和子系统使用的术语和划分方法与上述不同。除最早期的规范是按六个子系统划分外，以后每次修编，系统的构成和部分子系统的名称术语都不相同，其中有划分七个子系统的，如2007版国家标准《综合布线系统工程设计规范》GB 50311—2007。还有划分三个子系统的。现行的《综合布线系统工程设计规范》GB 50311—2016，将综合布线系统分为三个部分，分别是配线子系统、干线子系统和建筑群子系统，其中配线子系统包括了最初的工作区、水平和管理子系统。从工程设计的角度讲，六个子系统的划分更适合介绍布线系统的设计和实现，因此本书按六个子系统的结构划分方式介绍综合布线系统及其设计。

1.2.3　综合布线系统的相关规范

最早颁发有关综合布线系统标准的是美国的通信工业协会/电子工业协会(TIA/EIA)。该组织于1991年专门针对商用建筑发布了《Commercial Building Telecommunications Cabling Standard》TIA/EIA-568。1995年发布了修订版TIA/EIA-568A。随后在2001年又推出TIA/EIA-568-B。2009年该组织推出《Generic Telecommunications Cabling for Customer Premises》，编号TIA/EIA-568-C。2015年9月，《用户驻地通用通信布线和商用建筑通信布线标准》TIA/EIA-568-D正式推出，它是该组织有关综合布线系统的最新标准。上述几个标准并不是替代关系，该系列新颁布的标准，是对原有标准的补充，原来的标准仍有效。需要说明的是TIA/EIA中的很多标准被美国国家标准学会(American National Standards Institute，ANSI)采纳而成为美国国家标准，上述的568系列标准即是如此。因此，在标准的前面也冠上美国国家标准学会，如ANSI/TIA/EIA-568-D。

国际标准化组织(ISO)联合国际电工委员会(International Electrotechnical Commission，简称IEC)和国际电联(ITU)于1995年共同颁布了《Information Technology—Generic Cabling for Customer Premises》ISO/IEC 11801。目前该标准的最新版是ISO/IEC 11801—2017。

在我国，最先是中国工程建设标准化协会(CECS)于1997年发布了一个名为《建筑与建筑群综合布线系统工程设计规范》CECS 72—1997的行业标准。

有关综合布线系统的国家标准是在2000年2月正式发布的。国家技术监督局和建设部联合颁布了两个推荐性的国家标准，分别是《建筑与建筑群综合布线系统工程设计规范》GB/T 50311—2000和《建筑与建筑群综合布线系统工程验收规范》GB/T 50312—2000。这两个标准分别在2007年和2016年被修订。新标准分别称为《综合布线系统工程设计规范》GB 50311—2016和《综合布线系统工程验收规范》GB/T 50312—2016。本书的设计原则将遵循《综合布线系统工程设计规范》GB 50311—2016、《Commercial Building Telecommunications Cabling Standard》TIA/EIA 568/A/B/C/D和《Information Technology-Generic Cabling for Customer Premises》ISO/IEC 11801—2017。

综合布线系统的工程建设不仅有工程设计和工程验收方面的标准，还涉及其他的标准，其中比较重要的有以下标准：

1. 防火标准

综合布线系统的工程设计涉及的防火标准主要有：

(1)《建筑设计防火规范(2018年版)》GB 50016—2014；

(2)《建筑内部装修设计防火规范》GB 50222—2017。

2. 机房及防雷接地标准

综合布线系统的工程设计涉及的防雷和接地标准主要有：

（1）《数据中心设计规范》（原名称《电子信息系统机房设计规范》）GB 50174—2017；

（2）《建筑物电子信息系统防雷技术规范》GB 50343—2012。

3. 智能建筑与智能小区标准

综合布线系统作为智能建筑和智能小区的一个子系统，其设计必然与智能建筑和智能小区的其他子系统有关联。与智能建筑和小区设计相关的标准有《智能建筑设计标准》GB 50314—2015、《建筑及居住区数字化技术应用》GB/T 20299.1～4—2006。

4. 信息安全标准

如果建筑工程的业主或用户对信息安全有特殊的要求，则综合布线系统的设计还要遵循以下标准：

（1）《信息安全技术 信息系统通用安全技术要求》GB/T 20271—2006；

（2）《信息安全技术 网络基础安全技术要求》GB/T 20270—2006；

（3）《电磁环境控制限值》GB 8702—2014。

5. 计算机网络标准

综合布线系统与计算机网络应用密切相关，因此需要掌握以下计算机网络相关技术和标准：

（1）IEEE 802.3l-1992：Supplement to 802.3-Type 10BASE-T Medium Attachment Unit（MAU）Protocol Implementation Conformance Statement（PICS）Proforma.

（2）IEEE 802.3u-1995：IEEE Standards for Local and Metropolitan Area Networks：Supplement-Media Access Control（MAC）Parameters，Physical Layer，Medium Attachment Units，and Repeater for 100Mb/s Operation，Type 100BASE-T（Clauses 21-30）.

（3）IEEE 802.3z-1998：Media Access Control Parameters，Physical Layers，Repeater and Management Parameters for 1000 Mb/s Operation，Supplement to Information Technology-Local and Metropolitan Area Networks-Part 3：Carrier Sense Multiple Access with Collision Detection（CSMA/CD）Access Method and Physical Layer Specifications.

（4）IEEE 802.3ab-1999：IEEE Standard for Information Technology-Telecommunications and information exchange between systems-Local and Metropolitan Area Networks-Part 3：Carrier Sense Multiple Access with Collision Detection（CSMA/CD）Access Method and Physical Layer Specifications-Physical Layer Parameters and Specifications for 1000 Mb/s Operation over 4 pair of Category 5 Balanced Copper Cabling，Type 1000BASE-T.

（5）IEEE 802.3ae-2002：IEEE Standard for Information technology-Local and metropolitan area networks-Part 3：CSMA/CD Access Method and Physical Layer Specifications-Media Access Control（MAC）Parameters，Physical Layer，and Management Parameters for 10 Gb/s Operation.

（6）IEEE 802.3an-2006：IEEE Standard for Information Technology-Telecommunications and Information Exchange Between Systems-LAN/MAN-Specific Requirements Part 3：CSMA/CD Access Method and Physical Layer Specifications-Amendment：Physical Layer and Management Parameters for 10 Gb/s Operation，Type 10GBASE-T.

（7）IEEE 802.3bq-2016：IEEE Standard for Ethernet Amendment 3：Physical Layer and Management Parameters for 25 Gb/s and 40 Gb/s Operation，Types 25GBASE-T and

40GBASE-T.

(8) IEEE 802.3bs-2017:IEEE Standard for Ethernet Amendment 10:Media Access Control Parameters, Physical Layers, and Management Parameters for 200 Gb/s and 400 Gb/s Operation.

(9) IEEE 802.3bz-2016:IEEE Standard for Ethernet Amendment 7:Media Access Control Parameters, Physical Layers, and Management Parameters for 2.5 Gb/s and 5 Gb/s Operation, Types 2.5GBASE-T and 5GBASE-T.

(10) IEEE 802.3cm-2020:IEEE Standard for Ethernet—Amendment 7:Physical Layer and Management Parameters for 400 Gb/s over Multimode Fiber.

(11) IEEE 802.11-1999:IEEE Standard for Information Technology-Telecommunications and information exchange between systems-Local and Metropolitan Area networks-Specific requirements-Part 11:Wireless LAN Medium Access Control (MAC) and Physical Layer (PHY) specifications.

(12) IEEE 802.11a-1999:IEEE Standard for Telecommunications and Information Exchange Between Systems-LAN/MAN Specific Requirements-Part 11:Wireless Medium Access Control (MAC) and physical layer (PHY) specifications:High Speed Physical Layer in the 5 GHz band.

(13) IEEE 802.11b-1999:IEEE Standard for Information Technology-Telecommunications and information exchange between systems-Local and Metropolitan networks-Specific requirements-Part 11:Wireless LAN Medium Access Control (MAC) and Physical Layer (PHY) specifications:Higher Speed Physical Layer (PHY) Extension in the 2.4 GHz band.

(14) IEEE 802.11g-2003:IEEE Standard for Information technology:Local and metropolitan area networks—Specific requirements—Part 11:Wireless LAN Medium Access Control (MAC) and Physical Layer (PHY) Specifications:Further Higher Data Rate Extension in the 2.4 GHz Band.

(15) IEEE 802.11n-2009:IEEE Standard for Information technology:Local and metropolitan area networks—Specific requirements—Part 11:Wireless LAN Medium Access Control (MAC) and Physical Layer (PHY) Specifications Amendment 5:Enhancements for Higher Throughput.

(16) IEEE 802.11ac-2013:IEEE Standard for Information Technology—Telecommunications and information exchange between systems—Local and metropolitan area networks—Specific requirements-Part 11:Wireless LAN Medium Access Control (MAC) and Physical Layer (PHY) Specifications—Amendment 4:Enhancements for Very High Throughput for Operation in Bands below 6 GHz.

(17) IEEE 802.11ax-2021:IEEE Standard for Information Technology—Telecommunications and Information Exchange between Systems Local and Metropolitan Area Networks—Specific Requirements Part 11:Wireless LAN Medium Access Control (MAC) and Physical Layer (PHY) Specifications Amendment 1:Enhancements for High-Efficiency

WLAN.

1.3 综合布线系统的特点

传统的布线系统往往是为某一个特定的应用系统所实施。因此，它一般仅能支持一项特定的应用，例如固定电话业务。我国电信标准规定，使用 1 对双绞线连接 1 部座机。显然这套布线系统无法支持高速 LAN 应用，有线电视系统亦是如此。

综合布线同传统布线相比较，有着许多优越性，是传统布线所无法相比的。其特点主要表现在它具有兼容性、开放性、灵活性、可靠性、先进性和经济性，而且在设计、施工和维护阶段也给人们带来了许多方便。

1. 兼容性

综合布线的首要特点是它的兼容性。所谓兼容性是指它能够同时接受、容纳、适用不同的应用系统。

过去，为一幢大楼或一个建筑群内的语音或数据线路布线时往往是采用不同厂家生产的电缆线、配线插座以及接头等。例如用户交换机通常采用双绞线，计算机系统通常采用粗同轴电缆或细同轴电缆。这些不同的设备使用不同的配线材料，而连接这些不同配线的插头、插座及端子板也各不相同，彼此互不相容。一旦需要改变终端机或电话机位置时，就必须敷设新的线缆，以及安装新的插座和接头。

综合布线将语音、数据与监控设备的信号线经过统一的规划和设计，采用相同的传输媒体、信息插座、交连设备、适配器等，把这些不同信号综合到一套标准的布线中传输。由此可见，这种布线比传统布线大为简化，可节约大量的物资、时间和空间。

在使用时，用户可不用定义某个工作区的信息插座的具体应用，只把某种终端设备(如个人计算机、电话、视频设备等)插入这个信息插座，然后在管理间和设备间的交接设备上做相应的接线操作，这个终端设备就被接入到各自的系统中了。

2. 开放性

对于传统的布线方式，只要用户选定了某种设备，也就选定了与之相适应的布线方式和传输媒体。如果更换另一设备，原来的布线就要全部更换。对于一个既有建筑物，这种变化是十分困难的，要增加很多投资和不便。综合布线由于采用开放式体系结构，符合多种国际现行的标准，因此它几乎对所有著名厂商的产品都是开放的，如计算机设备、交换机设备等；并对所有通信协议也是支持的，如《Information technology-Local and Metropolitan Area Networks-Part 3：Carrier Sense Multiple Access with Collision Detection(CSMA/CD) Access Method and Physical Layer Specifications》ISO/IEC 8802—3—1996，《Information Technology-Telecommunications and information exchange between systems-Local and metropolitan area networks-Part 5：Token Ring access method and physical layer specifications》ISO/IEC 802—5—1998 等。

3. 灵活性

传统的布线方式是封闭的，其体系结构是固定的，若因迁移设备或增加设备而带来的布线变更是相当困难和麻烦的，甚至是不可能的。综合布线采用标准的传输线缆和相关连接硬件，模块化设计，所有通道都是通用的。所有设备的开通及更改均不需要改变布线，只需增减相应的应用设备以及在配线架上进行必要的跳线管理。另外，组网也可灵活多样，甚至在同一房间可有多种网络终端并存，为用户组织信息流提供了必要条件。

4. 可靠性

传统的布线方式由于各个应用系统互不兼容，因而在一个建筑物中往往要有多种布线方案。当各应用系统布线不当时，还会造成交叉干扰。

综合布线采用高品质的材料和组合压接的方式构成一套高标准的信息传输通道。每条通道都要采用专用仪器测试链路阻抗及衰减率，以保证其电气性能。应用系统布线全部采用点到点端接，任何一条链路故障均不影响其他链路的运行，这就为链路的运行维护及故障检修提供了方便，从而保障了应用系统的可靠运行。各应用系统往往采用相同的传输媒体，因而可互为备用，提高了冗余性。

5. 先进性

当今社会信息产业飞速发展，特别是多媒体信息技术使数据和语音传输界限被打破，因此，现代建筑物如若采用传统布线方式，就不能满足当今信息技术应用的需要，更不能适应未来信息技术的发展。近年来随着人们对计算机网络速率应用需求的快速增长，综合布线技术所推出的新产品总是走在最新的因特网标准的前列，并且能够为高质量地传输宽带信号提供多种解决方案。因此可以说综合布线是IT行业最前沿、发展最迅速的技术之一。

6. 经济性

衡量一个建筑产品的经济性，应该从两个方面加以考虑，即初期投资与性能价格比。一般说来，用户总是希望建筑物所采用的设备在开始使用时应该具有良好的实用特性，而且还应该有一定的技术储备，在今后的若干年内应保护最初的投资，即在不增加新的投资情况下，还能保持设备的先进性。与传统的布线方式相比，综合布线不需要频繁变更布线设施，具有长期的保值性。随着科学技术的迅猛发展，人们对信息资源共享的要求越来越迫切，尤其重视语音、数据和视频传输的“三网合一”，因此，用综合布线取代单一、昂贵、繁杂的传统布线是信息时代的要求，是历史发展的必然趋势。

1.4 综合布线技术的发展

信息社会人们对传输带宽的需求是没有限度的，网络系统的传输带宽似乎永远满足不了人们的要求。一段时间以来，人们寄希望于用光纤取代铜缆，想一劳永逸地解决用户对带宽的需要。体现在综合布线系统中就是所谓的“光进铜退”，光纤不仅应用在园区干线和建筑物的垂直干线子系统中，并且越来越多地应用到水平子系统中，越来越多的工作区采用光纤到桌面(Fiber to the Desk，FTTD)的方式。

早在20世纪90年代初期，在成功推出Systimax PDS不久，贝尔实验室曾推出了工业布线系统(Industrial Distribution System，IDS)和智能建筑布线系统(Intellegent Building System，IBS)，旨在将综合布线系统细化分类，推广到不同的领域。不过这个策略并不成功，没有被业界接受，因此不久就销声匿迹。但随着“云”技术的出现，使得电子信息机房系统获得了快速发展，各种数据中心遍地开花。机房内的布线因其特殊性而异军突起，形成了一个独立的布线系统——数据中心综合布线系统，并且相继推出了一些数据中心的布线标准。数据中心机房内因放置了大量的服务器和高速的网络交换机与路由器，采用了当前最高速的 LAN 相互连接，如 40G/100G 以太网，从而为信息的处理、传输和交换提供高速通道。这些高速网络大多采用光纤作为传输介质。为保证连接的可靠性和传输性能，数据中心综合布线系统目前广泛采用了预端接技术，即根据设备之间传输链路的布线长度和接口、芯数等传输要求，在工厂定制好带 MPO(Multi Push On)连接器的缆线，带到工程现场直接端接两个数据终端设备或配线设备，从而增加了光缆的布线密度，简化了现场的布线施工和安装，节省了施工工期，提高了链路测试的通过率。

建筑物内的综合布线系统运行一段时间后，打开配线间的门或进入到信息机房，往往会看到机柜内的布线早已不是工程刚完工时井井有条的景象，而是各种跳线和设备线缆混乱不堪地交织在一起。整理这些配线一直是令网络管理员苦不堪言的事。电子配线架的出现，可以从根本上解决这类问题。电子配线架早在 20 世纪末便已问世，但是因造价的原因一直未能打开市场，罕有应用。随着云时代的到来，大数据和人工智能技术等应用对网络的高速率、低延迟、高可靠性、低故障率等的要求，以及越来越多的布线制造商的日益重视，价格日益走低，电子配线架逐渐开始获得信息中心机房的布线系统青睐，进而在一些高要求、高配置的综合布线系统工程中获得了应用。

进入 21 世纪的第 2 个 10 年，半导体发光二极管(LED)照明迅速走红。LED 在很短的时间内将大部分传统光源挤出了市场，包括业界正在推广的各种节能灯具，雄霸了照明市场。LED 是低压直流驱动的光源，这使得用计算机网络使用双绞线为 LED 提供电源成为可能。不仅如此，各种以太网已独霸 LAN 市场多时，基于以太网的供电技术(Power over Ethernet，PoE)已早于 LED 照明技术在市场上获得了广泛应用，如基于 PoE 的 WLAN 和视频监控系统等。现在 PoE 交换机的端口输出功率已达 100W，负载设备的输入功率可达 75W，可以满足一般办公和家居照明的需要。将 LED 照明技术和 PoE 技术结合起来的各种智能照明物联网系统和智慧建筑、智慧家居系统会雨后春笋般地蓬勃发展起来，这将为综合布线系统开辟新的应用领域，拓宽新的市场。

计算机网络，特别是 LAN 技术的发展与综合布线技术发展相辅相成，交相辉映。2016 年 10 月推出的《IEEE Standard for Ethernet Amendment 7：Media Access Control Parameters，Physical Layers，and Management Parameters for 2.5 Gb/s and 5 Gb/s Operation，Types 2.5GBASE-T and 5GBASE-T》IEEE802.3bz 标准，已经允许使用 CAT5e 布线系统传输 2.5GBASE-T 以太网信号，CAT6 布线系统传输 5GBASE-T 以太网信号。这无疑延长了原有综合布线系统的使用寿命。2016 年 6 月 TIA-568C 发布了 CAT8 布线标准，传输带宽达到了 2GHz，CAT8 线缆采用 S/FTP(即各线对用金属箔屏蔽，整体用金属网屏蔽的双层屏蔽结构)线缆结构，可以支持 25GBASE-T 和 40GBASE-T 的以太网传输。CAT8 布线系统的问世，无疑是铜缆向支持更高速计算机网络迈出的一大步。

复习思考题

1. 综合布线系统划分为哪几个组成部分？每个部分在建筑物中处于什么结构位置？每部分的作用是什么？

2. 简述综合布线技术的发展过程。

3. 综合布线技术与传统布线技术相比有哪些特点？

4. 综合布线技术支持哪些信息系统应用？

5. 综合布线技术有哪些主要的国内外标准？我国现阶段主要执行的是什么标准？

6. 综合布线技术支持何种网络应用？

第 2 章　综合布线技术相关的通信基础知识

综合布线系统是为建筑物内信息传输提供的一个通信平台。了解并掌握基本的通信基础知识，对学好、用好综合布线系统是十分必要的。

2.1　通信基本概念

通信就是信息传输，是两个或多个实体之间信息交换的过程。通信系统是这个过程的具体实现。

通信系统的一般模型如图 2-1 所示。

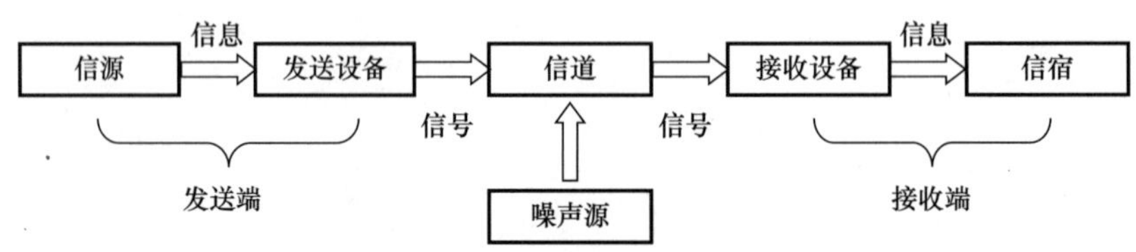

图 2-1　通信系统的一般模型

2.1.1　常用术语

1. 信源

信源即信息的来源。信源可以是人，也可以是机器。但在通信系统中，信源指机器，如电话机、摄像机、传感器、计算机等设备或装置。

2. 信宿

信宿是信息传输的归宿。它将通信系统传输过来的信息以某种特定的形式呈现出来，如语音、图像、文字、图表、曲线等，或是计算机可以识别的信号形式。

3. 信号

为了在某种通信系统中传送信息，对信息进行变换后某种物理量，如电信号、光信号、声信号等。信息被加载在信号中，在通信系统中被传输。

由信源直接产生的信号一般称为基带信号。基带信号的频谱中通常含有直流分量和低频分量。而计算机输出的数字信号(方波脉冲信号)也属于基带信号，但包含丰富的高频分量。

4. 发送设备与接收设备

发送设备即发送信息的设备。它的基本功能是将信息变换为可以在某种信道中传输的信号形式，以便在信道中传输。发送设备设计的通信技术涉及模拟传输、数字传输、模数转换、调制、光电转换等。

接收设备的功能是发送设备的反变换。

5. 信道

信道是指传输信号的物理媒质，总体分有线信道和无线信道。有线信道包括双绞线、同轴电缆和光纤，无线信道按通信系统使用的频率分为长波、中波、短波、超短波、微波和光波等。

6. 噪声源

噪声源不是人为加入的设备，而是任何一种通信系统客观存在的、不可避免的一种有害现象，会对通信系统造成不利影响，劣化通信质量。

7. 通信方式

当双向通信在一条信道上进行时，按照信息的传送方向有 3 种方式：

(1) 单工通信方式。单方向传输信号，不能反向传输；

(2) 半双工通信方式。既可单方向传输信号，也可以反方向传输，但不能同时进行；

(3) 全双工通信方式。可以在信道两端的应用终端设备之间同时、双向互送信息。

8. 带宽与信息传输速率

带宽即频带宽度。任何一个信号都占有一定的带宽，任何一种信道也都有一定的带宽。带宽的单位称为赫兹(Hz)。

对于通信系统而言，信道的带宽是有限的。而对于信号而言，某些信号具有无限的带宽。信道与信号的带宽不匹配，信号传输便产生了的失真，从而影响了信号的传输距离和传输效率。

信息传输速率定义为系统每秒钟传输的信息量，单位是比特/秒(bit/s)，通常写作“bps”。它是数字通信系统衡量传输效能的重要指标。信道的传输速率与信道的带宽和信道的质量(信噪比)有关。

2.1.2　传输特性

1. 信道容量

对任何一个通信系统，人们总希望它传递信息既有高速率，又有高质量。但这两项指标是互相矛盾的。也就是说，在一定的物理条件下，提高其通信速率，就会降低它的通信可靠性。信道容量可定义为：对于一个给定的物理信道，在传输差错率(即误码率)趋近于零的情况下，单位时间内可以传输的信息量。换句话说，信道容量是信道在单位时间里所能传输信息的最大速率。信息论中的香农定律给出了有扰模拟信道的计算公式：

$$C=B\times\log_2\left(1+\frac{S}{N}\right) \tag{2-1}$$

式中　C——通过这种信道无差错的最大信息传输速率，bit/s；

B——信道的频带宽度，Hz，与传输介质的材质和制作工艺有关；

S——信号的功率，W；

N——噪声的功率，W；

S/N 是由网络有源设备性能决定的信噪比。

由香农公式可得出以下结论：

(1) 提高信号和噪声功率之比，能增加信道容量。

(2) 当噪声功率 $N\to 0$ 时，信道容量 C 可趋于无穷大。这意味着无干扰信道容量为无穷大。

(3) 当信道应用系统一定时，可以选用不同的带宽和信噪比的组合来传输，即信道容量可以通过系统带宽与信噪比的互换而保持不变。

例如，如果 $S/N=7$，$B=4000$Hz，则可得 $C=12000$bit/s；但是，如果 $S/N=15$，

$B=3000\text{Hz}$，则可得同样数值 C 值。这提示人们，为达到某个实际信息传输速率，在系统设计时可以利用香农公式中的互换原理，确定合适的系统带宽和信噪比。但需指出的是，如果 S、N 一定，则无限增大 B 是不可能的，因此并不能使 C 值也趋于无限大。

信道传输容量是指信道在一定时间内通过或传输数据的总量。设备中的元器件以及周围环境干扰、噪声因素给信道的传输带来一定损害，从而影响综合布线的传输性能。综合布线系统中信道的传输性能直接影响通信网络误码率。

2. 基带传输

数据终端设备输出的原始信号，如计算机输出的二进制序列，属于数字基带信号。在某些具有低通特性的有线传输信道中，在传输距离要求不高的情况下，这类信号可以直接传输，称之为基带传输。计算机局域网(LAN)因覆盖的范围较小，因此广泛使用基带传输技术，使用的传输介质是双绞线或同轴电缆。

由于信道中分布参数和噪声的影响，造成了基带传输信号发生形变，进而在接收端产生了误码，特别是连续若干个“1”传输时。为了使基带信号顺利传输，需要选择较好的码型。

LAN 中常用的码型有曼彻斯特与差分曼彻斯特码、mBnB 码和多电平码等。

曼彻斯特与差分曼彻斯特码如图 2-2 所示。这类编码的特点是在码元的中央，一定会有电平的跃变，所以含有同步信息。又因为这类码正、负电平各半，所以无直流分量。这类码的编码过程也比较简单。但是它们存在致命的缺点，即传输占用的带宽是原信息码的 2 倍。因此这类码型无法在高速网络系统中采用。

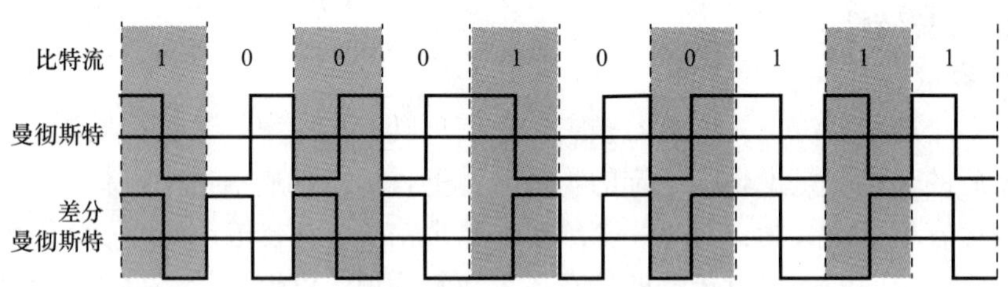

图 2-2　曼彻斯特与差分曼彻斯特编码波形

mBnB 码是高速 LAN 系统中普遍使用的码型，最常用的是 4B5B 和 8B10B 编码。4B5B 码是将 4 位二元信息码变换为 5 位的二元传输码。4 位二元码有 16 种组合，而 5 位二元码有 32 种组合。因此可以从 32 种组合中选出 16 种组合与 4 位二元码做映射。8B10B 编码原理与 4B5B 相同。选码的原则是每个码字中“1”和“0”的数量基本平衡，避免多个连续“1”的码型出现，从而减少接收端的误判。

3. 衰减与损耗

信号沿通信线路传输，因传输线材质本身存在阻抗，会随着传输距离的增大而变得越来越弱，称其为信号衰减(Attenuation)。由电磁场理论可知，传输线的衰减常数 α 可用式(2-2) 表示

$$\alpha=\sqrt{\frac{1}{2}\left[(R_1G_1-L_1C_1\omega^2)+\sqrt{(R_1^2+\omega^2L_1^2)(G_1^2+\omega^2C_1^2)}\right]} \tag{2-2}$$

式中，R_1、G_1、L_1 和 C_1 分别为传输线单位长度上的电阻(Ω)、电导(S)、分布电感(H)和

分布电容(F)，ω 为角频率(rad/s)。

衰减与传输信号的频率有关，频率越高，衰减越大。它还与传输的距离有关，距离越长，衰减越大。此外，衰减还与传输的环境温度有关，一般会随温度的升高而增大。这主要是因为导线的电阻率 ρ 与温度 t 是线性关系，如式(2-3) 所示。

$$\rho=\rho_0(1+\beta t) \tag{2-3}$$

式中 ρ_0——0℃时的电阻率(Ω·m)；

β——导体的温度系数，对于铜材，β 取 1.75×10^{-8}。

产生衰减的原因还包括线缆绝缘材料、阻抗不匹配、连接部件的接触电阻、高频信号集肤效应等。

在综合布线系统中，损耗分为回波损耗(Return Loss，RL)和插入损耗(Insertion Loss，IL)。

回波损耗是由于链路或信道的特性阻抗不匹配而引起的信号(功率)反射。反射信号对于正向传输的信号来说相当于是噪声，对正常传输的信号形成干扰。回波损耗会随链路或信道的延长而降低，因此对于较长的链路或信道影响不大。

插入损耗是指信道中各个连接部件带来的连接损耗。因此，接入的部件越多，插入损耗越大；接入部件的工艺质量差，会增大插入损耗。

4. 串扰

当在 1 根导线中流过电流时，其产生的电磁场会影响相邻的导线，形成干扰，即串扰或串音(Crosstalk)。串扰过大将会对信号的传输造成严重影响，特别是高速传输的基带数字信号。串扰的大小与信号频率有关，频率越高，串扰越大。串扰还与导线之间的距离有关，距离越远，串扰越小。

在综合布线系统中，串扰还被分为近端串扰和远端串扰两大类。

近端串扰(Near End Crosstalk，NEXT)是指在发送端，信号传输线对对其他线对的串扰，如图 2-3 所示。

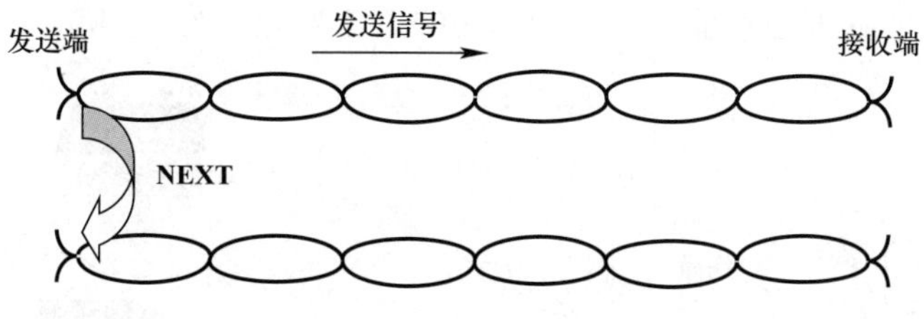

图 2-3　近端串扰(NEXT)

远端串扰(Far End Crosstalk，FEXT)是指在接收端，信号传输线对对其他线对的串扰，如图 2-4 所示。

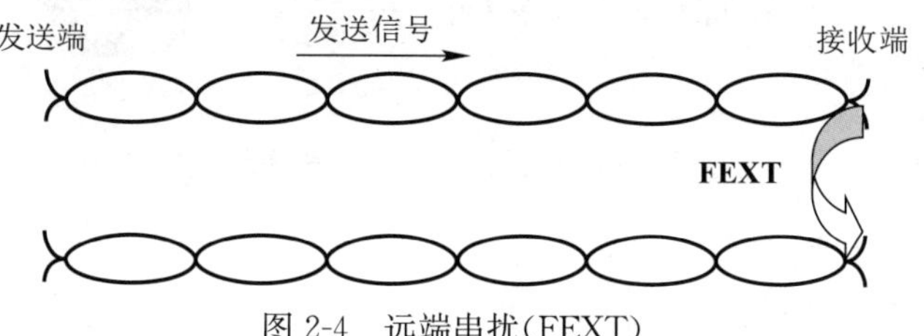

图 2-4　远端串扰(FEXT)

为了减小线对之间的串扰，CAT6 以上的双绞线缆在线对之间增加了线对分隔架。当导线中传输的信号的工作频率足够高时，不仅线对之间会相互串扰，线缆之间也会发生串扰。为此，CAT6A 类等非屏蔽双绞线(Unshieled Twisted Pair，UTP)采取各种措施增加线缆之间的间距。

上述提到的串扰是指双绞线中的其中一对线发送信号，对其他三对线的串扰，是所有等级的布线系统都要测试的项目。当线缆中传输数据的速率足够高时，如 D 级(带宽 100MHz)以上布线系统，还要考虑三对线同时传输信号而对第 4 对线的串扰，即功率和(Power Sum)串扰。甚至要考虑六根线缆同时传输信号对包裹在中央的一根线缆的串扰，即所谓的外部串扰(Alien Crosstalk)。对 E_A 级(带宽 500MHz)的非屏蔽布线系统便需要测试这类项目。

5. 传播时延偏差

双绞线缆中的四对线，为降低线对之间的串扰而人为地设定了不同的绞距，因此各线对的电气长度是不一样的。当电信号在双绞线中传播时，由此产生了传播延迟偏差。线缆越长，传播时延偏差越大。如果该偏差大到与传输信号的脉冲宽度相近时，势必会给接收端的解码带来麻烦。因此对传播时延偏差必须要严格限制。

2.2 接入技术

建筑物或建筑群内的各种网络均属于用户网络，需要利用接入技术与公共网络相连，才能实现与建筑物或建筑群外的各种业务网络的互联互通。

2.2.1 双绞线接入技术

1. 固定电话接入(本地环路)

自电信运营商端局的电话交换机用户电路接口板，利用 1 对双绞线接入到用户的电话机，构成本地环路，如图 2-5 所示。该本地环路不仅支持语音通信和传真业务，而且可以支持 56kbit/s 以下的数据通信业务。一个端局的覆盖半径大约为 5km。

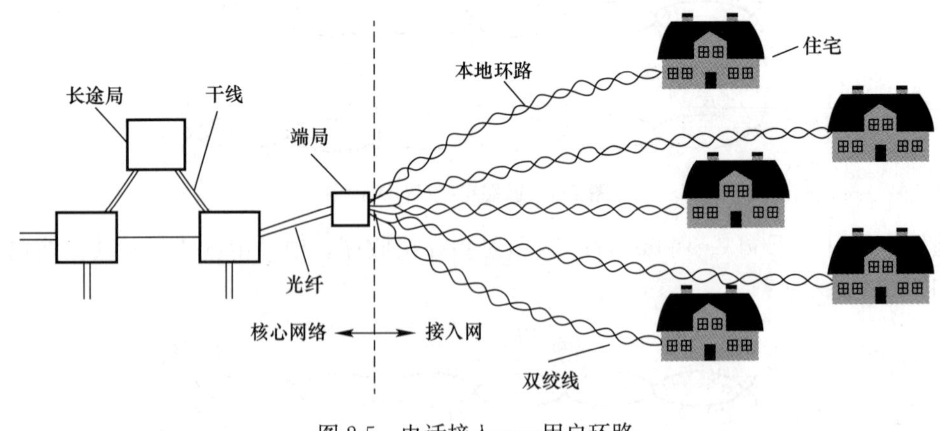

图 2-5 电话接入——用户环路

2. 非对称数字用户线接入(ADSL)

支持电话通信的本地回路采用的是模拟传输技术。为使电话线路的数据传输速率尽可能地提高，同时又不影响正常的电话通信业务，可以采用非对称数字用户线(Asymmetric Digital Subscriber Line，ADSL)，如图 2-6 所示。

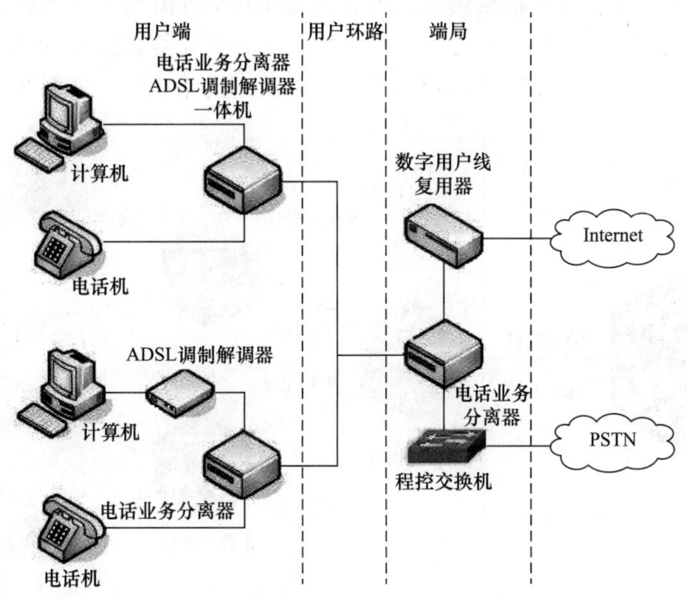

图 2-6　非对称数字用户线(ADSL)接入

ADSL 采用了一种离散多音频(Discrete MultiTone，DMT)调制技术。电话电缆的频带共 1104kHz，分成 256 条独立的信道，每个信道的带宽为 4kHz，各信道中心频率的间隔为 4312.5Hz 如图 2-7 所示。0 号信道用于普通模拟电话通信，1 到 5 号信道未被使用，以便将模拟电话信号与数据信号隔离，避免相互干扰。剩下的 250 个信道中，一小部分用于上行数据的传输，大部分用于下行数据传输。上行、下行信道的分配由提供该项业务的电信运营商根据用户提出的服务质量(QoS)要求确定。

ITU-T G. 992. 2(G. Lite)标准规定，支持的上行数据传输速率为 32～512kbit/s，下行数据传输速率为 640kbit/s～1. 54Mbit/s，有效传输距离为 3～5km。

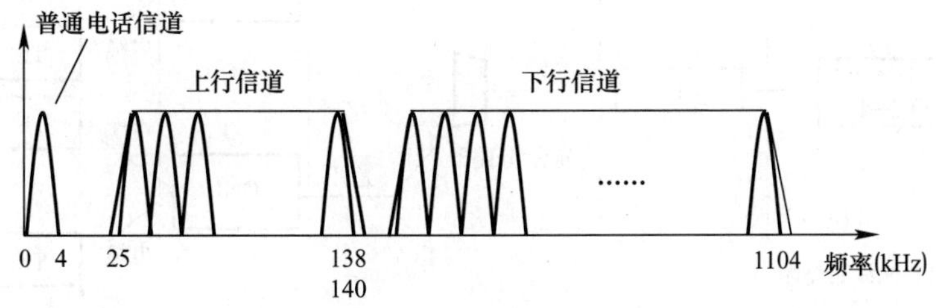

图 2-7　ADSL 频谱

ADSL 采用先进的数字信号处理技术、编码调制技术和纠错技术，使得在双绞线上可以支持高达百万每秒比特的速率。但是由于双绞线自身的特性，包括线路上的背景噪声、脉冲噪声、线路的插入损耗、线路间的串扰、线径的变化、线路的桥接抽头、线路接头和线路绝缘等因素将影响线缆的传输距离。

2.2.2 光纤接入技术

1. 以太网接入

用户局域网系统目前基本都采用以太网。大型 LAN 可由核心交换机、汇聚交换机和接入交换机组成三级网络，其中核心交换机一般采用万兆光纤链路作为网络主干。核心交换机与公网的接口可采用万兆以太网或多个万兆以太网链路相连，如图 2-8 所示。

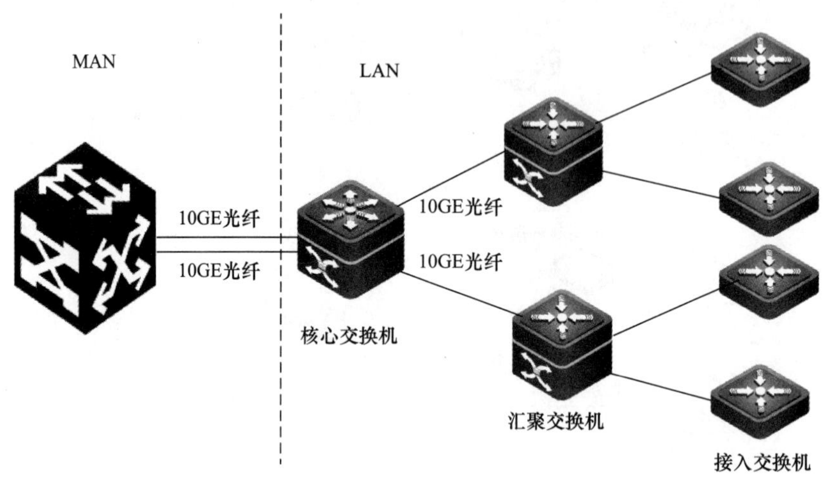

图 2-8 以太网接入

2. 无源光网络(PON)接入

PON(Passive Optical Network)是一种点到多点(P2MP)结构的无源光网络，如图 2-9 所示。无源意味着光分配网(ODN)里面没有光放大器和再生器等器件，极大地降低了工程造价并节省了室外有源设备维护成本。主流的 PON 技术包括 EPON/GEPON(Ethernet Passive Optical Network/GEthernet Passive Optical Network)和 GPON/nGPON 几种技术。

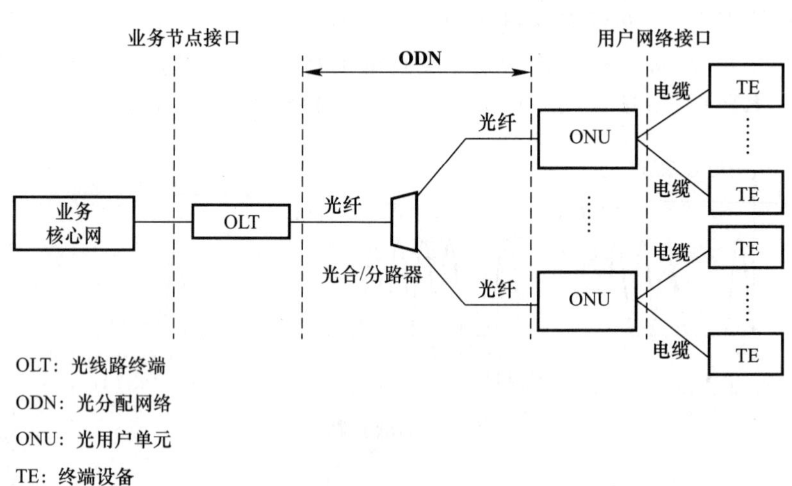

图 2-9 PON 接入网基本结构

ONU 是公网与用户网络或设备的接口，放置在用户端。它的一端采用光纤与公网设备相连，另一端采用铜缆连接用户的多个终端设备或网络(LAN)。根据 ONU 放置在不同用户的不同位置，亦即光纤延伸到用户端的不同程度，引出了 FTTx(Fiber To The x)，即光纤到某处的称谓，如光纤到户(FTTH)，即把 ONU 放置到用户户内，光纤到楼层(FTTF)，即把 ONU 放置到楼层的电信间、光纤到楼(FTTB)，即把 ONU 放置在大楼的配线间，如图 2-10 所示。

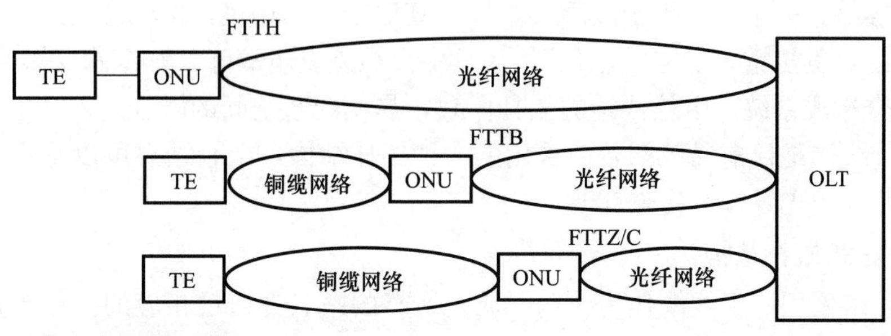

图 2-10　FTTx

2.3　网络拓扑

网络拓扑结构反映出网络的结构关系，对于通信的方式、传输的性能、网络传输协议以及建设、维护和管理成本等都具有重要影响，因此，网络拓扑结构往往是网络构建前首先要考虑的因素之一。常见的网络拓扑结构有星形、环形、总线形、树形以及上述形式的混合型。

2.3.1　星形拓扑结构

星形拓扑通过点对点链路将中央结点和各站点(计算机、服务器及其他数据终端设备等)组成，如图 2-11 所示。这种结构以中央结点为中心，执行集中式通信控制策略。中央结点是网络的核心，工作负担重，而各个站点的通信处理负担则很小，因此又称集中式网络。中央控制器是一个具有信号分离和交换功能的“隔离”装置，它能放大和改善网络信号，有一定数量的网络端口，每个端口连接一个数据终端设备或网络设备。

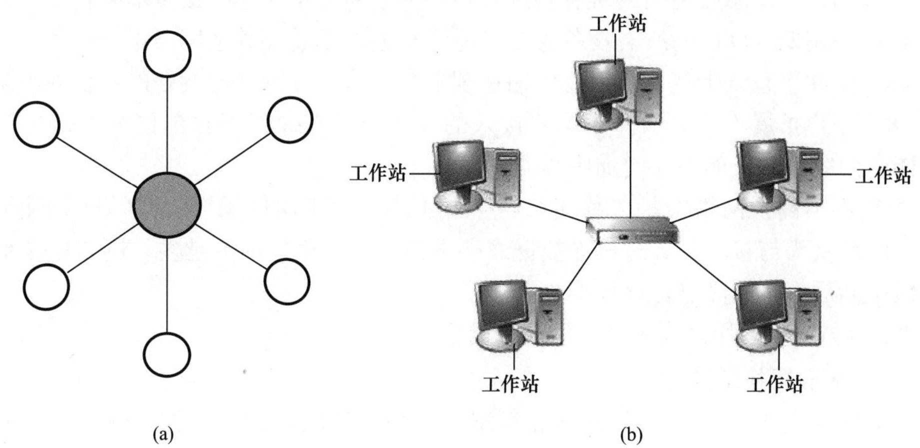

图 2-11　星形拓扑结构

(a)拓扑；(b)实际网络

这种拓扑结构网络的基本特点主要有如下几点：

1. 实现简单。连接方便、组网简单，采用这种方式建网周期短。

2. 扩容方便。当中央结点端口不足时，可以用一个端口级联另一个中央结点设备，扩展网络连接的能力。

3. 维护容易。一个结点出现故障不会影响其他结点的连接，可任意拆走故障节点。

4. 中央结点负担重，形成“瓶颈”，一旦中央结点发生故障，则全网受影响。

5. 与综合布线系统及电信网络的拓扑一致，易实现系统间的融合。

星形拓扑结构是目前局域网普遍采用的一种拓扑结构，中心结点可以是交换机或集线器，使用双绞线或光纤作为传输介质。

2.3.2 总线拓扑结构

总线形网络采用一根线缆作为传输介质，所有的站点都通过相应的硬件接口直接连接到传输介质或称总线上，如图 2-12 所示。早期的局域网所采用的介质是同轴电缆(有粗缆和细缆之分)，后期也有采用双绞线和光缆作为总线型传输介质。工业控制网，如各种现场总线网，大多采用总线拓扑结构。

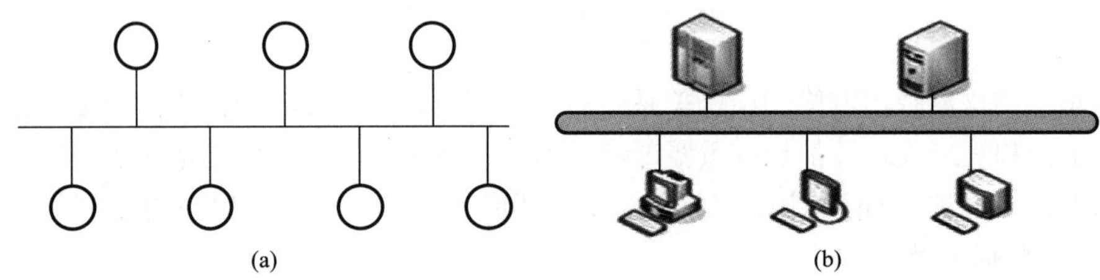

图 2-12 总线型拓扑结构

(a)拓扑；(b)实际网络

总线拓扑结构具有以下特点：

1. 结构简单。网络各结点通过一定的连接器(接头)接入总线即可联网。

2. 线缆用量少。总线型网络所有结点共用一条电缆，用线量要比星形拓扑少许多。

3. 组网费用低。联网的所有设备直接与总线相连，不需要其他网络连接设备。

4. 各结点共享总线带宽，所以在传输速度上会随着接入网络的设备的增多而下降。

5. 网络用户扩展不够灵活。如果要接入的计算机不在总线经过的区域，需要延长总线，可能会因线路过长而必须增加中继器。

6. 可靠性不高，网络维护工作量大。如果总线出了问题，则整个网络都不能工作，而总线上网络接头与接入的计算机等数据终端设备数成正比，接头越多，网络中断概率越大，网络中断后查找故障点也比较困难。

早期的 LAN 多采用总线拓扑，但现在已很少使用。

2.3.3 环形拓扑结构

环形网络如图 2-13 所示，由连接成封闭回路的网络结点组成，每一结点与它左右相邻的结点连接。在环形网络中信息流只能是单方向的，每个收到信息包的站点都向它的下游站点转发该信息包。信息包在环网中“旅行”一圈，最后由发送站进行回收。

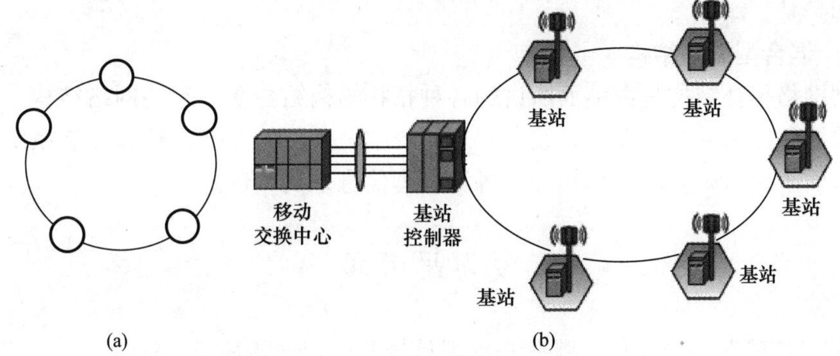

图 2-13　环形拓扑结构
(a)拓扑；(b)实际网络

环形拓扑结构的网络主要有如下特点：

1. 采用点-点传输方式。
2. 网络中传输的信息单向绕环运行。
3. 网络管理复杂。
4. 扩展性能差。如果要新添加或移动节点，就必须中断整个网络。

2.3.4　树形拓扑结构

树形拓扑，如图 2-14 所示。形状像一棵倒置的树，顶端是树根，树根以下带分支，每个分支还可再带子分支。它是星形结构的扩展，可看作是多级星形网络级联形成的，可有多条分支，但不形成闭合回路，树形网是一种分层网，一般一个分支或结点的故障不影响另一分支结点的工作。

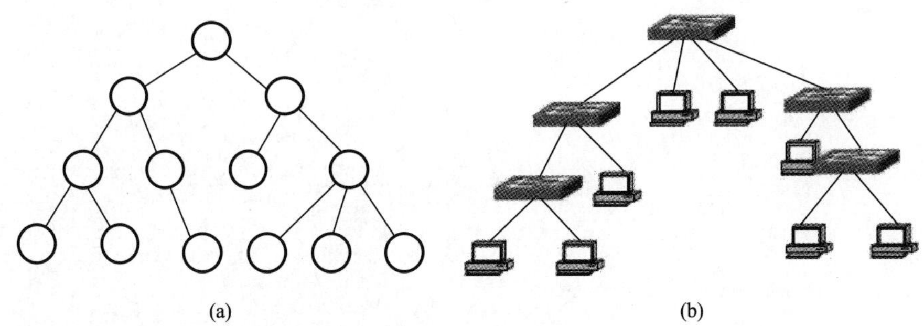

图 2-14　树形拓扑结构
(a)拓扑；(b)实际网络

树形拓扑结构有如下特点：

1. 连结简单，维护方便，适用于汇集信息的应用要求。
2. 易于扩展。
3. 故障隔离较容易。
4. 资源共享能力较低，可靠性不高，任何一个工作站或链路的故障都会影响整个网络的运行，各个节点对根的依赖性太大。

某些树形拓扑可以看作是星形拓扑级联形成的。建筑物与建筑群综合布线系统即采用了这种树形拓扑。

2.3.5 混合型拓扑结构

混合型网络拓扑结构是由前面所讲的各种拓扑结构结合在一起的网络结构，最常见的是星形与总线拓扑的结合。在建筑设备管理系统中，底层的数据采集和控制系统往往采用总线拓扑，而上位机则采用星形拓扑与各种管理信息系统相连。

复习思考题

1. 举例说明哪些是数字信号哪些是模拟信号并比较这两种信号的特点。
2. 信道容量的主要技术指标有哪些？各有何含义？
3. 通信方式有哪三种？试举例说明。
4. 简述香农公式在信息传输技术中的重要意义。
5. 什么是基带信号？基带信号传输有何特点？
6. 什么情况下会产生串音？它对信号传输有何影响？
7. 常用的接入技术有哪些？各有何特点？
8. 网络的拓扑结构主要有哪些？各有何特点？
9. 光纤接入网中的 ONU 为何越来越靠近用户端？

第 3 章　布线材料与部件

综合布线系统主要由各种线缆和连接部件构成，统称布线材料。欲设计一个良好的布线系统，必须熟悉和掌握构成系统的各种材料。

3.1 传 输 介 质

传输介质即各种线缆。

综合布线系统使用的线缆主要有两类：对绞电缆和光缆。对绞电缆又称双绞线，有屏蔽线缆和非屏蔽线缆之分。光缆可根据光纤的类型，分为单模光缆和多模光缆。

线缆由对绞起来的导线或成对的光纤外包缠护套构成，双绞线缆由多对双绞线外包缠护套构成，其护套称为线缆护套。线缆护套可以保护双绞线免遭机械损伤和其他有害物体的损坏。与其他绝缘体材料一样，它也能提高线缆的物理性能和电气性能。在某些情况下，还在线缆的护套外再加一层金属外套形成保护铠装。

在工程应用中，线缆的护套从环保和阻止火焰传导性能的角度常使用 LSHF-FR 低烟无卤阻燃型、LSOH 低烟无卤型、LSNC 低烟无腐型和 LSLC 低烟低腐型或 CMP、CMR、CM 级别，室内线缆应尽量选用难燃、低烟、低毒型。

室外线缆一般无低烟阻燃要求，常用于建筑群之间，不同的布放方式对外套和外层防护要求有所不同。

按线缆在综合布线系统中敷设的不同区域，可以分为水平线缆和干线线缆；按线缆的传输特性分类，双绞线可分为 3 类、5 类、6 类、6A 类、7 类、7A 类和 8 类，其中 7 类以上双绞线为屏蔽双绞线(STP)，6A 类以下既有非屏蔽(UTP)，也有屏蔽型的；光纤有单模和多模之分，见图 3-1。单模光纤又有普通单模光纤(OS1)和零水峰单模光纤(OS2)之分。而多模光纤则有 OM1 到 OM5 共五个等级，OM1 最低，OM5 最高。

3.1.1 双绞电缆

双绞线是综合布线系统中应用最多的材料。使用量最大的是 4 对双绞线，主要敷设在水平子系统中，其次是 25 对至 100 对的电缆，俗称大对数电缆，4 对以下的线缆用量很少，主要用作配线架的跳线。

双绞线的特性阻抗，主要有 100Ω 和 150Ω 两种。前者多为非屏蔽双绞线(UTP)，而后者一般是屏蔽双绞线(STP)。

1. 线序与色标

线对之间按照一定的规律，通过不同的颜色区分开来，称之为色码标识，简称色标。对于四对电缆(水平线)，色码规则是蓝、橙、绿、棕，即第 1 对线是白蓝和蓝，然后依次是白橙和橙、白绿和绿，最后是白棕和棕。

对于大对数电缆，色码标识略复杂，以 25 对电缆为例：这类电缆每五对为 1 组，每组中线对的顺序依次是蓝、橙、绿、棕、灰。第1组的五根彩色线(蓝、橙、绿、棕、灰，下同)分别与五根白色线组对，第2组的五根彩色线分别与五根红色线组对，第3组的五根彩色线分别与五根黑色线组对，第4组的五根彩色线分别与五根黄色线组对，最后1组的五根彩色线分别与五根紫色线组对。25对以上的大对数电缆的色码标识是将25对线为一簇，用不同颜色的色带捆绕。每簇内的色码标识同一般的25对电缆，而捆绕的色带颜色，仍然遵循蓝、橙、绿、棕、灰的顺序。

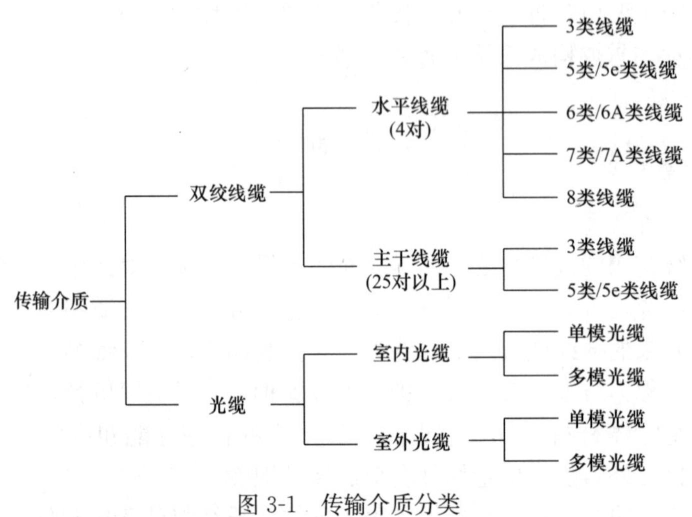

图3-1 传输介质分类

2. 系统等级与线缆类别

美国电气工业协会和电信工业协会(EIA/TIA)对双绞线的传输特性划分了不同的类别(CATegory)，而国内外的综合布线系统设计规范则对系统的传输特性也做了等级(Class)划分。不同等级的系统和不同类别的电缆，传输带宽对照见表3-1。

5类以下电缆的导线采用24号AWG(美国线规)，线径为0.511mm。6类以上的双绞线则多采用23号AWG，线径为0.574mm。

系统等级与双绞线类别对比 **表3-1**

系统等级	电缆类别	传输带宽(Hz)	应用与说明
A	CAT 1	100k	不推荐在综合布线系统中使用
B	CAT 2	1M	不推荐在综合布线系统中使用
C	CAT 3	16M	语音级电缆 10Base-T 100Base-T4 100Base-T2
	CAT 4	20M	仅供令牌环网络使用
D	CAT 5/CAT 5e	100M	100Base-TX 1000Base-T 2.5GBase-T

续表

系统等级	电缆类别	传输带宽(Hz)	应用与说明
E	CAT 6	250M	1000Base-T 1000Base-TX 5GBase-T 10GBase-T(55m)
E_A	CAT 6 A**	500M	10GBase-T
F	CAT 7	600M	屏蔽电缆 10GBase-T
F_A	CAT 7 A	1G	屏蔽电缆 10GBase-T
	CAT 8***	2G	屏蔽电缆 25G/40GBase-T

注：* 参见《Commercial Building Telecommunications Cabling Standard》ANSI/TIA/EIA-568-A-5。

** 参见《Commercial Building Telecommunications Cabling Standard》ANSI/TIA/EIA-568-B. 2-10。

*** 参见《Generic Telecommunications Cabling for Customer Premises》ANSI/TIA/EIA-568-C. 2-1。

3. 电缆的线对

双绞线电缆的线对数量有多种。在综合布线系统中常用线缆的线对数及其应用场合见表 3-2。4 对双绞线主要用在水平(配线)子系统中，目前新建筑和在建建筑中普遍采用 6 类(CAT 6)4 对 UTP。3 类(CAT 3)4 对 UTP 现已很少采用，5 类(CAT 5)或增强 5 类(CAT 5e)应用越来越少。4 对双绞线电缆的一般结构如图 3-2 所示，线对分隔架只在 6 类(CAT 6)以上的线缆中存在，5 类以下双绞线没有这种分隔架。

常用双绞线缆及应用场合　　表 3-2

线对＼类别	CAT 3	CAT 5/5e	CAT 6/6A	CAT 7/7A	CAT 8	应用场合
4 对	√	√	√	√	√	水平系统，少数干线系统的数据主干
25 对	√	√	×	×	×	干线系统语音主干，少数干线系统数据主干
50 对	√	×	×	×	×	干线系统语音主干
75 对	√	×	×	×	×	干线系统语音主干
100 对	√	×	×	×	×	干线系统语音主干
200 对	√	×	×	×	×	干线系统语音主干
300 对	√	×	×	×	×	干线系统语音主干
900 对	√	×	×	×	×	干线系统语音主干

25 对以上的双绞线绝大多数是 3 类电缆，主要用作垂直主干系统中的语音传输业务。受线对串扰的限制，6 类以上的电缆没有大对数，5 类和超 5 类电缆也只做到 25 对为止。

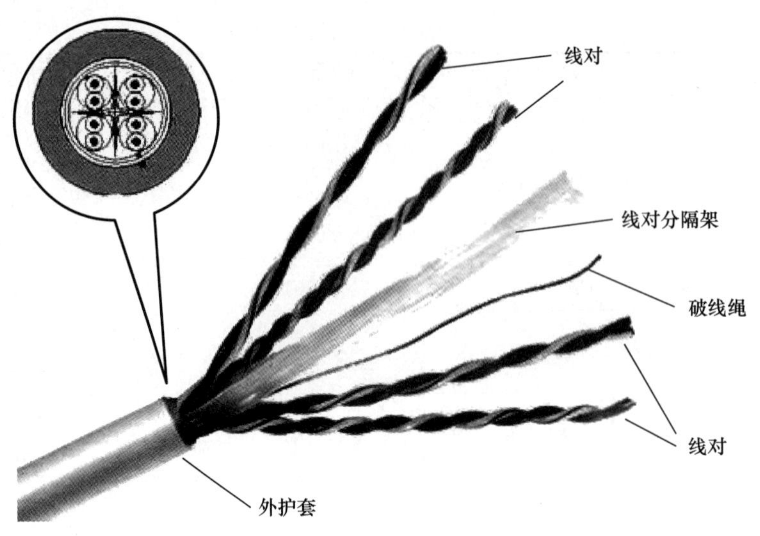

图 3-2　4 对双绞线结构

4. 屏蔽电缆与非屏蔽电缆

根据双绞线的防辐射特性，双绞线分为非屏蔽双绞线（UTP）和屏蔽双绞线（STP）。STP 有多种屏蔽结构形式，如金属箔屏蔽（FTP）、金属网屏蔽（ScTP）、单层屏蔽、双层屏蔽等。STP 的一般命名方法如图 3-3 所示。几种典型的 STP 如图 3-4 所示。STP 不仅价格高，而且安装的工艺要求也高，一般仅在对保密性有严格要求的场合使用。

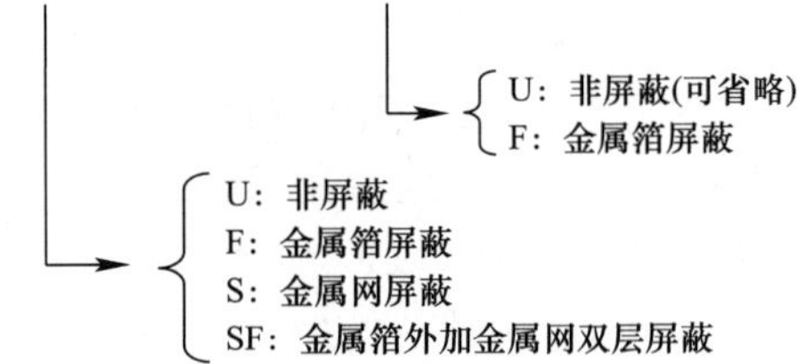

图 3-3　双绞线命名方法

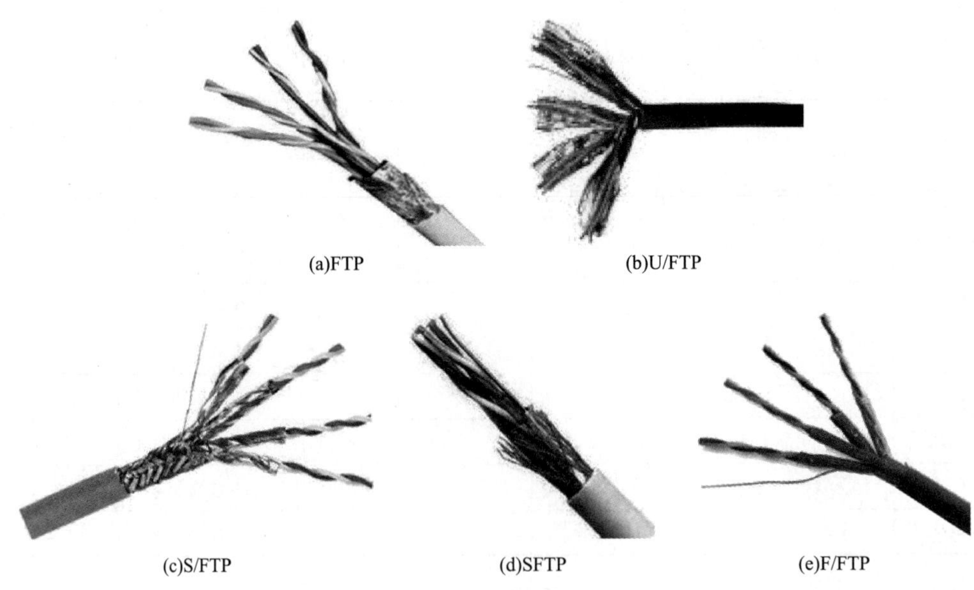

图 3-4　屏蔽线缆结构

（a）、（b）单层屏蔽电缆；（c）～（e）双层屏蔽电缆

3.1.2　光缆

通信系统采用的光缆根据使用场合的不同分为室内光缆、室外光缆和皮线光缆。室内光缆一般沿线缆桥架、线槽和配管敷设，较为柔软，因此又被称作软光缆。室外光缆可以采用直埋、架空、线缆沟和管廊等敷设方式，因此线缆多采用铠装，并且有自承保护和防腐、防水等措施，结构较复杂。皮线光缆集合了室内软光缆和自承式光缆的特点，在光纤的两侧为加强件，用挤制工艺把护套将光纤和加强件包裹在一起，截面外形像蝴蝶，因此又被称作蝶形光缆。

在综合布线系统中，一般采用室内和室外光缆，主要被用作数据传输干线，如垂直数据干线和建筑群数据干线。随着光纤到桌面(FTTD)的应用逐渐增多，光缆正越来越多地在水平子系统中得到应用。

皮线光缆主要用于接入网，实现 FTTx 应用，特别是光纤到户(FTTH)。这种光缆有很高的抗压扁力和抗张力，紧套结构且有很好的防水要求，自承式结构能满足 50m 以下飞跨敷设。皮线光缆的容量一般不大，最常用的是 1 芯和 2 芯缆。

光缆的传输特性主要取决于光纤。光缆是多根光纤经过不同的成缆工艺制作而成。

1. 光纤及其传输原理

光纤的裸纤一般包括三个主要部分：中心的玻璃芯称为纤芯，其折射率比包层稍高，损耗比包层低，光能量主要束缚在纤芯内传输；中间为硅玻璃形成的包层，为光的传输提供反射面和光隔离，并起一定的机械保护作用；外面是保护性的树脂涂覆层，如图 3-5 所示。由于这三个部分之间关系紧密，通常是一次生产制造成型。

光波在不同介质中传播时的速度不同，以真空中的传播速度最快。某种介质的折射率定义为光在真空中的传播速度与在该介质中的传播速度之比，是区别不同物质物理特征的重要参数，用 n 来表示。光纤的折射率仅与材料的制造工艺有关。

光纤的纤芯由高纯度二氧化硅制造，并掺杂极少量的二氧化锗等，折射率为 n_1。事实上，还有许多材料可用来制造光纤的纤芯，不同材料的主要区别在于它们的化学成分，掺杂的目的是提高折射率。包层紧裹在纤芯的外面，通常也用高纯二氧化硅制造，并掺杂氧化硼等以降低其折射率，折射率为 n_2。

根据物理学可知，当进入光纤的光线射入纤芯和包层界面的入射角为 θ 时，则在入射点 O 的光线可能分成两束，一束为反射光 B，另一束为折射光 C，如图 3-6 所示，则由反射定律和折射定律求得反射角 θ'' 和折射角 θ'：

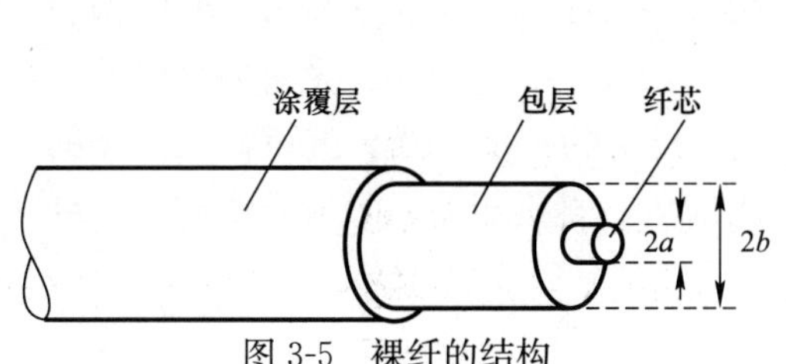

图 3-5　裸纤的结构

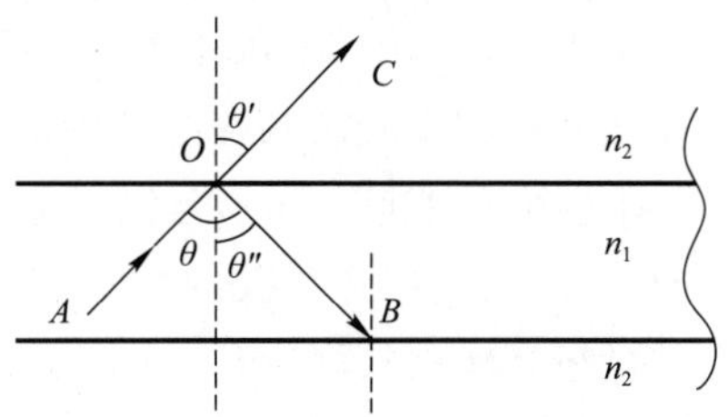

图 3-6　光线在光纤中的折射和反射

$$\theta=\theta'' \tag{3-1}$$

$$n_1 \sin\theta=n_2 \sin\theta' \tag{3-2}$$

在传播过程中反射光将回到纤芯中，又射向纤芯中另一侧包层界面重复 O 点情况，不断往复的结果使光波向前传输；折射光穿过纤芯—包层分界面进入包层中并衰减掉而不能远距离传输。

从式(3-2)可以看出，由于 $n_1>n_2$，则 $\theta'>\theta$。如果逐渐增大光线对界面的入射角 θ 并达到某一数值时，折射角 θ' 将达 90°，这意味着折射线不再进入包层，而是沿界面向前传播，此时的入射角称为全反射临界角，并用 θ_c 表示。如果继续增大光线的入射角，则光线将全部反射回纤芯中。根据反射定律及几何学原理，反射回纤芯中的光线向另一侧界面入射时，入射角保持不变，换言之这种光线可以在纤芯中不断发生反射而不产生折射，光信号可以全部被束缚在纤芯中得到传输。入射光全部返回纤芯中的反射现象称为“全反射”。

当折射角 $\theta'=\pi/2$ 时，入射临界角 θ_c 的正弦可以表示为 $\sin\theta_c=(n_2/n_1)$，则：

$$\theta_c=\arcsin(n_2/n_1) \tag{3-3}$$

可见，光纤的临界入射角 θ_c 只与其材料决定的折射率有关，一旦制造成型，则光纤的 θ_c 将为定值。

综上所述，为了使光波能够在光纤中远距离传输，必须要造成反复发生全反射的条件，即：

(1) 光纤纤芯的折射率 n_1 一定要大于光纤包层的折射率 n_2；

(2) 进入光纤的光线向纤芯—包层界面入射时，入射角 θ 应大于临界角 θ_c。

除了纤芯和包层外，在包层外面通常还分别有一次涂覆层(厚 5～40μm)、缓冲层(厚 100μm)和二次涂覆层(即套塑层)。一次涂覆层的材料是环氧树脂或硅橡胶，其作用是增强光纤的机械强度，在光纤受到外界振动时保护光纤的物理和化学性能，同时又可以增加柔韧性、隔离外界水汽的侵蚀。

2. 光纤的分类

光纤的种类很多，分类方法也各种各样。可按照制作材料、工作波长、折射率分布和传输模式等对它们进行分类。

按照制造光纤所用的材料分类，有石英系列光纤、多组分玻璃光纤、塑料包层石英芯光纤、全塑料光纤和氟化物光纤等。

按光纤的工作波长分，一般光纤通信系统可使用近红外光的以下几个波段：800～900nm 波段、1250～1350nm 波段和 1500～1600nm 波段。

下面结合折射率，重点讨论按传输模式的分类。按光纤中信号的传输模式的多少，可分为多模光纤(Multi Mode Fiber，MMF)和单模光纤(Single Mode Fiber，SMF)两类。所谓“模式”指的是光波场在纤芯中的分布形态，在图 3-7 中光纤的受光角内，以某一角度 φ 射入纤芯端面并能在纤芯至包层交界面上产生全反射的传播光线，就可称之为光的一个传输模式，其数量与点光源照射到光纤端面的入射角 φ 直接相关，入射光线越多则纤芯中分布的光波传输模式就越多，如图 3-8 所示。

(1) 多模光纤

多模光纤纤芯较粗(50μm 或 62.5μm)，受光角较大，能有效吸纳光信号功率而传输多个模式，适用于 0.85μm 和 1.30μm 工作波长，其包层的外径均为 125μm。按横截面上的折射率分布情况多模光纤还有突变型和渐变型之分，如图 3-9 所示。

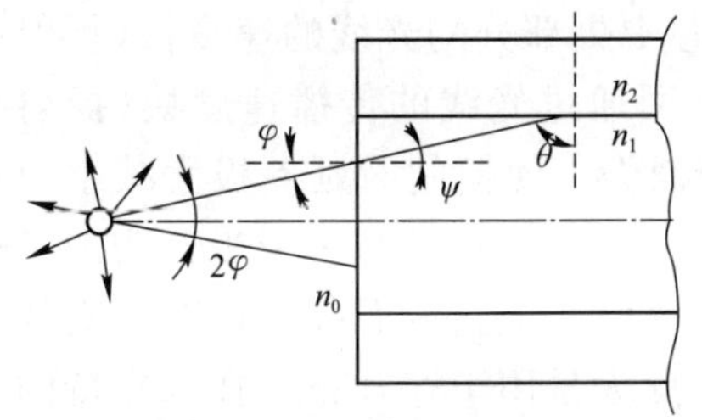

图 3-7　照射到光纤端面的入射光

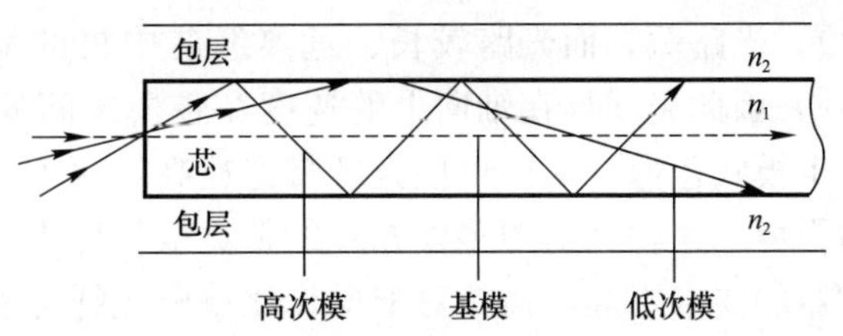

图 3-8　多模光纤中的传输模式

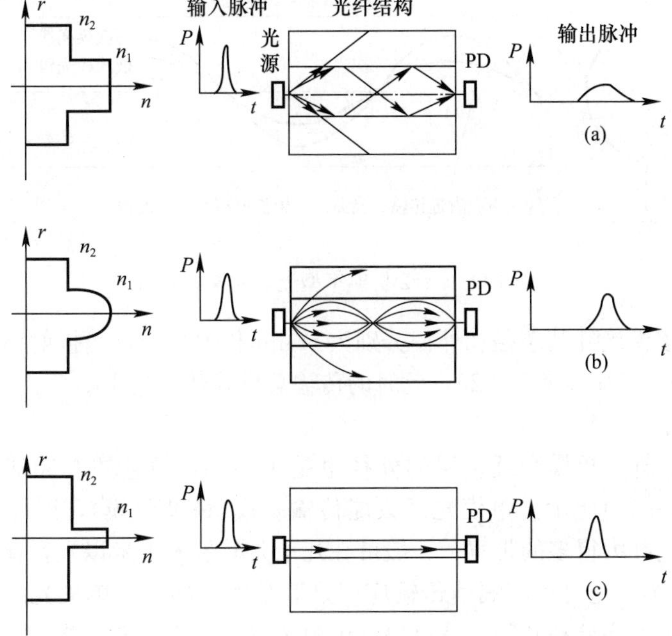

图 3-9　三种光纤的折射率分布及光波传输模式

(a)突变型多模光纤；(b)渐变型多模光纤；(c)单模光纤

在突变型光纤中，纤芯到包层分界面两边的折射率是突变的。这种光纤结构最为简单、成本低但其中的传输模式很多，各种模式的传输路径不一样，经传输后到达终点的时间也就不相同，从而使光脉冲功率受到分散，这种现象称为色散。

渐变型多模光纤如图 3-9(b)所示，纤芯中心折射率最大，沿芯径方向向外逐渐减小，纤芯到包层分界面两边的折射率是连续的，这种光纤能减少模式之间的色散，提高光纤带宽，增加传输距离，但生产成本较高。其纤芯折射率沿径向距离 r 分布(图 3-10)为：

$$n(r)=\begin{cases} n_1\left[1-2\Delta\left(\dfrac{r}{a}\right)^{\alpha}\right]^{1/2} & r\leqslant a \\ n_1(1-2\Delta)^{1/2}=n_2 & r>a \end{cases} \tag{3-4}$$

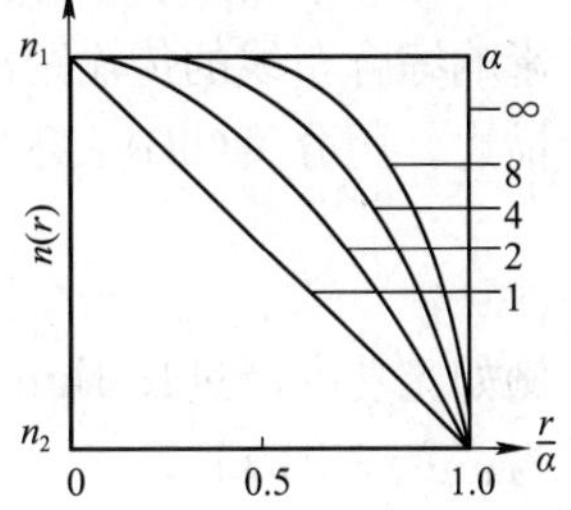

图 3-10　渐变型多模光纤中纤芯的折射率分布

式中，a 为纤芯半径；α 为折射率指数，描述了折射率 n 的变化率，当 $\alpha\to\infty$ 时，折射率分布变成突变型；当 $\alpha=1$ 时，纤芯中的折射率随 r 增大而线性减小。渐变光纤通常取$\alpha=2$，其光线轨迹类似为正弦曲线，如图 3-11 所示，通过纤芯中央部分的光线的速度慢(折射率大)，光路短，而光路较长、远离纤芯中央的那些迂回通过光线的传播速度快(折射率小)，因此光线群在轴向上的速度在各模式间的差别消失，使模间时延差极大减小而不发生模式色散，从而可使光纤带宽提高约两个数量级，达到上吉赫兹·千米，增加了传输距离。这种渐变型多模光纤的带宽虽然比不上单模光纤，但它的芯径大，对接头和连接器的要求不高，连接对准操作比单模光纤容易，因此大量用于综合布线技术支持的局域网中。

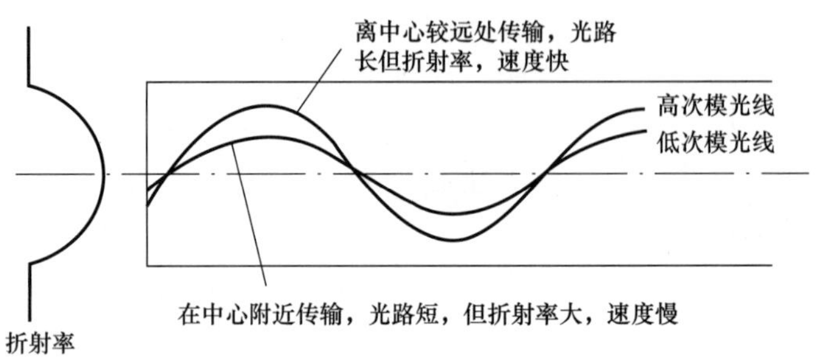

图 3-11　$\alpha=2$ 折射率型光纤的模式分布

典型的渐变多模光纤其芯径和外径分别为 50μm 和 125μm，当折射率指数 $\alpha=2$、工作波长为 1.3μm 时，特征频率 $V=25$，此时的传输总模式数量达 156 个。

(2) 单模光纤

同多模光纤一样，单模光纤包层的外径也是 125μm，但它的芯径却细得多，一般为 8～10μm，如图 3-9(c)所示。单模光纤只能传输基模(最低阶模)，因此不存在模间时延差，具有比多模光纤大得多的带宽，一般可在几十兆赫兹·千米以上，比渐变多模光纤带宽高 1～2 个数量级，这对于高码速传输应用是非常重要的。在单模光纤制造过程中，只要合理控制相对折射率差和芯径，就可保证单模传输，至于折射率指数 α 无论取何值都不会对单模光纤有多大影响。因此为了制造工艺简单，1.31μm 波长的单模光纤一般都采用突变型折射率分布。

3. 光纤的传输特性

描述光纤传输特性的指标一般为衰减、色散、偏振模色散、带宽、截止波长、非线性效应等，在此主要介绍与综合布线相关的几个参数。

(1) 光纤信道的衰减

光纤信道的衰减是指光信号从发送端经过光纤信道传输后到达接收端的损耗，它直接影响综合布线的传输距离，用单位长度的光纤输出端光功率 P_O 与输入端光功率 P_I 的比值描述。用分贝(dB)表示为：

$$\alpha=-10\lg\frac{P_I}{P_O}/L(\mathrm{dB/km}) \tag{3-5}$$

例如光功率经过长 1km 的光纤传输后，输出光功率是输入的一半，则此光纤信道的衰减为：$\alpha=3\mathrm{dB/km}$。

引起光纤信道衰减的主要原因有以下几种：

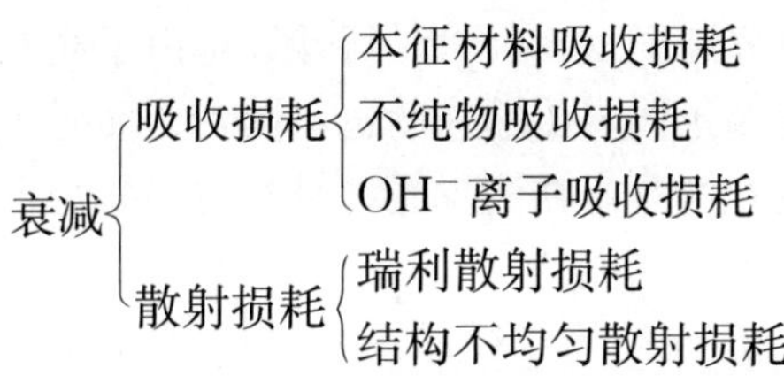

光波传输损耗测试结果表明，光纤的损耗与所传输的光波波长有关。在某些波长附近光纤的损耗最低，这些波段称为光纤的低损耗“窗口”或“传输窗口”。多模光纤一般有两个窗口，即两个最佳的光传输波长，分别是 0.85μm 和 1.3μm；单模光纤也有两个窗口，分别是 1.31μm 和 1.55μm。对应于这些窗口波长，可以选用适当的光源，这将大大降低光能的损耗。

(2) 光纤的带宽和色散

尽管采用渐变折射率传输技术，但在多模光纤中模态散射依然存在，只是程度不同而已。即使是单模光纤在拐弯处也是有反射的，而一有反射就牵扯到路径不同，因此色散总会有。所以，光脉冲经过光纤传输之后，不但幅度会因衰减而减小，波形也会发生愈来愈大的失真，发生脉冲展宽现象即色散。

由图 3-12 可见，两个原本有一定时间间隔的光脉冲，经过光纤传输之后产生了部分重叠。为避免重叠的发生，输入脉冲有一最高速率限制。定义相邻两个脉冲虽重叠但仍能区别开时的最高脉冲速率所对应的频率范围为该光纤线路的最大可用带宽。脉冲的展宽不仅与脉冲的速度有关，也与光纤的长度有关。所以，用光纤的传输信号频率 S 与其传输长度 L 的乘积来描述光纤的带宽特性 B，单位为 GHz · km 或 MHz · km，其含义是对某个 B 值而言，当距离增大时，允许的 S 值就得相应地减小，信号的保真度就降低。例如在 850nm 波长的情况下，一根光纤最小带宽是 160MHz · km，这意味着当这根光纤长 1km 时，最大可以传输的信号频率是 160MHz；当长度是 500m 时，最大可传输 160MHz · km/0.5km＝320MHz 的信号；当长度是 100m 时，最大可传输 160MHz · km/0.1km＝1600MHz＝1.6GHz 的信号。IEEE 8022.3C 中规定光纤应用于千兆以太网时不得超过 220m。

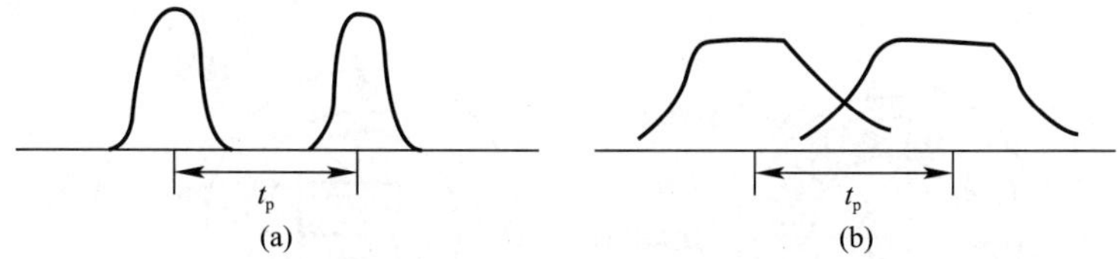

图 3-12　光脉冲的展宽
(a)光纤输入端脉冲；(b)经过光纤传输后的脉冲

光脉冲波形在光纤中传输后被展宽是由于色散的存在，这极大地限制了光纤的传输带宽。从机理上说，色散主要有以下 3 种：

模间色散(模式畸变)：在多模光纤中，传输的模式很多，不同模式有不同的传输路线。如果一个脉冲的能量是分布在多个模式上进行传输，使得光脉冲沿着光纤传输到光电检波器时，有的模式先到，有的后到，这就会出现脉冲畸变，即脉冲展宽。光纤传输的模式越多，脉冲展宽就越严重，对光纤传输带宽的限制也就越严重。同样，传输距离越长，脉冲展宽也越严重。

材料色散：指用来制造光纤的材料的一种特性，是由于光纤材料的折射率随传输的光波长而变化所造成的。折射率不同，传输速度也不同，因而对于光源的一定频谱宽度将产生另一种脉冲展宽。应该注意的是，在测量光纤带宽时，必须选定标准光源，因为用不同谱线的光源所测得的光纤带宽是不同的。

波导色散：由于光纤的几何结构、纤芯尺寸、几何形状、相对折射率差等方面的原因，使一部分光在纤芯中传播，而另一部分光则在包层中传播。由于在纤芯中和在包层中传播的速度不同而造成光脉冲的展宽，称为波导色散。

通常，多模光纤的模式畸变占主导地位，波导色散可以忽略不计；而单模光纤无模式色散，其带宽仅由材料色散和波导色散两者决定，波导色散的影响就不可忽略。

(3) 截止波长 λ_c

通常单模光纤工作在给定的波长范围内，信号传导在纤芯中，由纤芯和包层的界面来导行，沿轴线方向传输。当波长超出给定范围，导波不能有效地封闭在纤芯中，将向包层辐射，在包层里的导波按指数率迅速衰减，这时就认为出现了辐射模式，导波处于截止状态，此波长称为截止波长。只有当工作波长大于截止波长时，即信号频率低于光纤的固有截止频率时，才能保证单模工作状态。

4. 光缆的结构

套塑后的光纤若用于实际工程，还必须对光纤加以包装保护，把若干根光纤疏松地置于特制的塑料绑带或铝皮内，再覆以塑料或用钢带铠装，加上外护套构成光缆。不论光缆采用哪种装置形式，都是由缆芯、加强构件、护套和填充物组成，如图 3-13 所示。

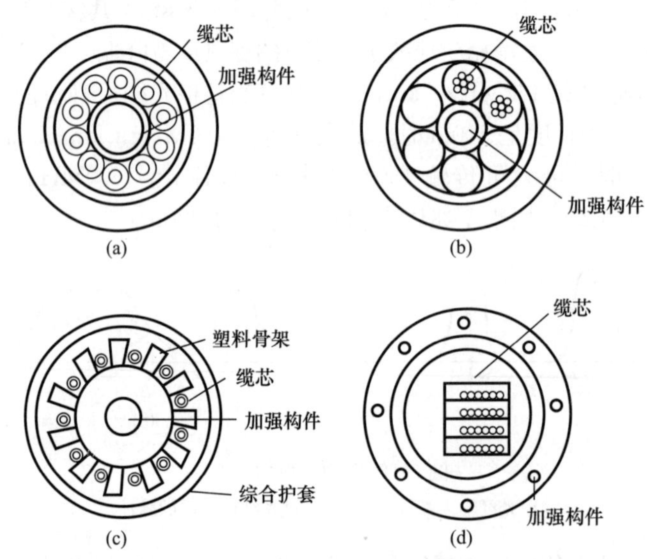

图 3-13　光缆的结构

(a)层绞式；(b)束管状；(c)骨架式；(d)带状

(1) 缆芯

带有涂覆层再外套塑料层(套塑)后的光导纤维称为光纤芯线，一般有单芯和多芯两种，可以满足一定机械强度要求，主要完成传输信息任务。单根或多根光纤芯线的不同形状组合在一起称为缆芯，如束管状、带状、层绞式、骨架式等。

(2) 加强构件

加强构件用来增强光缆的抗拉强度，提高光缆的机械性能，通常使用具有屈服应力较大、重量较轻、挠曲性能较好的钢丝，如镀锌钢丝、不锈钢丝。在某些电气设计中，为了防止强电和雷击的影响，加强构件也可采用纺纶丝或玻璃增强塑料等非金属的合成纤维材料。加强构件一般位于光缆的中心，其外面还要挤包或绕包一层塑料，以保证与缆芯接触的表面光滑、有弹性。

(3) 护套层

光缆的多层护套是光纤的二次覆盖层，其作用与电缆的护套基本一致，主要用于对缆芯的综合保护，不仅使其免受外界机械侵害和环境因素影响，而且较硬的护套内层还用来防止钢带、加强构件对缆芯的损伤。在结构上，光缆的护套种类很多。按光纤的被二次覆盖方式和光纤在光缆中被约束状态不同，可将光缆分为紧套光缆和松套光缆。目前在工程中多使用松套结构光缆，这种光缆中的光纤有一定的自由移动空间，有利于减小外界机械应力对一次涂覆光纤的影响并为光纤提供合适的余长。根据护套层是否要有较大机械强度的使用要求，可选择具有双面涂塑压纹钢带的铠装光缆或无铠装光缆。

为了满足不同使用部位的布线需要，室内光缆和室外光缆分别为特定的应用环境提供了最经济有效的护套保护。室内干线光缆的护套对环保和阻燃性能上要求较高；室内配线光缆的护套比较柔软，结构简单。室外光缆按敷设方式要求的机械保护特性不同可分为架空光缆、管道光缆、直埋光缆和水底光缆多种。室外光缆也可作为建筑物接入光缆。在雷暴日较高地区，应选用在加强构件和护套中均不含金属材料的室外非金属光缆，因为强大的雷电流在金属材料中将转换为热能，产生的高温使金属熔融或穿孔，在附近土壤中转换的热能使周围的水分迅速变成蒸汽而产生类似气锤的冲击力，致使光缆变形。

(4) 填充物

在潮湿条件下，水会引起光功率的水峰衰减，还会通过护套进入光纤内部形成凝聚。为了提高室外光缆的防潮性能，传统的光缆在缆芯和护套之间的空隙注满油膏之类的憎水复合填充物。它们具有良好的高低温工作特性，60℃以下不流出，在光缆允许的最低工作温度下不僵硬。填充阻水油膏的缺点是进行端接施工前需要清除油膏和清洁光纤，带来操作麻烦的同时也增加了光缆的自重。

近年来出现不用填充阻水油膏的光缆，其结构是从光缆中心至光缆护套层依次为光纤带、空气、高级吸水膨胀阻水带、皱纹金属铠装层、两根平行金属加强钢丝和高密度聚乙烯外护层。此外还有用发泡热塑弹性体泡沫替代阻水油膏的报道。

3.1.3　阻燃线缆

在火灾时，分布在天花板隔层密闭空间和线缆井垂直空间的易燃线缆会成为火势蔓延的最大帮凶，并且同时产生大量浓烟。国内外一系列重大火灾的调查表明，对于建筑物内的人和设备来说，火灾发生时威胁最大的不是明火和热量，而是各种材料在燃烧时产生的烟雾。滚滚浓烟不仅模糊了逃生的通路，使人中毒窒息，其中裹杂的细小烟雾颗粒和导电碳粒子更可弥漫到远离火场的设备间和办公场所，污染并短路敏感的微电子线路和其他部件，其不利影响可能持续困扰用户相当长的时间，潜在损失更是无法估量。

目前，国内大多数用户对通信线缆的选择都是基于电气性能的要求，而线缆的防火等级设计往往被忽视。然而随着社会对消防安全和环境保护的重视，在近年的工程案例及招标投标过程中，特别是新建办公大楼，明确提出对线缆的防火要求已逐渐达成了共识，并在一些重要项目中指明使用阻燃级别线缆或者低烟无卤线缆。

一般将阻燃(Fire Retardant)、低烟无卤(Low Smoke Halogen Free，LSOH)或低烟低卤(Low Smoke Fume，LSF)、耐火(Fire Resistant)等具有一定防火性能的线缆统称为阻燃线缆。

1. 阻燃线缆技术标准及等级

线缆涉及火灾安全保护的主要技术指标是阻燃性、烟雾浓度和气体毒性。欧洲和美国对火灾安全有着完全不同的观点，美国防火标准较关注前两个问题，认为火灾的根源在于燃烧过程一氧化碳(CO)毒气的产生以及其后转化为二氧化碳(CO_2)的热释放，因此控制燃烧过程中的热释放量可减少火灾的危害；欧洲则深信在燃烧中产生的卤酸(FCL)释放量、气体腐蚀性、烟雾浓度及气体毒性是决定人们能否安全脱离火灾现场的主要因素。

为了定量评定线缆的阻燃逃生时间性能，国际电工委员会分别制定了《Test of the fire behavior on a single core or a single cable (Flame retardancy)》IEC 60332-1、《Test for Vertical Flame propagation for a Single Small Insulated Wire or Cable》IEC 60332-2 和《Test of the fire behavior on bunched cables (Reduced flame propagation)》IEC 60332-3 三个标准。IEC 60332-1 和 IEC 60332-2 分别用来评定单根线缆按倾斜和垂直布放时的阻燃能力，国内与之对应的标准是《单根电线电缆燃烧试验方法　第 2 部分：水平燃烧试验》GB/T 12666.2-2008。国内对应 IEC 60332-3 的是《电缆在火焰条件下的燃烧试验　第 3 部分：成束电线或电缆的燃烧试验方法》GB/T 18380.11-2008。按照不同燃烧温度分为 A、B、C、D 四类，用来评定成束线缆垂直燃烧时的阻燃能力，相比之下成束线缆垂直布放燃烧时对阻燃能力的要求应高得多。

在国内综合布线技术中，目前主要的防火等级划分综合采用了美国国家电气规程 NEC 制定的 CMP、CMR、CM 及欧洲的低烟无卤 LSOH 等类型。分类齐全的北美标准被广泛采用，如表 3-3 所示，线缆的防火等级在表格中由左至右为自高到低排列，其中 CMR 级别的阻燃线缆被公认为防火性能最好的线缆。

北美阻燃线缆的测试标准及分级表　　　　**表 3-3**

测试标准		UL910	UL1666	UL1581	VW-1
NEC标准	线缆分级	CMP(阻燃级)	CMR(主干级)	CM、CMG(通用级)	CMX(住宅级)
	光缆分级	OFNP	OFNR	OFN	

2. 阻燃线缆的护套材料及其防火性能

近年来全新的护套材料生产技术提升了线缆的防火安全性能。目前三种最常用的线缆材料为：聚乙烯(PE)、聚氯乙烯(PVC)和氟化乙丙烯(FEP)。PE 材料为绝缘铜芯线提供了极佳的电气绝缘特性，但在火灾中是高度可燃的，燃料热载荷非常高，并容易产生浓烟，对生命和设备的安全形成重大威胁；PVC 材料的电气绝缘特性较差，但是相比于 PE 材料，提供了较好的防火性能，在制造过程中可增加其他材料以适于加工，以增强适应性、耐老化的性能。这种合成的 PVC 化合物材料价格不贵，防火性能相对是安全的，但本质上还是可燃的。

CMP 级别线缆又称阻燃线缆，结构如图 3-14 所示，绝缘层采用 FEP 材料，外护套采用低发烟的 PVC 或 FEP 材料。FEP 材料在燃烧冒烟解体之前可以忍受 800℃以上的高温，比通常无卤线缆最高可承受 150℃的温度高数倍，只有 FEP 材料符合在火焰蔓延、燃料载荷和烟雾量方面的最高防火性能标准，同时 FEP 也是一种高效能的电气绝缘体。因此，FEP 非常适用于制作隐蔽空间的高速数据线缆，与 PE、PVC 材料相比其性能优势，如表 3-4 所示。

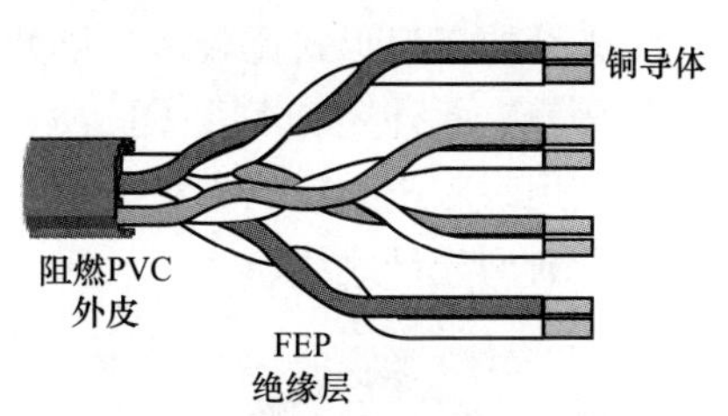

图 3-14　阻燃双绞线缆 CMP(OFNP)的构造

CMP(OFNP)阻燃线缆的特性表　　表 3-4

低蔓延性	CMP 缆线不会燃烧、蔓延； 较少的设备损害和较短的宕机损失； CMP 的原材料氟树脂 FEP 是塑料中最难燃烧的一种材料
低发烟性	CMP 几乎不产生烟雾； 能确保人员逃生时的视野
低发热量	即使强制使 FEP 燃烧所产生的热量也只有 PE 的 1/9
耐油性	CMP 的原材料 FEP 是最优秀的耐油、耐热的材料
低燃烧毒性	强制使 CMP 燃烧所释放气体的毒性与其他材料的缆线大致相同； 其他缆线在火灾初期的低温情况下(250～350℃)会产生刺激性气体
施工方便	可不套金属管线铺设，施工、维护都方便； FEP 有着优良的电气特性和强度，无论作绝缘还是作护套都能做到最薄、线径小
节约成本	由于可不套金属管槽采用开放式铺设，因此包括施工、管线在内的建设总成本与套金属管槽时的总成本基本相同

3.1.4　跳线

在综合布线系统中，还有一类线缆(包括双绞线和光缆)用于连接应用设备或者是在配线架端口之间的跳接。通常把前者称作绳线或软连线(cords)，把后者称作跳线。这类线缆的特点是线缆的两端一般都安装了连接器，通常是由制造商提供，而且长度有不同规格。这类线缆的选择要根据具体的应用和所选择的配线架类型而定。这里的应用是指连接的设备，如数据终端、电话、网络交换机等的接口。

绳线或软连线与普通双绞线的主要不同之处是导线采用多股细铜丝，而一般的双绞线采用独芯铜丝。多股线使得线缆更加柔软，抗弯曲，提高了线缆连接的可靠性。

跳线的接口有不同的形式，以便于在相同或不同的配线间之间进行端口的连接。铜缆跳线主要有连接 110 型配线架的鸭嘴接口跳线和连接 RJ45 配线架的 RJ45 接头跳线。鸭嘴接口跳线有单对、2 对、3 对和 4 对等型号，长度有 2FT、3FT、4FT 等规格，最长为 18FT。由于 110 型配线架仅能支持 5 类以下的应用，因此鸭嘴形跳线只有 3 类和 5 类，目前主要是支持语音业务，即固定电话系统的应用。RJ45-RJ45 跳线有各种类别，且长度可定制。图 3-15 所示的是几种常见的铜缆跳线。

光纤的接口形式比较多。早期多采用 ST、SC 和 FC 等型号，当前以 LC 型接口应用比较普遍，此外还有 MT-RJ、MU 等型号。光纤跳线既有单模和多模之分，又有类别之分，应用时应与敷设的光纤类型相一致，以保证不增加光纤的插入损耗。图 3-16 所示的是几种典型光纤跳线。

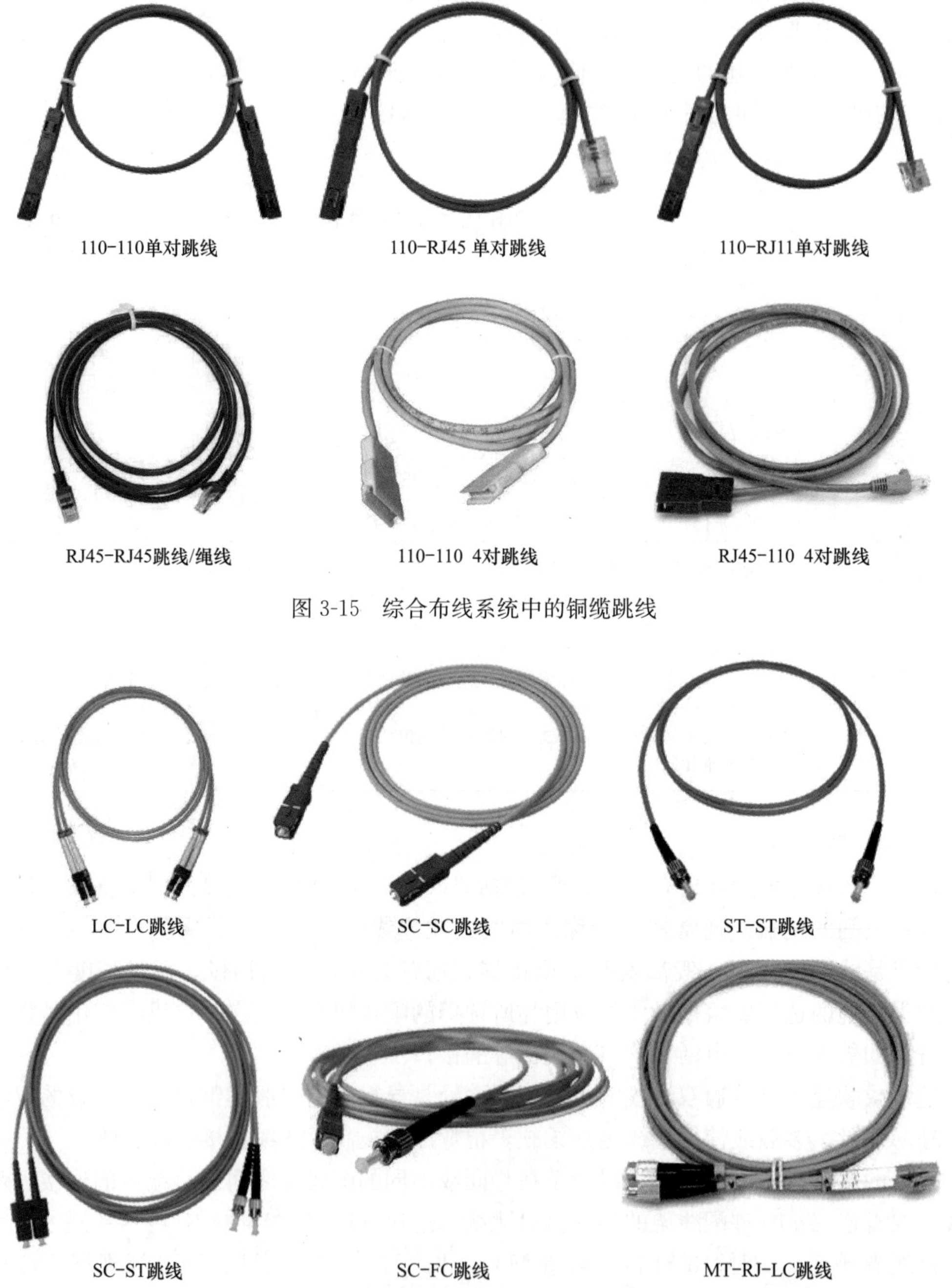

图 3-15 综合布线系统中的铜缆跳线

图 3-16 综合布线系统中的典型光纤跳线

3.2　端接与连接部件

综合布线系统的端接和连接部件主要是信息插座（一般由插座模块和面板组合而成）和配线架，用于端接或连接水平线缆和干线线缆，组成一个完整的链路。

3.2.1　信息插座

信息插座（Telecommunications Outlet，TO）是终端设备与水平布线子系统之间的连接设备，同时也是水平布线的终接点，为用户提供网络和语音接口。信息插座由面板、底盒和信息模块三部分组成，如图3-17所示。信息模块应与线缆的类别一致，对于UTP电缆而言，通常使用T568A或T568B标准的信息模块，其型号为RJ45，内有8导体针状结构。对光缆来说，规定使用具有SC或LC连接器的信息插座。

图3-17　信息插座组成

根据所连接线缆种类的不同，信息插座可分为光纤信息插座和双绞线信息插座；根据安装环境的不同，信息插座可分为墙面型、桌面型和地面型三种，如图3-18所示。

(a)

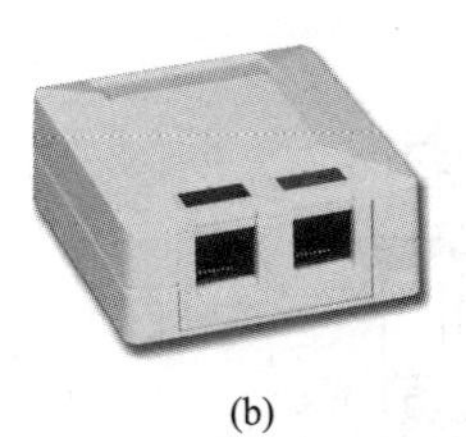

(b)

(c)

图3-18　信息插座的面板形式

(a)墙面型；(b)桌面型；(c)地面型

3.2.2　配线架

根据使用传输介质的不同，配线架（Patch Panel）分为电缆配线架和光缆配线架两类，用于端接、固定光缆和电缆，并为不同路由光缆或电缆互联或与其他设备连接提供接口，使综合布线系统变得更加容易管理。

1. 模块化双绞线配线架

RJ45模块化配线架又称快接式配线架，其前面板有若干用于连接集线设备、交换设备的4对双绞线RJ45信息模块端口，后面板连接从信息插座延伸过来的水平布线，图3-19为24口、48口、72口RJ45模块化配线架的前面板。

在屏蔽布线系统中，应当选用屏蔽型配线架，如图3-20所示，以确保屏蔽体系的完整性。

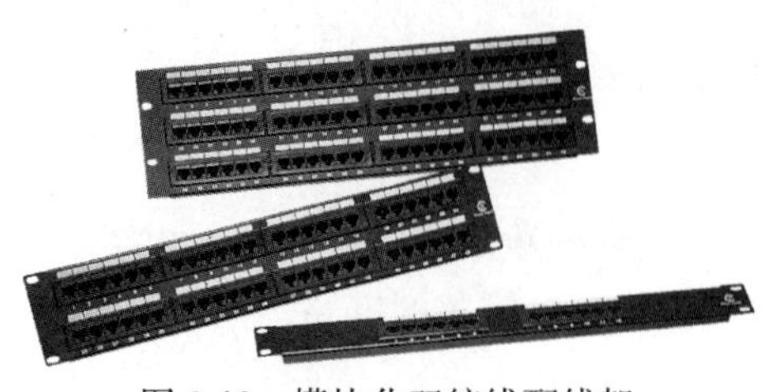
图 3-19　模块化双绞线配线架

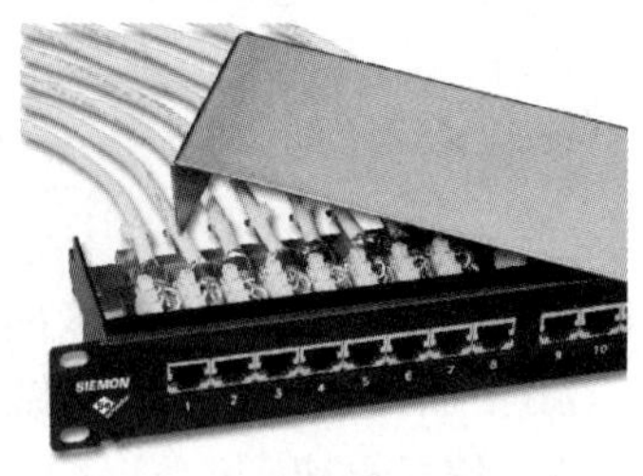
图 3-20　屏蔽型双绞线配线架

2. 110 系列双绞线配线架

110 系列是综合布线早期的配线架技术，它们的优点是电缆端接密度高，价格相对便宜；缺点是打线、端接和变更线路等操作都需要专用工具，目前多用于语音和低速率的网络应用线缆端接，如 100Mb/s 以下以太网的应用。

(1) 夹接式(110A)配线架

110A 配线架是装有若干行齿形条的塑料件，每行齿形条上有金属片的夹子，可端接 25 对双绞线。将待端接的导线沿着配线架的理线器经不干胶色标从左向右放入齿形条间的槽缝里，再用一个专用冲击工具把连接块“冲压”到配线架上，以实现电缆在配线架上的固定、连接，如图 3-21 所示。

(2) 接插式(110P)配线架

110P 配线架与 110A 不同，它没有“支撑腿”，有水平过线槽及背板组件，这些槽允许安装者自顶布线或自底布线，如图 3-22 所示。与 110A 一样，110P 也是每行端接 25 对线。

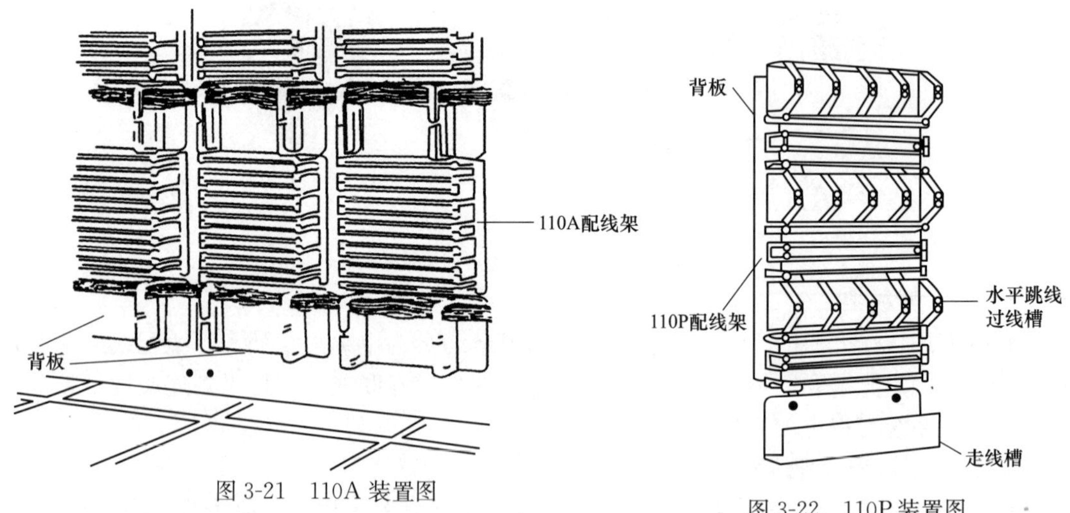

图 3-21　110A 装置图

图 3-22　110P 装置图

对一些小型网络的线缆管理(如家庭网络、SOHO 网络)，可以选择 110A 壁挂式配线架，如图 3-23 所示，无需再将其安装于机柜中，从而节约成本和空间。

3. 110 连接块

110 连接块是 110 配线架的必需，如图 3-24 所示，有 3 对线、4 对线和 5 对线三种规格，用于将电缆固定在配线架上。它是一个小型、阻燃的塑料段，内含上下连通的熔锡

(银)的接线柱，可压到配线架齿形条上去。连接块中采用了接触点技术，如图 3-25 所示，刀状尖夹子割破外皮建立电气的触点，将连线与连接块的上端接通而无需剥除线对的绝缘护皮。连接块是双面端接的，故交叉连接跳线可用工具压到它的前面。

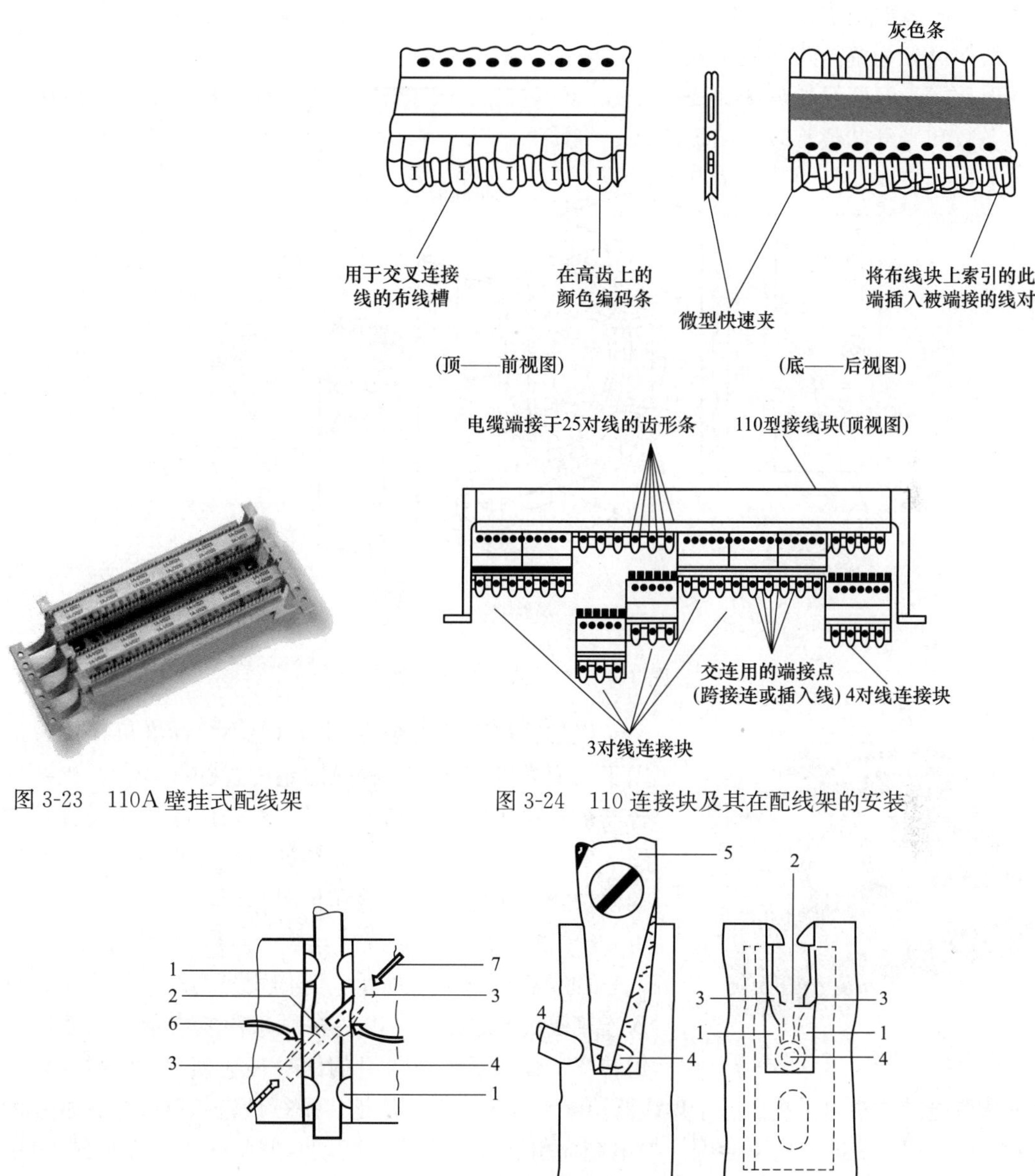

图 3-23　110A 壁挂式配线架

图 3-24　110 连接块及其在配线架的安装

图 3-25　接触点技术

1—夹住点；2—接触缝；3—弹性接触片；4—导线；5—插入工具；6、7—扭转力和恢复力

从图 3-25 中可以看出，110 连接块与导线之间的接触，由接触缝 2 和具有弹性的接触片 3 组成。它们与嵌入导线的轴线成 45°角。用插入工具 5 把导线 4 压入接缝时，切刀自动割开导线的保护层，并将导线压入接触簧片的两个接触面之间。通过绝缘层的压移，接触簧片 6、7 产生恒定的扭转力和恢复力，与导线建立了两个永久性的、与空气隔离的接

触点。夹点 1 从两面把导线紧紧地夹持住，保证了机械连接的稳固性。对接线工具的一次简单的压入动作，就能不用焊接、不用剥皮地端接好导线，并切断端头的余导线。

4. 光纤配线架

光纤配线架用于端接光缆，大多被用于垂直干线和建筑群布线。根据结构的不同，光纤配线架可分为壁挂式和机架式。

壁挂式光纤配线架如图 3-26 所示，可直接固定于墙体上，一般为箱体结构，适用于光缆条数和光纤芯数都较少的场所。

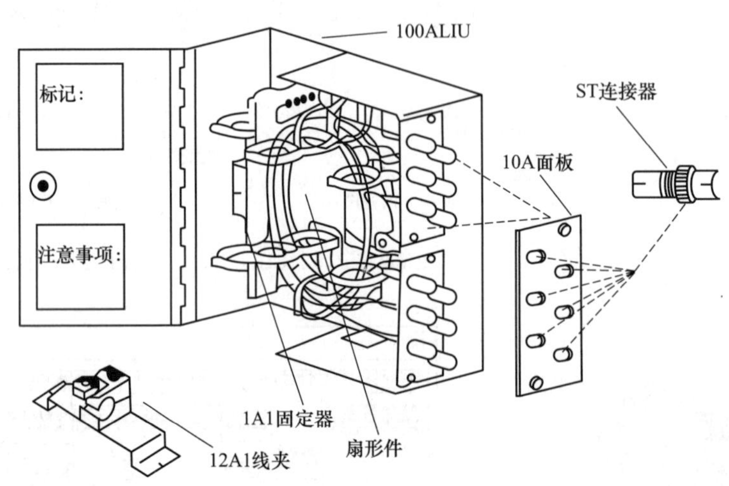

图 3-26　壁挂式光纤配线架

图 3-27　机架式光纤配线架

机架式可直接安装在 63cm(19 寸)标准机柜中，适用于大型光纤网络。一种是固定配置的终端盒，光纤耦合器被直接固定在机箱上，另一种采用模块化设计，如图 3-27所示，用户可根据光缆的数量和规格选择相对应的模块，便于网络的调整和扩展。

5. 理线器

理线器如图 3-28 所示，其作用是为线缆提供平行进入连接模块的通路，使电缆在压入模块之前不再多次直角转弯，减少了电缆自身的信号辐射损耗，同时也减少了对周围电缆的辐射干扰。由于理线器使水平双绞线有规律地、平行地进入配线架模块，因此在今后线路扩充时，将不会因一根电缆而引起大量电缆的变动，使整体可靠性得到保证，提高了系统的可扩充性。

3.2.3　光纤连接器

光纤连接器是光纤与光纤之间进行可拆卸(活动)连接的器件，是把光纤的两个端面精密对接起来，使发射光纤输出的光能量最大限度地耦合到接收光纤中去，并使其介入光链路而对系统造成的影响减到最小，这是光纤连接器的基本要求。在一定程度上，光纤连接器也影响了光传输系统的可靠性和各项性能。

光纤连接器按传输媒介的不同可分为常见的硅基光纤的单模、多模连接器，还有其他如以塑胶等为传输媒介的光纤连接器；按连接头结构形式可分为 FC、SC、ST、LC、

DIN、MU 等多种形式，其中 ST 连接器通常用于布线设备端，如光纤配线架、光纤模块等，而 SC 和 MT 连接器通常用于网络设备端；按光纤端面形状分有 FC、PC(包括 SPC 或 UPC)和 APC；按光纤芯数划分还有单芯和多芯(如 MT-RJ)之分。在实际应用过程中，一般按照光纤连接器结构的不同来加以区分。

图 3-28　理线器

1. FC 型光纤连接器

FC 型光纤连接器最早采用陶瓷插针，对接端面为平面接触方式，其外部加强方式为金属套，紧固方式为螺丝扣。此类连接器结构简单，操作方便，制作容易，但光纤端面对微尘较为敏感，且容易产生菲涅尔反射，提高回波损耗性能较为困难。后来人们对该类型连接器进行了改进，采用对接端面呈球面的插针(PC)，而外部结构没有改变，使得插入损耗和回波损耗性能有了较大幅度的提高。

2. ST 与 SC 型光纤连接器

ST 和 SC 接口是常用光纤连接器的两种类型，对于 10Base-F 连接来说，连接器通常是 ST 类型的，对于 100Base-FX 来说，连接器大部分情况下为 SC 类型的。圆形外壳 ST 型连接器的内芯外露(图 3-29)，螺丝紧固方式；矩形外壳 SC 型连接器的内芯藏在接头里面(图 3-30)，插拔销闩紧固方式。

图 3-29　ST 型连接器

图 3-30　SC 型连接器

3. MT-RJ 型连接器

MT-RJ 型连接器带有与 RJ45 型连接器相同的闩锁机构，通过安装于小型套管两侧的导向销对准光纤，以便于与光收发信机相连。连接器为双芯(间隔 0.75mm)排列设计，如图 3-31 所示，是主要用于数据传输的新一代高密度光纤连接器。

4. LC 型连接器

LC 型连接器采用操作方便的模块化插孔(RJ)闩锁机制，所采用的插针和套筒的尺寸仅是普通 SC、FC 等尺寸的一半，为 1.25mm，以提高光纤配线架中光纤连接器的密度，如图 3-32 所示。目前在单模链路，LC 型的连接器已经占据了主导地位，在多模链路的应用也增长迅速。

5. MU 型连接器

MU 型连接器(图 3-33)是以 SC 型连接器为基础，采用了 1.25mm 直径的套管和自保持机构，其优势在于能实现高密度安装，包括用于光缆连接的插座型连接器(MU-A 系列)、具有自保持机构的底板连接器(MU-B 系列)以及用于连接 LD/PD 模块与插头的简化插座(MU-SR 系列)等。随着光纤网络向更大带宽、更大容量方向迅速发展和密集波分复用技术的广泛应用，对 MU 型连接器的需求也将迅速增长。

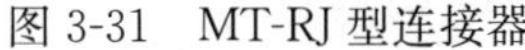

图 3-31　MT-RJ 型连接器

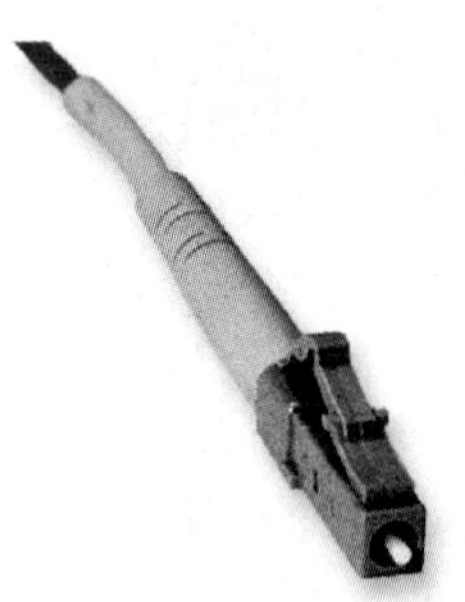

图 3-32　LC 型连接器

图 3-33　MU 型连接器

3.2.4　其他连接部件

综合布线系统为支持多种应用业务提供了统一的终端设备接口，即 4 对双绞线 RJ45 接口和不同的光纤接口。在综合布线系统应用的早期，许多数据业务系统，特别是计算机网络系统采用了不同的传输介质，如各种型号的同轴电缆、扁平电缆、多芯电缆等，其接口不是 RJ45，无法直接与综合布线系统的信息插座连接。为了能让这样的系统得到综合布线系统的支持，业界研制和推出了多种类型的适配器(Adaptor)，以便将特定的接口转换成 RJ45 接口，如图 3-34 所示。

随着综合布线系统的不断推广，越来越多的数据通信系统和计算机网络系统摒弃原有的传输介质和接口，改为双绞线传输并采用 RJ45 接口，因此适配器的应用越来越少。不过有些应用系统仍然可能采用传统的接口，比如 RS232、BNC 等，需要为其选配适配器。还有些用户由于应用系统的扩容，而提出将 1 根水平线缆端接两个设备，如 1 部固定电话和 1 台电脑等，这时最简便易行的办法就是使用一个“Y”形适配性。图 3-35 所示为几种一分二(Y)适配器和在 110 配线架上使用的适配器。

3.2.5　电子配线架

传统的配线架是无源的，仅用来端接线缆和线缆之间的跨接。20 世纪末以色列 RIT 公司首先推出了一种铜缆电子配线架，不仅可以端接双绞线线缆，而且可以检测线缆端接的端口是否可靠，双绞线线缆跨接是否正常，出现意外状态可以告警。因此赋予了配线架一定的智能，故又被称为智能配线架。

电子配线架在配线架的每个端口上设计了连接检测机关，用于监测跳线插入和连接的状态。检测信号通过专门的通道(线路)实时传送到一台控制主机。控制主机可对各端口的状态做轮询，当有异常情况发生时，可通过专门的配线管理系统发出告警信号，提醒布线管理人员及时处理事故。一台控制主机可以管理多个电子配线架，甚至可以跨机柜管理配线架。控制主机可接入机房的动力环境检测系统或计算机网络管理系统。

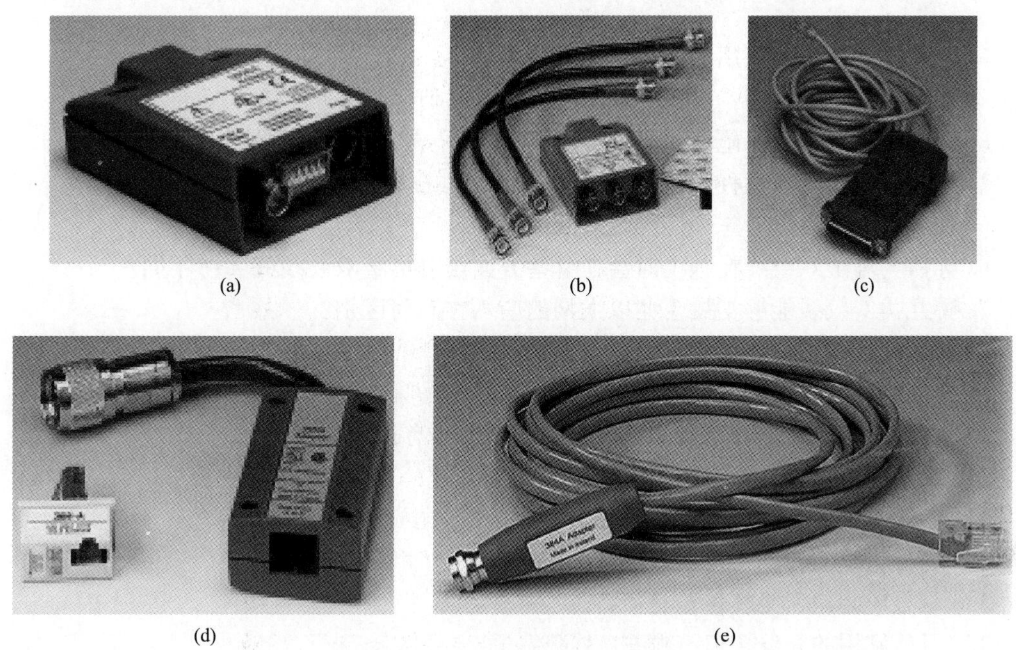

(a)　(b)　(c)

(d)　(e)

图 3-34　几种典型的适配器

(a)75Ω 射频同轴电缆-RJ45 适配器；(b)75Ω 视频同轴电缆-RJ45 适配器；(c)RS232-RJ45 适配器；(d)双芯同轴电缆-RJ45 适配器；(e)93Ω 同轴电缆-RJ45 适配器

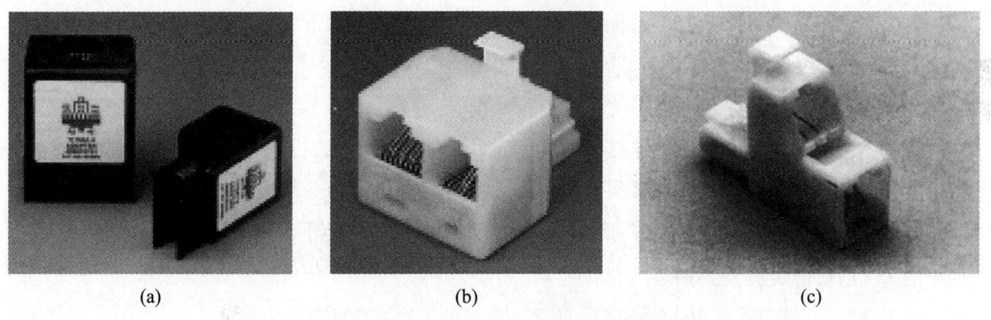

(a)　(b)　(c)

图 3-35　Y 形适配器与 110 配线架适配器

(a)110-RJ45 适配器；(b)Y 形适配器；(c)Y 形适配器

实现配线架端口的监测，目前主要有两种技术路线。一是以 RIT 为代表的采用 9 针端口配合九芯跳线的方法，用第 9 芯线检测链路的连接状态和端口的插入状态。二是以美国 Commscope(康普)公司为代表的采用在配线架各端口内设置微触开关，用于检测跳线插头的插入状态。

电子配线架的问世颠覆了传统综合布线系统的概念，使之不再仅仅是各种无源部件构成的物理传输通道的集合。由电子配线架构成的综合布线系统，可以实时监测链路的连接状态，保障数据的可靠通信，大大提高了布线系统的可靠性，而且能够降低布线系统管理人员的工作强度，提高工作效率，减少失误率。

复习思考题

1. 综合布线系统中采用的线缆分为哪两类?
2. 双绞线有哪些类别？不同类别对传输信号有何影响?
3. 双绞线采用哪些措施消除干扰?
4. 屏蔽双绞线有哪几种形式？屏蔽效果如何?
5. 在哪些场合可以考虑采用屏蔽双绞线?
6. 你认为屏蔽双绞线在施工时会在哪些方面与非屏蔽双绞线(UTP)不同?
7. 哪几类双绞线能够支持千兆以太网的应用？有何区别?
8. 简述光纤的结构，其传输的原理是什么?
9. 按照光波在光纤中的传播模式，光纤可以分为哪几类？各有何特点?
10. 什么是光的衰减、带宽和色散？对传输信号有何影响?
11. 室内光缆与室外光缆结构上有何不同?
12. 不同类型的光纤连接在一起会对信号传输产生影响吗?
13. 哪种光纤的传输特性最好?
14. 与铜缆相比，光纤传输有何特点?
15. 目前常用的光纤接口有哪些?
16. 双绞线配线架有哪几种？各有何特点和不足?
17. 如何在配线架上连接不同的端口?
18. 水平电缆由几对组成，线序的色标编码顺序是什么?
19. 大对数电缆的线对数量为何一般是25对的倍数?
20. 阻燃线缆有哪几种？一般应用在什么场合?
21. 为何数据干线线缆多采用光缆，而不再采用铜缆?
22. 线规的编号越大意味着导线越粗吗?
23. 为何在综合布线系统中多采用多模光纤?
24. 多模光纤因传输的模式多所以传输特性优于单模光纤，对吗?
25. 信息插座有类别之分吗?
26. 信息插座有屏蔽与非屏蔽之分吗?

第4章 系统设计

综合布线系统的建设要求非常严格，以保证建筑物或建筑园区信息化设施系统物理通道的可靠性。系统的设计是工程建设的基础，设计的质量高低直接决定了工程建设的成败。系统设计既要满足用户或业主的业务需求，还要符合国内外的工程设计标准。综合布线系统的设计成果一般包括设计说明书、系统图、平面图、材料清单和工程概预算。本章将对综合布线系统的各个模块的设计方法做详细阐述。

4.1 综合布线系统总体规划

综合布线系统的总体规划是整个工程建设的蓝图，将直接影响到工程的质量和性价比。

目前，国际上大多数综合布线厂商都提出15年的质量保证，少数提出30年的质量保证，但一般并没有提出多少年的投资保证。为了保护建筑物投资者的利益，应当采取“总体规划，分步实施，水平布线尽量一步到位”方针。

综合布线的配线间以及所需的电缆竖井、孔洞等设施都与建筑结构同时设计和施工，它们都是建筑物的基础性永久设施，因此在具体实施综合布线的过程中，各工种之间应协商，紧密配合，切不可互相脱节。

在设计综合布线系统时，也一定要从实际出发不可盲目追求过高的标准，以免造成浪费，使系统的性价比降低。因为科学技术的发展日新月异，很难预料今后信息技术发展的速度，所以只要管道、线槽、路由设计合理，更换电缆就相对容易。

1. 充分了解和掌握综合布线建设项目的基本概况以及主要依据

在总体规划中，必须充分调查和认真研究，收集相关资料，真正掌握工程建设的使用对象和工程建设项目的基本概况，这些是做好工程设计的前提条件和重要基础。具体内容有以下几项：

(1) 综合布线系统的使用对象、功能和性质以及其他情况

如建设项目的使用性质是商贸综合大厦或交通枢纽业务楼、文体公益设施、校园式智能化小区或住宅建筑智能化小区等；

(2) 用户信息需求和今后发展

目前用户信息需求程度和今后信息业务发展趋势等预测结果(包括信息点的分布和数量等)，设置采用综合布线系统的必要性和合理性的依据。此外有无用户特殊信息需要(如需考虑采用屏蔽性能的布线部件、无线网络等)。

需求分析对于任何项目的设计都是一个必需的过程，不管是对建设单位、集成商还是对于厂商，充分了解双方的情况，充分了解网络需求的情况，都具有实际的意义。

(3) 建设单位提供的资料

建设单位提供的委托设计的有关文件和会议纪要等文件，内容应涉及对综合布线系统的工程建设范围、具体建设规模和工程建设进度以及建设投资限额等主要问题提出明确的要求。

（4）确定综合布线的建设等级

根据该建筑的结构和信息网络用途，决定该工程所用线缆类型和布线的设计等级。这一步骤是后续工作及所有子系统设计的基础，它决定了系统的规模和工程的造价。

（5）其他相关系统的具体建设计划

例如计算机网络系统、建筑设备自动化系统、安全防范自动化系统等，以便在综合布线系统工程设计和施工中互相配合协调，满足它们的使用要求，防止发生矛盾和脱节现象。

（6）相应的建筑物情况

所涉及的房屋建筑的结构、楼层平面布置、内部装修要求、预埋管路和线槽以及洞孔等建筑物内部的图纸和有关资料。对于新建和既有建筑应有所区别，例如新建综合布线系统的整体布局和缆线路由在土建设计中应一并考虑，以便在房屋结构施工中同时把布线所需的管路、洞孔和线槽的支撑设施同时浇注，有利于后期的布线安装施工。原有房屋建筑应设法收集其原有图纸和资料，以便考虑技术方案。

2. 制定切实可行的系统集成技术方案，编制和做好综合布线系统工程总体建设方案和各个子系统以及其他部分的规划

（1）确定网络系统集成技术方案

智能化建筑和智能化小区中的网络系统集成技术方案内容包括计算机网络系统、各种应用系统和综合布线系统等，它们都应做到以互相协调、密切配合、服从系统集成技术方案的整体为准则。为此，从开始构思到提出集成技术方案中各个环节都要严格按各项有关标准执行，做到认真研究、慎重确定，以确保工程质量优良。网络系统集成技术方案是综合布线系统设计的前期工作，虽不属于综合布线系统工程设计的内容，但它们之间有着密切相关的联系。

（2）编制综合布线系统总体建设方案

总体方案是综合布线系统工程设计的关键部分，它直接影响智能化建筑和智能化小区的智能化水平高低和通信质量优劣。总体方案设计的主要内容有通信网络总体结构、各个布线子系统的组成、系统工程的主要技术指标、通信设备器材和布线部件的选型和配置等具体方案要点。此外，还应考虑其各方面与各个系统（如房屋主体结构、计算机、有线电视等）的特殊要求和配合协调。

（3）各个布线子系统设计

智能化园区的综合布线系统工程中含有建筑群主干布线子系统、建筑物主干布线子系统和水平布线子系统三部分，这三部分的设计内容最多且较繁杂，涉及缆线和设备的规格、容量、结构、路由、位置和长度以及连接方式等，此外，还有缆线的敷设方法和保护措施以及其他要求。

（4）其他内容的规划与设计

在综合布线系统建设中因工程范围不同，其他内容也有些差异，但通常涉及交直流电源、防护和接地、屏蔽系统等方面规划与设计。

4.2 系统模式与系统等级

4.2.1 系统模式

综合布线系统的一般模式如图 4-1 所示。CD(Campus Distributor)、BD(Building Distributor)和 FD(Floor Distributor)分别是建筑群园区、楼栋和楼层的配线管理设备(配线架及跳线)。FD 即管理子系统。对于独栋建筑，BD 即为设备子系统；对于园区建筑，CD 是主设备子系统。TO(Telecommunications Outlet)为信息插座。

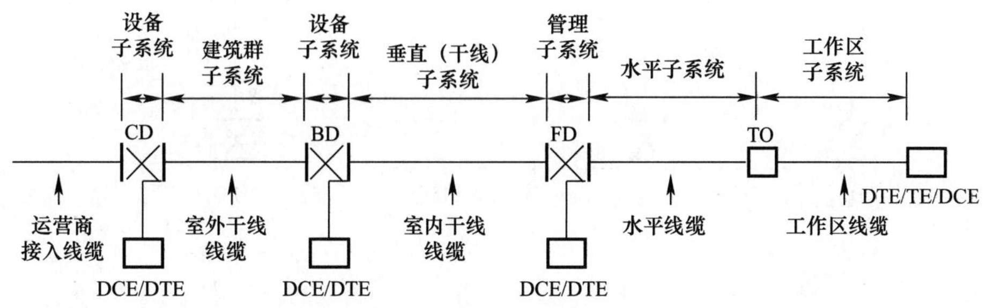

图 4-1　综合布线系统一般模式

DCE：数据传输设备；DTE：数据终端设备；TE：终端设备

在 CD、BD 和 FD 上可以接入各种网络和通信设备，如路由器、交换机和用户电话交换机(PBX)。TO 可以连接各种终端设备，如电话机、PC、打印机和 AP(Access Point)等。

在当代建筑系统中，因建筑高度的原因和高速、宽带计算机网络系统的广泛应用，各级干线线缆普遍采用光缆。因此，综合布线系统的信道被分成光纤信道和双绞线信道两部分，如图 4-2 所示。

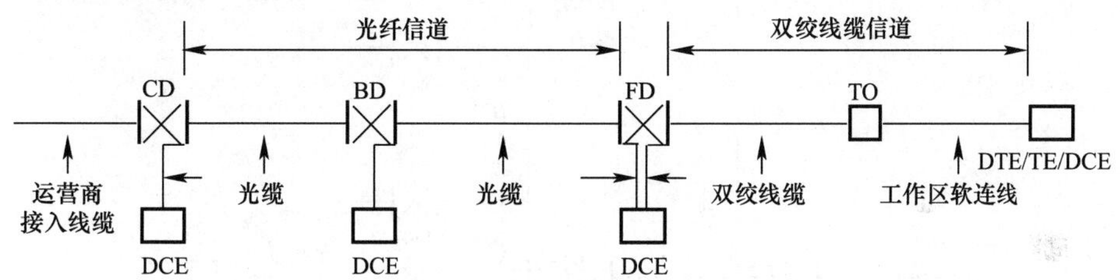

图 4-2　综合布线系统的信道

就拓扑结构而言，综合布线系统是一种由三级星形结构组合构成的树形拓扑结构，如图 4-3 所示。FD 之间和 BD 之间视具体要求，可以有直达的链路连接。

综合布线系统是一个高度灵活和模块化的结构。

1. 典型模式

对于多层和高层建筑，典型的系统模式如图 4-4 所示。运营商接入线缆接至 CD，再由 CD 引出园区干线接至以星形拓扑分别接至园区中的 N 栋建筑 BDn(n=1，……，N)。各建筑(楼)的 BD 通过垂直干线再次以星形拓扑分别与各楼层的 FD 相连。在 CD、BD 和 FD 中，各种配线架上的端口和 DCE 的端口均采用跳线连接。

2. 特例模式 1

对于园区中体量不大、楼层较少的建筑，可以不设 BD，只设 FD。园区干线可以从 CD 直接接至各 FD，如图 4-5 所示。

3. 特例模式 2

对于体量较大，特别是楼层面积较大的建筑，如高层建筑的裙楼，每层仅设 1 个 FD 是不够的，往往设置若干 FD，如图 4-6 所示。通常情况下 1 个 FD 覆盖信息插座(TO)的范围在半径 80m 左右，以水平线缆的最大长度不超过 90m 为限。

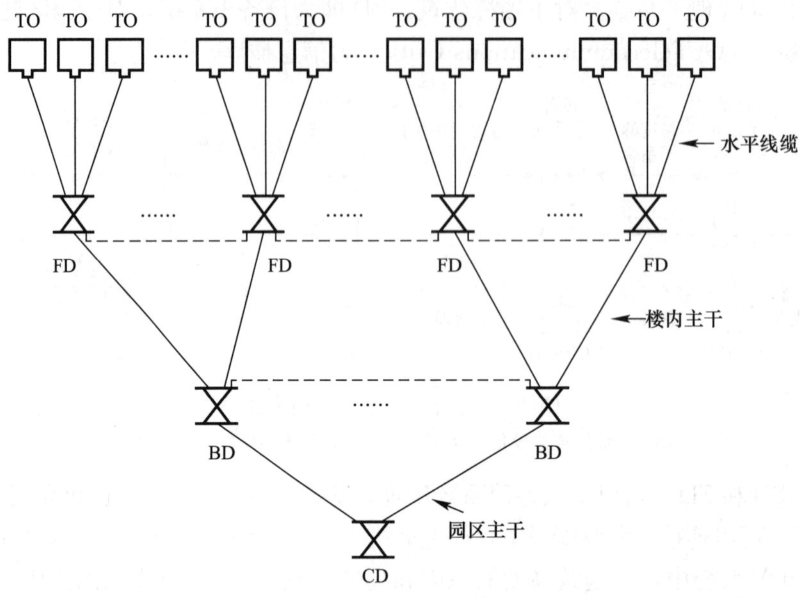

图 4-3　综合布线系统拓扑结构

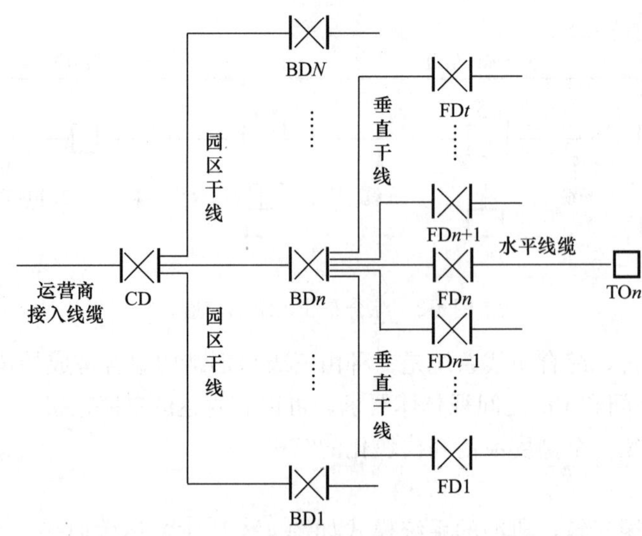

图 4-4　综合布线系统典型模式

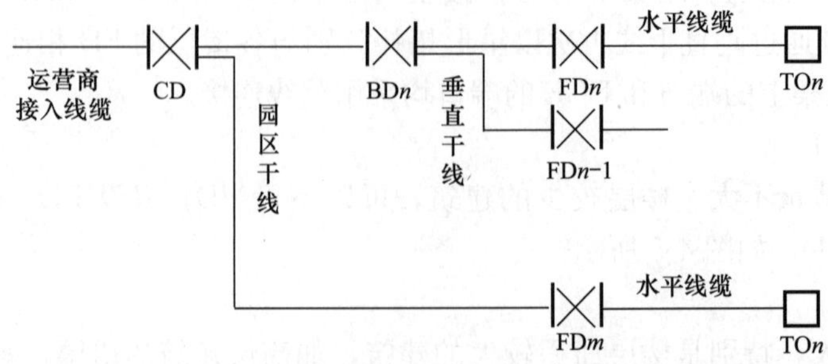

图 4-5　综合布线系统特例模式 1

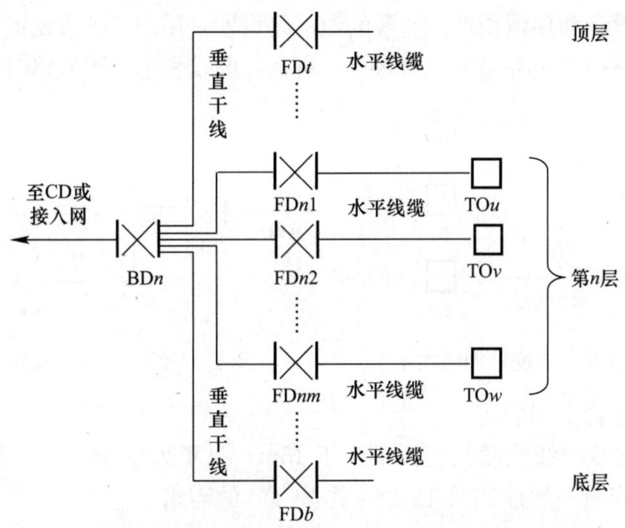

图 4-6　综合布线系统特例模式 2

4. 特例模式 3

对于某些高层建筑，若楼层面积较小，或 TO 数量不太多，可以两层或三层设置 1 个 FD，如图 4-7 所示。这样既可以降低工程造价，又可以节省空间。

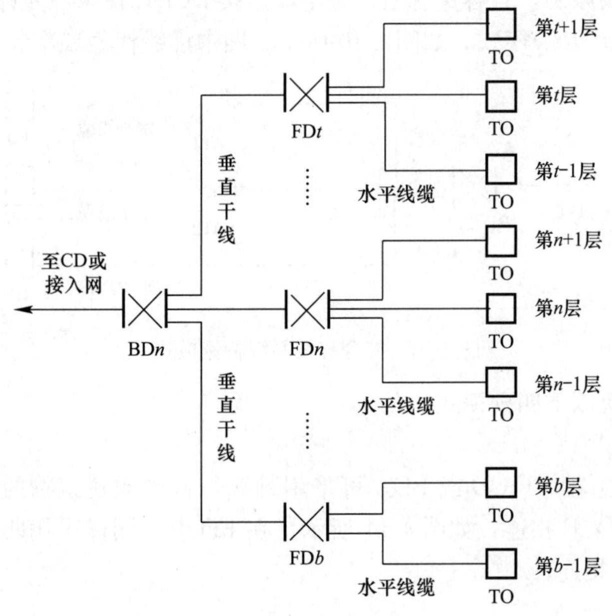

图 4-7　综合布线系统特例模式 3

5. 特例模式 4

对于小型建筑，如汽车旅馆(Motel)、别墅等，可以不设置 FD，而从 BD 直接引出水平线缆连接各 TO，如图 4-8 所示。

6. 特例模式 5(CP)

对于大开间办公建筑或是以毛坯房形式验收交工的建筑，TO 的位置和数量都无法在工程设计和施工时做设计和预留预埋。通常的做法是设置多用户 TO 或设置集合点 CP(Consolidation Point)。设置有 CP 的系统模式如图 4-9 所示，虚线表示二次装修时设计和安装。

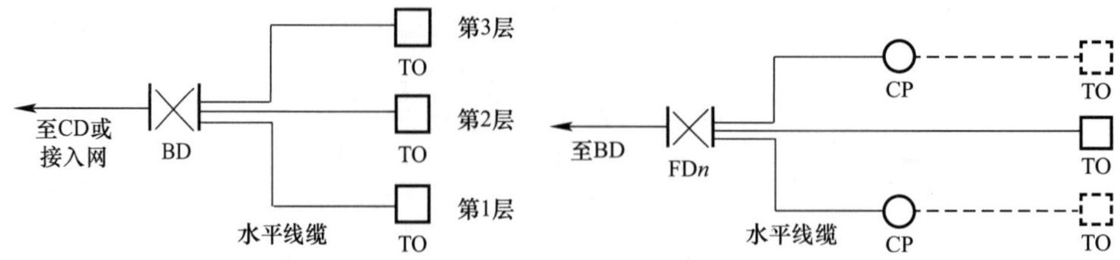

图 4-8　综合布线系统特例模式 4　　　图 4-9　综合布线系统特例模式 5

设置 CP 时要符合下列规定。

1）CP 到 FD 的双绞线线缆长度要不少于 15m，且不大于 85m。

2）CP 设备的容量一般应满足 12 个工作区 TO 的需求。

3）一根水平电缆只允许设置 1 个 CP，即 CP 不可以级联。

4）CP 引出的电缆必须端接于 TO 或多用户 TO。

5）CP 中不使用跳线连接各端口。

7. 特例模式 6(子配线间)

设置 CP 是一种解决大开间、开放型办公室的布线解决方案，但不是最佳方案。CP 的设置受到许多规定的限制，且容量有限，更不能连接 DCE。在条件允许的情况下，可以采用设置子配线间(Satellite)模式，如图 4-10 所示。图中虚线代表二次装修时设计和安装。

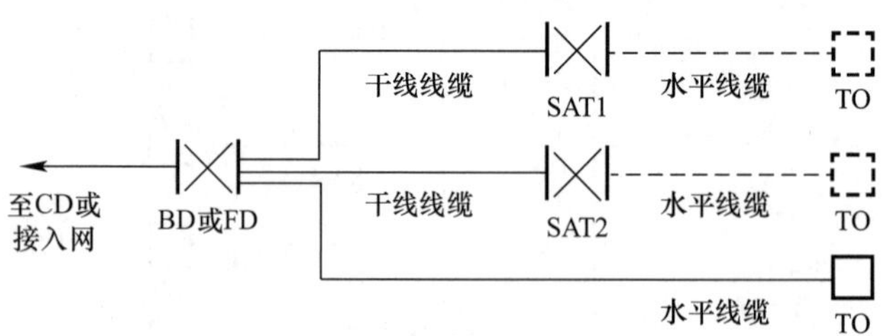

图 4-10　综合布线系统特例模式 6

全光信道一般有以下四种模式。

1. 全光信道模式 1

运营商接入光缆端接于 CD 或 BD，可采用跳线与园区或建筑物的干线光缆连接，也可通过设备光缆与 DCE 相连，如图 4-11 所示。在 FD 上，同样采用跳线或设备光缆分别与水平光缆或 DCE 相连。

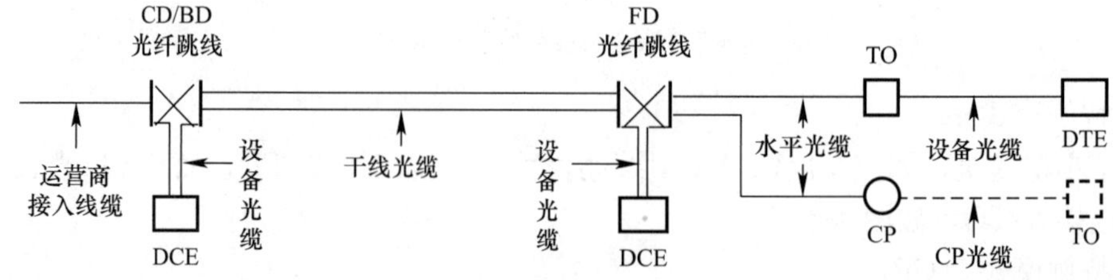

图 4-11　全光信道模式 1

2. 全光信道模式 2

全光信道模式 2 与全光信道模式 1 不同之处在于 FD 处不设置 DCE，干线光缆通过跳线直接与水平光缆相连，如图 4-12 所示。

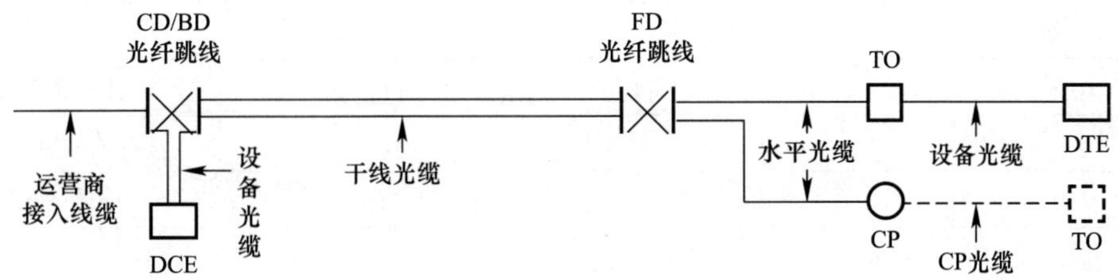

图 4-12　全光信道模式 2

3. 全光信道模式 3

本模式与全光信道模式 2 不同之处在于在 FD 处，干线光缆与水平光缆的接续采用熔接或机械连接(耦合器)方式，如图 4-13 所示。熔接方式最好，连接损耗小，但干线光缆和水平光缆纤数需相同，且接续固定。机械式连接比较灵活，可以在连接处对光纤做互换，但耦合损耗比熔接方式要大。

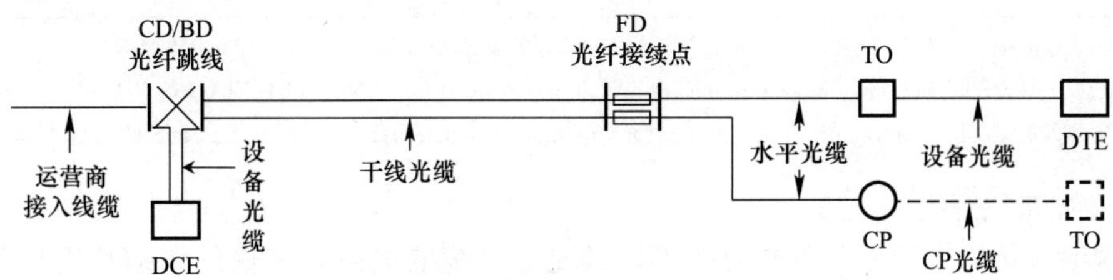

图 4-13　全光信道模式 3

4. 全光信道模式 4

本模式中，干线光缆和水平光缆合二为一，采用室内光缆，自 CD 或 BD 引出，直接与 TO 或 CP 相连，如图 4-14 所示。光缆只是借道各电信间或弱电间，并不在 FD 做端接和接续。该模式多用于光纤到户(FTTH)和光纤到办公室(FTTO)等的应用，将 TO 改换为光用户单元(ONU)或光用户终端(ONT)。

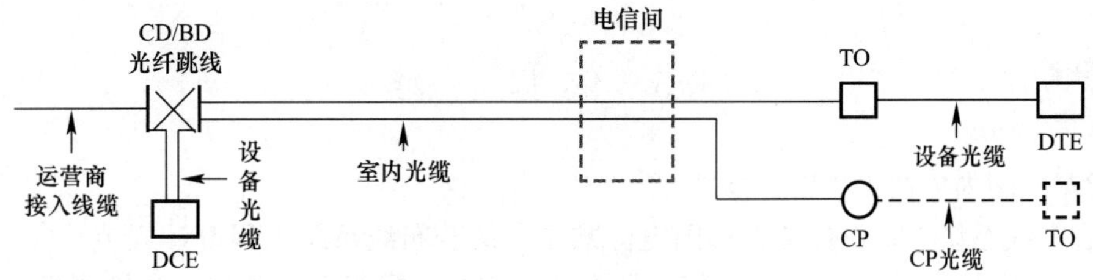

图 4-14　全光信道模式 4

4.2.2　系统等级

1. 电缆布线系统等级

国内外的综合布线系统技术规范对双绞线系统设定了自 A 到 F_A 以及Ⅰ/Ⅱ共九个等

级，各种等级支持的通信带宽各不相同，A 级最低，Ⅰ/Ⅱ级最高，且与线缆和连接硬件的类别相对应，如表 4-1 所示。

电缆布线等级与线缆类别对比　　表 4-1

系统等级	线缆/连接硬件类别	传输带宽(Hz)	说　明
A	CAT 1	100k	不推荐使用
B	CAT 2	1M	不推荐使用
C	CAT 3	16M	语音级电缆
	CAT 4	20M	
D	CAT 5	100M	
	CAT 5+*	155M	
E	CAT 6	250M	
E_A	CAT 6 A**	500M	
F	CAT 7	600M	屏蔽电缆
F_A	CAT 7 A	1G	屏蔽电缆
Ⅰ/Ⅱ	CAT 8***	2G	屏蔽电缆

* 参见《Commercial Building Telecommunications Cabling Standards》ANSI/TIA/EIA-568-A-5。

** 参见《Commercial Building Telecommunications Cabling Standards》ANSI/TIA/EIA-568-B. 2-10。

*** 参见《Generic Telecommunications Cabling for Customer Premises》ANSI/TIA/EIA-568-C. 2-1。

2. 光缆布线等级

与铜缆以传输带宽划分不同等级不同的是，光缆的等级以传输的线缆长度划分等级。光缆的布线等级有三级，见表 4-2。

光缆布线等级　　表 4-2

系统等级	传输距离(m)	说　明
OF-300	300	各类 OM、OS 光缆
OF-500	500	OM2 以上及 OS 光缆
OF-2000	2000	OS1、OS2 光缆

4.3 依据标准

4.3.1 国内依据工程设计标准

综合布线系统工程设计依据的国内标准是《综合布线系统工程设计规范》GB 50311。最新版为 2016 年 8 月颁发，2017 年 4 月 1 日起实施。配套实施的施工和检测规范是《综合布线系统工程验收规范》GB/T 50312—2016。

除此之外，系统设计时通常还要依据其他的一些相关标准如下。

1. 防火标准

缆线是布线系统防火设计的重要部件。国际上综合布线电缆的防火测试标准有 UL910

和 IEC 60332，其中 UL910 等标准为加拿大、日本、墨西哥和美国所使用，UL910 等同于美国消防协会的 NFPA 262—1999。UL910 标准的指标高于 IEC 60332-1 及 IEC 60332-3 标准。

此外，建筑物综合布线涉及的防火设计标准还应依据国内相关标准《建筑设计防火规范(2018 年版)》GB 50016—2014、《建筑内部装修设计防火规范》GB 50222—2017。

2. 机房及防雷接地标准

机房及防雷接地设计可参照的国家标准有：《建筑物防雷设计规范》GB 50057—2010；《数据中心设计规范》GB 50174—2017；《建筑物电子信息系统防雷技术规范》GB 50343—2012。

3. 智能建筑与智能小区相关标准与规范

综合布线系统的应用包括公共建筑和住宅小区两大类型，已出台的国内外综合布线技术标准主要针对前者制定，后者的布线系统建设则重点考虑信息点数量与规格造价问题。随着我国大众居住水平的迅速提高，住宅小区宽带布线大量应用，国家有关部门在加快这方面标准的起草和制定工作，已经出台或正在制定中的标准与规范有：

(1)《智能建筑设计标准》GB 50314—2015，2015 年 11 月 1 日开始施行。

(2)《智能建筑弱电工程设计施工图集》09X700，1998 年 4 月 16 日施行，统一编号为 GJBT—471。

(3)《城市住宅建筑综合布线系统工程设计规范》CECS 119：2000。

4.3.2　国外主要依据工程设计标准

目前工程设计依据的国外标准主要是美国通信工业协会/电子工业协会(TIA/EIA)。专门针对商用建筑发布的《Commercial Building Telecommunications Cabling Standard》TIA/EIA-568 系列标准和国际标准化组织(ISO)联合国际电工委员会(International Electrotechnical Commission，简称 IEC)及国际电联(ITU)共同颁布的《Information Technology—Generic Cabling for Customer Premises》ISO/IEC 11801。目前该标准的最新版是 ISO/IEC 11801—2017。

4.4　子系统设计

4.4.1　工作区子系统设计

1. 工作区的概念

在综合布线中，需要独立地设置终端设备的区域称为工作区。综合布线系统的工作区由终端设备及其连接到水平子系统信息插座的接插线(或软线)以及适配器等组成。工作区的终端设备可以是电话、计算机网络工作站，也可以是控制仪表、测量传感器、电视机或办公自动化设备，如图 4-15 所示。

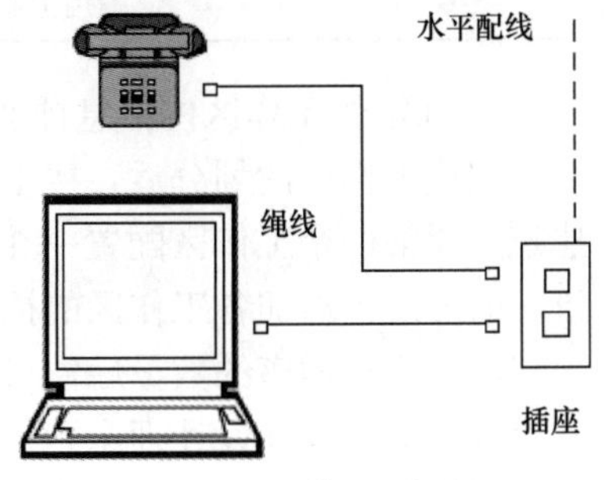

图 4-15　工作区子系统

2. 划分工作区

通常，工程的建设方会提出建筑物各楼层和房间的用途。根据用户的需求，参照相关设计标准，可以在建筑平面图上确定工作区的划分。我国有关智能建筑的相关标准将民用建筑分为 8 类。按照不同的建筑类型，推荐的工作区参考面积列于表 4-3。

智能建筑分类 表 4-3

建筑类型		工作区面积(m²)
办公建筑	商务办公建筑	4～10
	行政办公建筑	5～15
	金融办公建筑	4～8
商业建筑	商场	15～50
	宾馆	房间
文化建筑	图书馆	4～15
	博物馆	15～30
	会展中心	15～40
	档案馆	5～15
媒体建筑	影剧院	40～80
	广播电视业务建筑	5～15
体育建筑	体育场	5～40
	体育馆	5～20
	游泳馆	5～30
医院建筑	综合性医院	5～15
学校建筑	高等院校	20～100
	高中和高职院校	20～80
	初中和小学	20～60
	幼儿园和托儿所	20～40
交通建筑	空港航站楼	20～50
	铁路客运站	20～50
	城市轨道交通站	20～50
	社会停车场(库)	40～100
住宅建筑	住宅	8～20
	别墅	8～20
通用工业建筑		40～100

3. 确定各工作区内信息插座的数量并建立信息点表

完成工作区的划分后，接下来需要确定各工作区的信息插座(TO)数量。对于一般的建筑，通常一个工作区配置一个双孔信息插座(按两个信息点计算)。但是如果是办公建筑，需要适当增加各工作区的插座数量，一般每个工作区 3 个或 4 个插座为宜。

确定信息插座的数量后便可以建立信息点表。信息点表非常重要，体现了用户的需求和设计人员的基本设计理念，是指导综合布线系统设计的基本依据。一栋建筑的信息点总数往往是衡量该建筑综合布线系统规模和信息化程度的重要标志。行业人士还可以据此数据估算综合布线系统的工程造价。

表 4-4 给出了信息点表的基本形式。

信息点表样本　　　　表 4-4

某综合楼信息点表			
楼层	语音	数据(铜缆)	数据(光纤)(FTTD)
−2	10	5	0
−1	10	8	0
1	30	30	0
2	100	100	5
3	120	140	10
4～20	80×17	100×17	20×17
21	5	5	0
合计	1635	1988	355

4. 确定信息插座类型

根据应用业务的需要对信息插座类型做选型。常见应用业务对插座的要求见表 4-5。语音通信业务、基于电信网络的数据业务和 10Mbit/s 的局域网可以选择 3 类(CAT 3)插座，100Mbit/s 局域网一般选择 5 类(CAT 5)插座，1000Mbit/s 以上的局域网应选择 6 类(CAT 6)插座甚至光纤插座。如果要求屏蔽布线，则应选择具有屏蔽性能的插座。除此之外，还要根据建筑内部装修的要求选择合适的模块和面板颜色，以便与内部装饰协调一致。

信息插座类型与应用业务　　　　表 4-5

应用业务		插座类型
语音	电话	CAT 3
接入网	传真	CAT 3
	Modem 异步通信	CAT 3
	ADSL	CAT 3
局域网	ARCNet	CAT 3
	Token Ring-4	CAT 3
	10 Base-T	CAT 3
	10 Base-F	MMF：ST、SC
	Token Ring-16	CAT 4
	ARCNet-20	CAT 5/CAT 5e
	100Base-T4	CAT 3
	100VG-AnyLAN	CAT 3
	100Base-TX	CAT 5/CAT 5e
	100Base-FX	MMF：ST、SC

续表

应用业务		插座类型
局域网	1000 Base-SX	MMF
	1000 Base-LX	SMF/MMF
	1000 Base-T	CAT 5/CAT 5e
	1000 Base-TX	CAT 6
	10G Base-F	SMF
安防	视频监控	CAT 5/CAT 5e
	其他	CAT 3
楼宇自控	现场总线	CAT 3

对于铜缆信息插座，尽管可以选用不同的等级用于支持不同的业务，但是因为用户未来实际使用的终端系统的类型和数量的不确定性，现在比较流行的做法是一套布线系统的插座的等级是相同的，一般是根据所有应用业务中对类别要求最高的插座类别作为选择对象，以保证插座性能的通用性。

当用户有光纤到桌面(FTTD)应用要求时，需要确定光纤插座模块。

5. 确定信息插座安装方式

根据插座模块的数量选配合适的面板。常用面板一般有单孔、双孔、四孔。面板的选择除了孔数量之外还与安装方式有关。信息插座安装方式有两大类，暗装(嵌入式)和明装(表面式)。所谓嵌入式安装是指插座的底盒嵌在墙壁内、家具内或地板下，仅面板露在外面。新建建筑通常选用嵌入式插座。采用隔屏的办公家具，插座一般安装在踢脚板上，往往也采用嵌入式插座。

明装插座没有预埋的底盒，盒体和面板完全裸露，做工比较细致，可以安装在墙面和家具的表面。明装插座主要用在既有建筑的布线系统改造和临时性布线场合。需要说明的是，明装插座的底盒、面板和模块都属于综合布线系统的材料，在综合布线系统设计范围之内，由综合布线材料制造商统一提供。暗装插座的底盒一般不属于综合布线系统材料，不在设计范围之内。

通常制造商提供多种面板颜色供选择。应根据建筑内部装修风格，选择尽可能协调一致的面板颜色。

6. 选择适配器

早期的工作区子系统设计，选择适配器是一项非常重要的工作。不同的应用系统使用不同的传输介质和物理接口形式，需要为每个系统选配合适的网络接口转换器，即适配器。随着网络标准化的普及，各类以太网的广泛应用，以及PC机/服务器工作模式淘汰主机/终端模式，现在网络的物理连接接口日趋一致，基本都采用RJ45。因此，工作区子系统的设计可以不考虑适配器。但是有些应用系统可能仍然采用非RJ45接口的情况，比如RS232、BNC、VGA等。这时，需要为其选配适配器。图4-16所示为几种UTP/同轴电缆(75Ω)转换适配器。图4-17所示分别为一分二适配器(又称“Y”型适配器)、UTP/RS232适配器和UTP/双芯同轴电缆适配器。

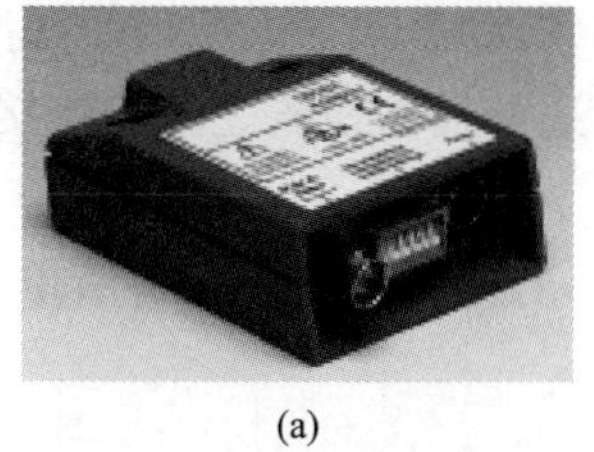

(a)

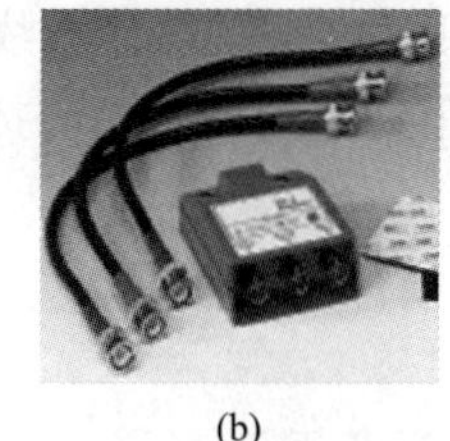

(b)

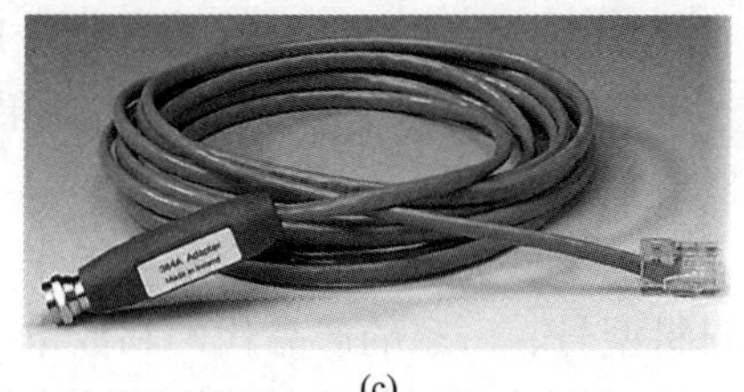

(c)

图 4-16　视频转换适配器

(a)RJ45/射频同轴电缆适配器；(b)RJ45/RGB 基带同轴电缆适配器；
(c)RJ45/基带同轴电缆适配器

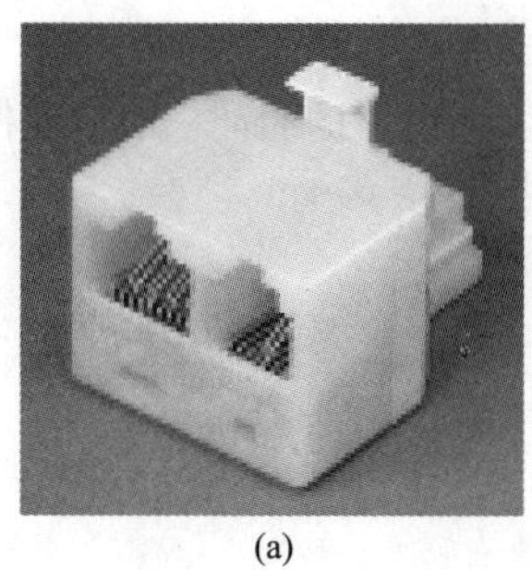

(a)

(b)

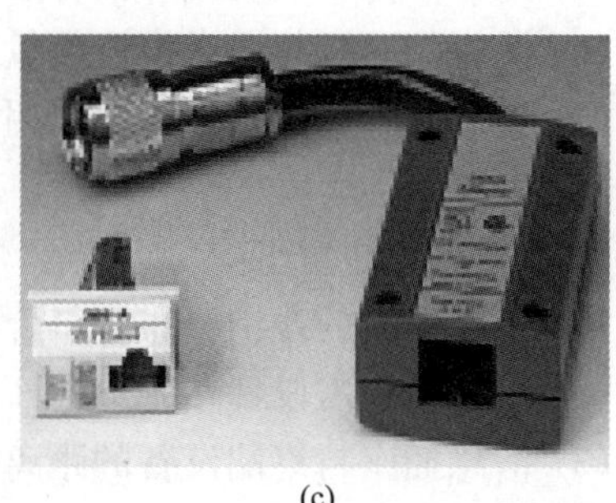

(c)

图 4-17　几种典型适配器

(a)一分二 RJ45 适配器；(b)RJ45/RS232 适配器；(c)RJ45/双芯同轴电缆适配器

7. 工作区布线路由和布线材料

(1) 工作区布线路由

1) 高架地板布放式

若服务器机房或其他重要场合采用防静电地板，则可采用高架地板布放方式。该方式施工简单、管理方便、布线美观，并且可以随时扩充。

高架地板布放方式是首先在高架地板下方安装布线管槽，然后将缆线穿入管槽，再分别连接至地板上方的信息插座和配线架即可。当采用该方式布线时，应当选用地上型信息插座，并将其固定在高架地板表面。

2) 护壁板式

所谓护壁板式，是指将布线管槽沿墙壁固定并隐藏在护壁板内的布线方式。该方式由于无需剔挖墙壁或地面，因而不会对原有建筑造成破坏，主要用于集中办公场所、营业大厅等机房的布线。该方式通常使用桌面型信息插座。

当采用隔断分割办公区域时，隔断墙上的线槽可以被很好地隐藏起来，不会影响原有的室内装修。

3) 埋入式

埋入式布线方式适用于新建建筑，土建施工时将 PVC 管槽埋入地板水泥垫层中或墙壁内，后期布线施工时再将线缆穿入 PVC 管槽。该方式通常使用墙上型信息插座，并且底盒被暗埋于墙壁中。

(2) 布线材料

工作区的每个信息插座都应支持固定电话、PC、数据终端和各种联网的设备。工作区的正规布线材料主要是4对的、带有RJ45插头的软连接线(有别于水平电缆)和1对或2对的、带有RJ11插头的电话绳线，如果用到适配器，还包括适配器与设备之间的连接线。

8. 统计工作区子系统材料

工作区子系统设计的最后一项工作是统计出所用材料并列出材料清单。材料清单一般包括材料型号、厂家的产品代码和数量。

统计材料时不要漏项，特别要注意以下事项：

(1) 有些制造商出品的插座模块是组合型的，一个完整的模块由若干个部件组成，不要有遗漏。

(2) 光纤插座模块的光纤耦合器通常是由多个部件组成，不要有遗漏。

(3) 插座的面板与插座模块数量是不同的。

(4) 如果在一个设计方案中选用了不同类别的模块，应在外观上有明显区分，以便于安装施工。

9. 其他设计注意事项

(1) 工作区内的线槽要布置得合理、美观。

(2) 信息插座需设计在距离地面30cm以上。

(3) 信息插座与终端设备的距离保持在5m以内。

(4) 网卡的接口模块要与线缆接头保持一致。

(5) 选择确定工作区所需的信息插座、面板的类型与数量，如图4-18所示。

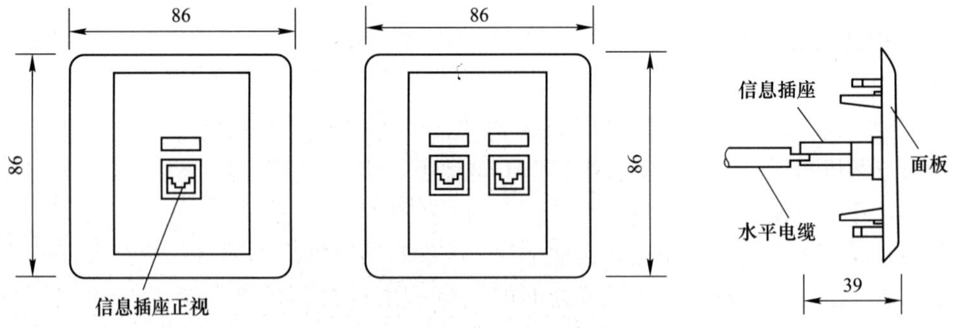

图4-18　单/双口信息插座面板

(6) 1个铜缆插座模块(TO)对应1根4对的水平电缆；1个光纤插座对应1对光纤。

4.4.2　水平子系统设计

1. 水平子系统基本概念

水平(配线)子系统在建筑综合布线系统中相当于接入网，将干线线路延伸到用户工作区。它由图1-1的工作区的信息插座模块TO、信息插座模块TO至楼层电信间配线架(FD)的配线电缆或光缆、电信间的配线架及设备缆线和跳线等组成。水平(配线)子系统分布在一个楼层上，每一个用户终端设备独享一条4对非屏蔽对绞电缆(UTP)。如果有电磁场干扰或信息需要保密时可用屏蔽对绞电缆。在高带宽高速率应用的场合，可采用光缆及其连接件作为水平配线而称为“光纤到桌面（FTTD)”。水平子系统的每一根电缆都应在配线间或设备间的配线装置上得到端接，以构成语音、数据、图像、建筑物监控等网络系统的信息通道，并进行线缆管理。

2. 水平子系统布线路由

水平布线是将线缆从楼层配线间接到各自工作区的信息插座上，设计者要根据建筑的结构特点，从路由(线)最短、造价最低、施工方便、布线规范等几个方面选择走线方式。但由于智能建筑中的管线比较多，往往遇到与给水排水、暖通空调、电力等其他专业的管线碰撞矛盾，所以设计水平子系统的布线路由必须折中考虑，选取最佳的布线方案。通常采用三种类型，即直接埋管方式、先走吊顶线槽再走支管到信息出口方式及适合大开间或后打隔断的地面线槽方式，其余都是这三种方式的改型和综合应用。下面对以上三种方式进行详细讨论。

1） 直接埋管方式

直接埋管布线方式是在土建施工阶段预埋金属管道在现浇混凝土里，待后期内部装修时再通过地面预留的出线盒向金属管内穿线，如图 4-19 所示。这些厚壁镀锌钢管或 PVC 电线管从配线间向信息插座的位置敷设。根据通信和电源布线要求、地板厚度和占用的地板空间等条件，这种穿线管的直径不宜太粗。同一根金属管内，适宜穿一条综合布线水平电缆。若为了经济合理地利用金属管，也可以在其内穿几条综合布线水平电缆。这种方式在传统结构的建筑物或住宅的设计中应用非常普遍。这是因为这些建筑一般面积不大，信息点比较少，电话线也比较细，使用一条管路可以穿 3 个以上房间的线，出线盒既作信息出口又当过线盒，末端工作房间到配线间的距离不长，一个楼层用 2～4 个管路就可以覆盖，整个设计简单明了。对面积比较大的楼层可分为几个区域，每个区域设置一个小配线箱，先由楼层配线间钢管直埋穿大对数电缆到各分区的小配线箱，然后再直埋较细的管子将电话线引到房间的电话插座。由此可见，在小型建筑中使用直接埋管方式，不仅设计、施工、维护非常方便，而且工程造价较低。

水平线缆穿过钢管或 PVC 管，需要一定的占空比以便于穿线。工程施工要求配管的截面利用率为 25％～30％。设计水平子系统时要在图纸上标注配管的材质和规格尺寸。

由于现代建筑物房间内的信息点较多，由弱电配线间引出来的穿线管就较多，常规做法是将这些管子埋在走廊的混凝土垫层中形成排管，再经分线盒埋入房间，但由此会产生下列问题：

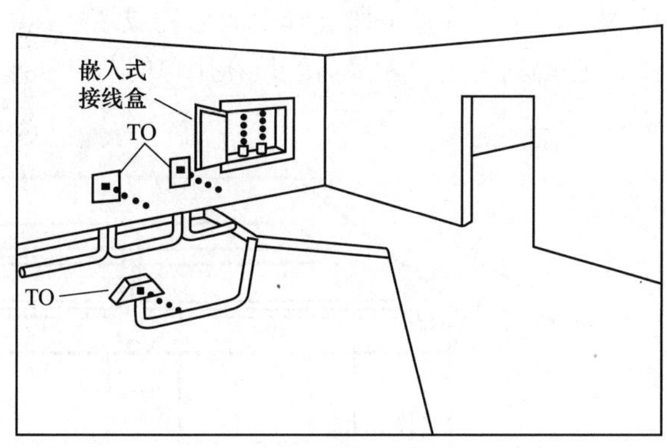

图 4-19 直接埋管方式

(1) 由于排管打在地面垫层中，不可能在走廊垫层中埋放穿线用的中间过线盒，为了能够拉线，排管的长度不宜大于 30m，因此远端房间到弱电间的距离不宜超过 30m。为了保证数据传输的可靠性，综合布线尽量不使用分区配线箱，因此一个弱电间覆盖的半径不超过 40m(包括支管长度)，对于面积较大的楼层就得使用两个以上的弱电间，这与现代建筑尽量减小非使用面积的趋势是矛盾的。

（2）由于排管的数量较多，这就要求有较厚的地面垫层，否则会造成垫层开裂，这又与现代建筑尽量减小楼板及垫层厚度的要求相矛盾。如果楼板较薄，就会造成下层吊顶的吊杆打入上层排管中。

（3）变更不容易。垫层做完，摆放办公用具或家具后，如再需要增加信息点，就不能走垫层再次穿线，只能另辟路径，破坏装饰影响美观。

（4）对施工质量和工艺要求高。钢管的截口不能有毛刺，否则会在拉线时划破双绞电缆的绝缘层；管子接口处需焊接，否则打垫层时如果有缝隙，就会渗入水泥浆，造成堵塞，给穿线施工带来很大的麻烦，延误工期。

（5）由于地面垫层空间有限，容易与电源管及其他管交叉碰撞。

由于排管数量比较多，钢管的费用相应增加，相对于吊顶线槽方式的价格优势不大而局限性较大，在现代建筑中慢慢被其他布线方式取代。不过在地下设备层、信息点比较少、没有吊顶时，一般还继续使用直接埋管布线方式。

此外，直接埋管的改进方式也有应用，即由弱电间到各房间的排管不打在地面垫层中，而是吊在走廊的吊顶中，到达各房间的位置后，再用分线盒分出较细的支管沿房间吊顶再剔墙而下到信息出口。由于排管走吊顶，可以先过一段距离再加过线盒以便穿线，所以远端房间离弱电间的距离不受限制；吊顶内排管的管径也可选择较大的尺寸，如 SC50。但这种改良方式明显不如先走吊顶线槽后走支管的方式灵活，一般用在塔楼的面积不大而且没有必要架设线槽的场合。

2）先走吊顶内线槽(桥架)再走配管方式

线槽是用于布放电缆的桥架的一种，由金属或阻燃高强度 PVC 材料制成，如图 4-20 所示，一般长度为 2m，并配有各种规格的转弯线槽、T 字形线槽等变换段。

线槽通常安装在吊顶内或悬挂在天花板上方区域，多用在大型公共建筑物或布线比较复杂而且可以提供线槽支持物的场合。由弱电间出来的线缆先走吊顶内的线槽，到各房间后，经横梁式分支线槽分叉后将电缆穿过一段支管引向墙柱或墙壁，沿墙而下到本层的信息出口，或沿墙而上引到上一层的信息出口，最后端接在用户的信息插座上，如图 4-21 所示。

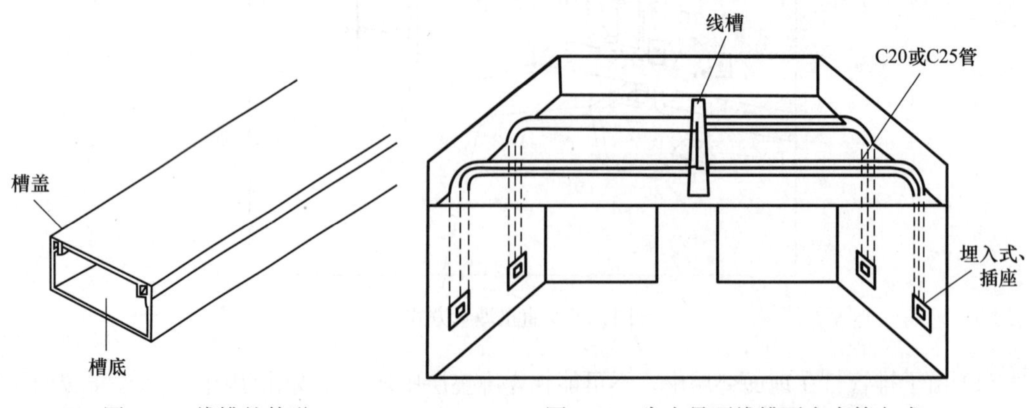

图 4-20　线槽的外形　　图 4-21　先走吊顶线槽再走支管方式

在设计线槽路由时，尽量将线槽置于走廊的吊顶内，并且通向各房间的支管应适当集中至检修孔附近，便于维护。由于楼层内装修总是走廊最后吊顶施工，所以集中布线施工只要赶在走廊吊顶前即可，不仅减少布线工时，还利于已穿线缆的保护，不影响房内装修。一般走廊处于楼层平面中间位置，布线的平均距离最短，节约线缆费用。为提高综合布线的性能(线缆越短传输的品质越高)应尽量避免线槽进入房间，否则不仅费线，而且影响房间装修，也不利于以后的维护。

弱电(24V 以内)线槽内能敷设电信、公用天线、闭路电视及建筑物自动控制信号线等弱电线缆，工程造价较低。同时，由于支管经房间内吊顶剔墙而下至信息出口，在吊顶内与其他通信管线交叉施工，减少了工程协调量，因此这是目前综合布线水平布线路由的首选。

3) 地面线槽方式

地面线槽方式是由弱电间出来的线缆通过地面线槽到地面拉线盒或由分线盒出来的支管再到墙上的信息出口。由于地面拉线盒或分线盒不依赖墙或柱体直接走地面垫层，因此这种方式适用于大开间或需要打隔断的场合。在图 4-22 所示的地面线槽方式中，把长方形截面的线槽预先埋放在楼板表面的地面垫层中，为布线方便，每隔 4～8m 设置一个拉线盒或出线盒(在支路上出线盒也起分线盒的作用)，直到信息出口的接线盒。70 型线槽外形尺寸 70mm×25mm(宽×厚)，有效截面积为 1470mm^2，占空比取 30%，可穿 24 根水平线缆；50 型外形尺寸 50mm×25mm，有效截面积为 960mm^2，可穿 15 根水平线缆。分线盒与过线盒有两槽和三槽两种，均为正方形，可以完成拐弯、分支的需要。

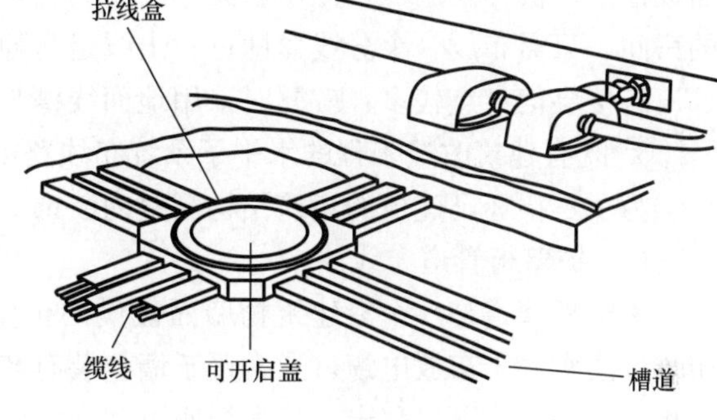

图 4-22　预埋地面线槽方式

地面线槽方式具有如下优点：

(1) 信息出口离弱电间的距离不限

地面线槽每 4～8m 设置一个分线盒或拉线盒，穿线非常容易，因此布线距离不受限制。

(2) 强、弱电线路可以同路由

强、弱电可以走相邻的同路由地面线槽，而且可接到同一出线盒内的各自插座。

(3) 适用于大开间或需要后打隔断的场合

当厅堂面积大、计算机离墙较远时，用较长的用户线连接墙上的网络出口及电源插座是不现实的，这时用地面线槽在柜台附近留一个出线盒，联网及用电都解决了。又如一个商用写字楼，要根据办公的需要来确定房间的大小与位置来打隔断，这种情况使用地面线槽方式是最方便的做法。

(4) 适于提高商业建筑物的档次

大开间办公室是现代流行的室内空间管理模式，只有高档建筑物才采用这种地面线槽方式。

地面线槽方式也有一定的缺点：

（1）地面线槽做在地面水泥垫层中，需要 6.5cm 及以上的垫层厚度，增加楼板荷重。

（2）如果楼板较薄，有可能在下层装潢吊顶过程中被吊装件打中，影响使用。

（3）不适合楼层信息点很多的场合

如果一个楼层中有 500 个信息点，按 70 型线槽穿 25 根缆线算，需 20 条 70 型线槽，线槽之间应留有一定空隙，则每根线槽大约占 10cm 宽度，20 条线槽地面排开就要占 2.0m 的宽度，除楼层配线间的门可走 6～10 根线槽外，还需在其他部位开凿 1.0～1.4m 的墙洞，但因配线间的墙一般是承重墙，开如此大的洞是不允许的。

（4）不适合石质地面

地面出线盒宛如大理石地面长出了几只不合时宜的“铜眼睛”，地面线槽的路由，应避免经过石质地面，或不在其上放置出线盒与分线盒。

（5）造价昂贵

为了美观，地面出线盒的盒盖应是铜质的。一个出线盒的售价为 300～400 元，比墙上出线盒价格高得多。总体而言，地面线槽方式的造价是吊顶内线槽方式的 3～5 倍。目前地面线槽方式大多数用在资金充裕的金融业或高档会议室等公共建筑物中。

在地面线槽布线方式设计中应尽量根据业主提供的办公用具布置图进行设计，避免地面线槽出口被办公用具挡住，若无办公用具图，则应均匀布放地面出口。对有防静电地板的房间，只需布放一个分线盒即可，出线走防静电地板下。

若楼层信息点较多，应同时采用地面线槽与吊顶线槽相结合的方式。

3. 既有建筑改造工程的水平子系统布线路由

为了不损坏已建成的建筑结构与室内装饰，综合布线路由可采用以下几种方法：

（1）护壁板管道布线法

护壁板管道是一个沿建筑物墙面敷设的护壁板内的金属管道，如图 4-23 所示。这种布线方法有利于布放电缆，通常用于墙上装有较多信息插座的楼层区域。电缆管道的前面盖板是活动的，可以移走。信息插座可装在沿管道的任何位置上。共用管道的电力电缆和通信电缆必须用接地的金属隔板隔开，防止电磁干扰。

（2）地板上导管布线法

采用这种布线法时，可用地板上的橡胶或金属导管来保护沿地板表面敷设的裸露线缆，见图 4-24。在这种方法中，电缆被装在导管内，导管又固定在地板上。地板导管布线法具有快速和容易安装的优点，适用于行人通行量不大的区域。

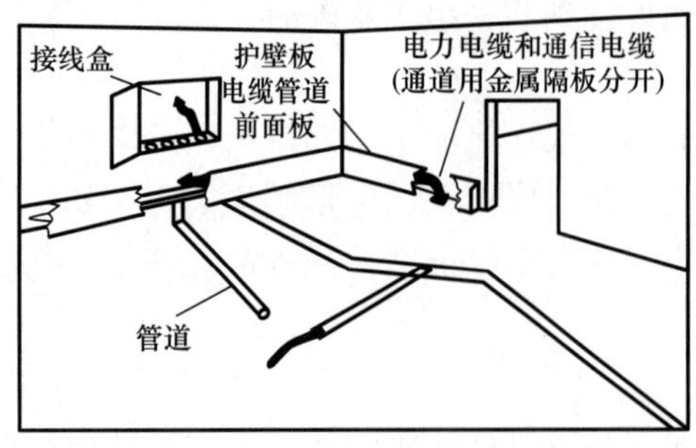

图 4-23　护壁板管道布线法

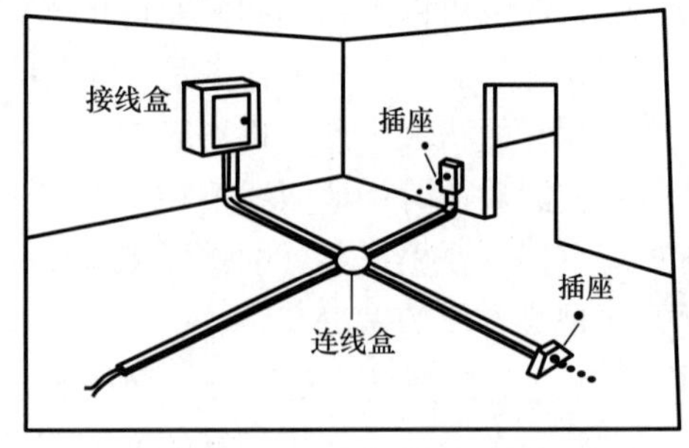

图 4-24　地板上导管布线法

一般不宜在过道或主楼层使用这种权宜布线法。

(3) 模制管道布线法

模制管道是一种金属模压件，固定在接近顶棚与墙壁接合处的过道和房间的墙上，如图 4-25 所示。管道模压件可以把电缆连接到配线间；在模压件内壁，通过小套管穿过墙壁，使电缆通往房间；在房间内，另外的模压件将连到插座的电缆隐蔽起来。虽然这种方法已经过时，但在旧建筑物中仍可采用，因为保持布线系统外观完好是很重要的。这一方法的灵活性较差。

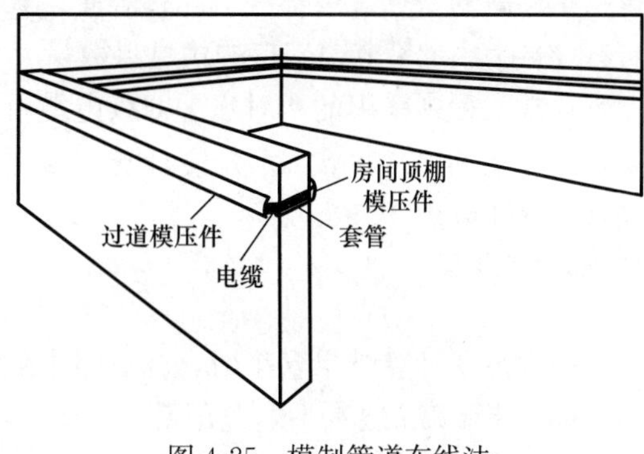

图 4-25　模制管道布线法

三种布线法的比较列于表 4-6。

既有建筑的水平布线方法比较　　表 4-6

	优点	缺点
护壁板管道布线法	容易检修	不适合大面积、信息点多层区
地板上导管布线法	安装迅速方便	不适合通行量很大的区域
模制管道布线法	金属管道模压件能保持外观坚固完好	灵活性较差

4. 确定线缆的类型

采用何种类型的水平线缆主要取决于用户的应用业务的需要。理论上讲，语音业务可以用 C 级(CAT 3)双绞线电缆支持，100Mbit/s 的数据业务可以采用 D 级(CAT 5 或 CAT 5e)电缆支持，1000Mbit/s 以上数据业务一般采用 E 级(CAT 6)以上的电缆，对于有 FTTD 要求的，可以采用室内光缆。

与插座模块选型类似，目前流行的设计方法是选用相同等级的线缆支持不同的应用业务。如果选用的插座模块类型与线缆类型完全一样，比如都采用 CAT 5 或 CAT 6 类型的模块和线缆，则称其为“全五类布线系统”或“全六类布线系统”。

此外，还应根据规范的规定和用户的要求，对线缆的阻燃等级做出选择。

5. 线缆配置

水平子系统中的每一根 4 对双绞线对应(连接)工作区的一个 RJ45 插座模块(TO)，不允许一根 4 对双绞线连接两个插座模块。每一根 2 芯光缆或 4 芯光缆(1+1 备份)对应(连接)工作区的一个或两个光纤信息模块(两芯对应一个模块)。

6. 计算线缆的用量

综合布线系统的工程设计采用以下方法计算水平电缆的用量。

(1) 估算电缆的平均长度

在第 i 层建筑平面图上测量自配线间(弱电竖井)分别到该楼层最远的 TO 的布线距离和最近的 TO 的布线距离，分别设为 $L_{i\max}$ 和 $L_{i\min}$，则该楼层水平线缆的平均长度 L_{iavg} 为

$$L_{i\,\mathrm{avg}}=\frac{L_{i\max}+L_{i\min}}{2}\times 1.1+l \tag{4-1}$$

式中，系数 1.1 表示在测量值基础上增加 10% 的富余量；l 是层高的两倍加端接容差，端接容差视配线架的安装方式一般取 1～6m。如果在平面图上计量缆线的实际布放长度时已

包括了层高的数据，可不考虑端接容差。式（4-1）计算结果以米(m)为单位。

（2）计算每箱电缆支持的信息点数量

通常工程中采用的 4 对水平双绞电缆由标准包装箱包装，一箱电缆的长度为 1000FT，换算成公制约 304.8m。为方便计算，取整数 305m。每箱电缆支持的信息点数量 n_i 由式（4-2)得到：

$$n_i=\frac{305}{L_{iavg}} \tag{4-2}$$

如果上式计算结果含小数，则省略小数点后的数，只取整数。

（3）计算第 i 层水平电缆用量

为得到第 i 层所需要的水平电缆的使用量 Q_i，则由式（4-3）得到：

$$Q_i=\frac{M_i}{n_i} \tag{4-3}$$

式中 M_i 表示第 i 层信息点(TO)的总数(不包括光纤信息点)。该数据来源于综合布线系统的信息点表。如果式(4-3）计算结果含小数，则进位取整数。计算结果的单位为标准箱。

（4）计算整个建筑物的水平电缆总用量

将各层计算结果累加，便可得到建筑物总的水平电缆使用量，计算结果的单位为标准箱。把计算结果列入材料清单。

如果采用不同类别水平电缆混合布线，需要分别计算各种电缆的平均长度，然后用相应的信息点数分别除以每箱电缆支持的信息点数，得到各层所需要的不同类型的电缆用量，最后将各层的电缆用量求和得到整个建筑物水平线缆的总数，分别列入材料清单。

水平光缆的计算方法不同于 4 对双绞线。光缆的长度可以向制造商订制，因此可以把各段光缆长度累加，求得总长度，列入材料清单。

4.4.3 干线子系统设计

建筑内的干线子系统贯穿建筑物的弱电竖井，采用室内线缆连接 FD 和 BD。干线子系统的设计任务是确定干线线缆的类型、容量(线对数量)、用量和布线路由。

1. 主干线缆选型

主干线缆的选型主要根据两方面的情况。一是 BD 到各楼层 FD 的实际布线距离和传输带宽，确定选择光纤或双绞线作为垂直主干。根据以太网的规定，如采用双绞线作为传输介质，交换机到 PC 或交换机之间的线缆长度一般不允许超过 100m，而 FD 到 BD 的布线长度不应超过 90m。如果不能满足上述要求，只能选择光纤作为垂直主干线缆。除此之外，还要考虑带宽因素。如果计算机网络系统要求数据业务传输主干的带宽达到 1Gb/s 以上，光纤是最佳选择。对于语音业务，如程控电话系统，一般可以采用三类大对数电缆。

选型要考虑的第二方面是确定线缆的容量，即电缆的对数或光缆的芯数。而确定线缆容量的依据是信息点表。在《综合布线系统工程设计规范》GB 50311—2016 中，对主干线缆的容量做了如下规定：

对语音业务，大对数主干电缆的对数应按每一个电话 8 位模块通用插座配置 1 对线，并在总需求线对的基础上至少预留约 10%的备用线对。

如按上述规定设计垂直主干子系统，有可能造成主干线缆容量不足。例如建筑物的某一层共设置了 200 个信息点，计算机网络与电话各占 50%，即各为 100 个信息点。按国标的规定，语音主干电缆总对数需求量为 110 对，并配置 110 对配线架容量。假如系统投入使用后，用户需要连接 110 部以上的电话终端，干线系统则无法满足要求。这样的设计是不成功的。究其原因，是因为在设计大对数电缆容量时，国标仅以语音信息点数量为依据，每个语言信息点对应一对大对数电缆，保留了 10%的冗余。但是在实际应用中，这个冗余量有可能偏小，语音主干的容量应考虑除光纤信息点之外的所有信息点，因此建议大对数电缆的容量应不高于普通信息点的数量。普通信息点是指除 FTTD、WLAN、安防和一卡通等应用系统之外的信息插座。在进行具体的电缆选型时，可视电缆规格采取下限选型、上限选型或平行选型。对于信息点数量超过 100 个的语音主干子系统设计，建议采取下限选型，例如信息点为 120 个，可以设计选择 100 对规格的电缆；对于信息点数量低于 100 个的语音主干子系统设计，建议采取上限选型或平行选型，例如信息点数量为 75 个，可以设计选择一根 100 对电缆(上限选型)或选择 3 根 25 对电缆(平行选型)。

确定了干线电缆容量后，要对线缆规格进行选型。满足某一容量的线缆往往有多种规格的选择，如容量为 100 对线，既可以选择 1 根 100 对的电缆，也可以选择两根 50 对的电缆，还可以选择四根 25 对的电缆。此时线缆的选择更多的是要从工程造价的角度考量。在一个工程中选用过多规格的线缆，每种用量都不大，从线缆生产厂家购货的折扣就小，降低了工程利润。因此主干线缆不宜选用过多的线缆规格。

对于光缆主干系统的选型，由于在综合布线系统设计阶段通常还无法确定计算机局域网设备的具体配置，基于计算机网络技术当前的应用和今后的发展，优先考虑采用单模光纤或 OM3 以上等级的多模光纤。在计算机网络系统中，通常采用双纤传输，即每根光纤单工传输模式，每个物理网络需要一对光纤。因此，光缆的纤芯数须与建筑物内综合布线系统需要支持的计算机网络数量相符且预留足够富余量。鉴于当前用户的信息网络系统普遍采用内外网物理隔离方式建设，再考虑适当的冗余，因此干线光缆一般至少为 6 芯光缆。

2. 主干线缆路由

对于大多数建筑物，主干线缆的路由一般是从信息机房的主配线架(MDF/BD)引出，经线缆桥架至信息机房所在层的弱电竖井，再沿垂直桥架至各楼层的电信间或弱电配线间，进配线柜和配线箱内的分配线架(IDF/FD)。

大多数建筑在各楼层设有 1 个或多个电信间/弱电配线间，往往在各楼层的同一位置，上下对齐。在这些房间的地板上，预留了方形或圆形的孔洞，以便线缆的敷设。孔洞的边沿一般比地面高出 25mm，形成电缆竖井或电缆孔，如图 4-26 所示。

建筑物室内垂直干线布线通道可采用电缆孔和电缆竖井两种方法。

(1) 电缆孔

干线通道中所用的电缆孔是很短的贯通地板的管道，通常是用一根或数根直径为 10cm 的刚性金属管做成。它们是在浇筑混凝土地板时嵌入的，比地板表面高出 2.5～10cm。也可直接在地板预留一个大小适当的孔洞。电缆往往捆在钢绳上，而钢绳又固定到墙上已铆好的金属条上。当楼层配线间上下对齐时，一般采用电缆孔方法，如图 4-27 所示。

(2) 电缆井

电缆井是指在每层楼板上开出一些方形孔，使电缆可以穿过这些电缆井从某层楼延伸到相邻楼层，如图 4-28 所示。电缆井的大小依所用电缆的数量而定。与电缆孔方法一样，电缆也是捆在或箍在支撑用的钢绳上，钢绳依靠墙上的金属条或地板三脚架固定。电缆井附近墙上的立式金属架可以支撑很多电缆。电缆井可以让粗细不同的各种电缆以任何组合方式通过。电缆井虽然比电缆孔灵活、容量大，但在已有建筑物中开电缆井安装电缆造价较高，它的另一个缺点是不使用的电缆井很难防火。如果在安装过程中没有设置防止损坏楼板承重的支撑件，则楼板的结构完整性将受到破坏。

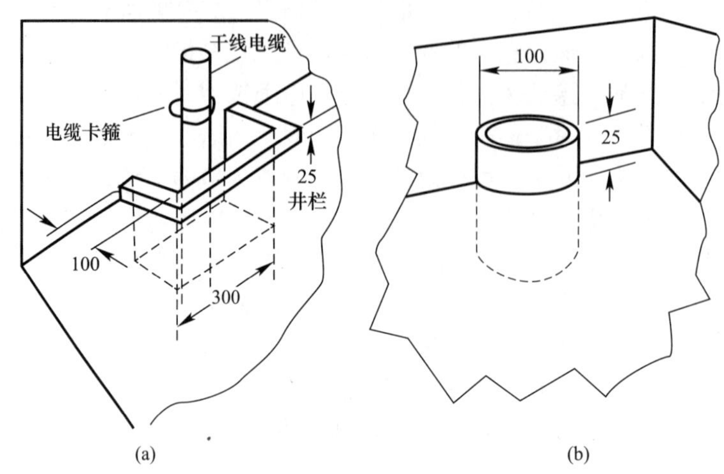

图 4-26　穿过弱电间地板的电缆孔和电缆井(mm)

(a)电缆井；(b)电缆孔

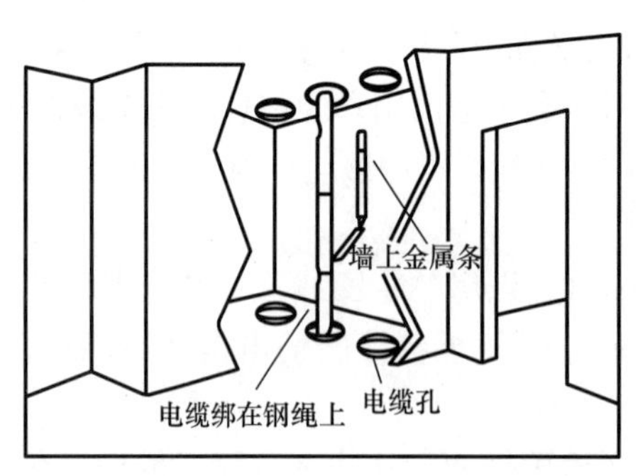

图 4-27　电缆孔

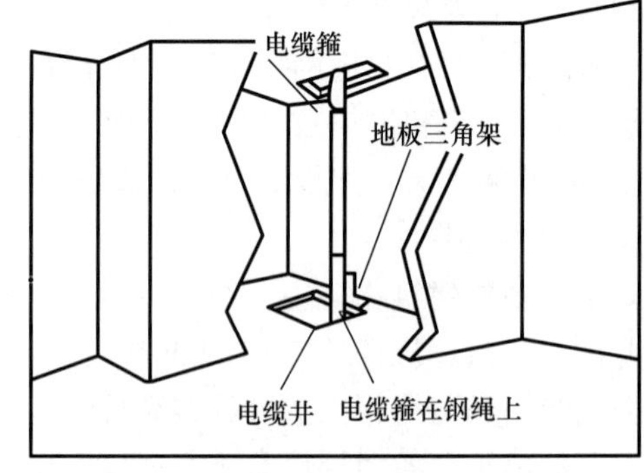

图 4-28　电缆井

若楼层配线间上下未对齐，可采用粗细合适的管道引导延续线缆布放，如图 4-29 所示。从图中可以看出，每条干线分别穿过相应楼层配线间后到达设备间。在楼层配线间里，要将布放线缆的电缆孔或电缆井设置在墙壁附近。电缆孔或电缆井不应妨碍施工操作端接。

通常情况下，BD 不与弱电竖井共址，因此干线线缆需要使用横向通道接至电信间/配线间，如图 4-30 所示。横向通道可采用管道和桥架(槽盒)两种敷设方法。

(1)金属管道

金属管道对电缆起着机械保护的作用，不仅有防火的优点，而且它提供的密闭和坚固的空间使电缆可以安全地延伸到目的地。但是，管道很难重新布置，因而布线不太灵活，同时其造价也较高。土建施工阶段，要将选定的管道预埋在地(楼)板中，延伸到正确的交接点。这种方法也适用于低矮而又宽阔的单层平面建筑物，如工矿企业的大型厂房、机场等。

干线电缆穿入金属管道填充率一般为 30%～55%。

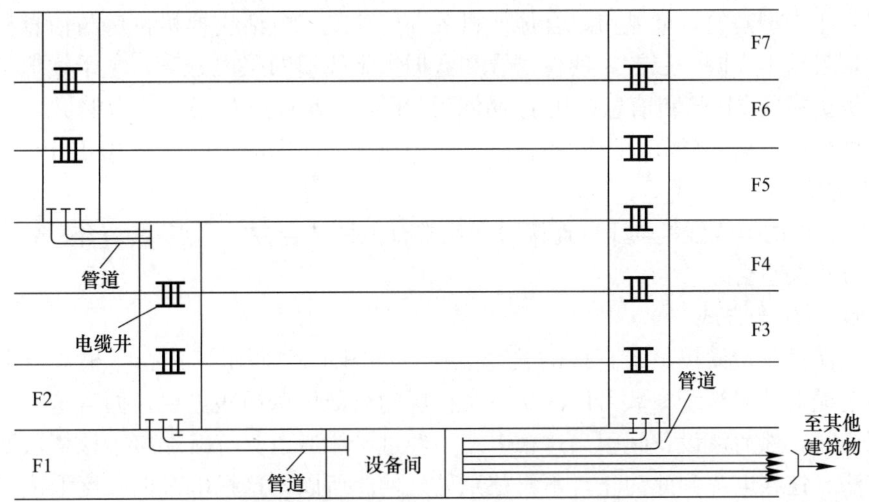

图 4-29　配线间上下未对齐的双干线电缆通道

(2) 电缆托架

电缆托架有时叫作电缆托盘，是铝制或钢制部件，外形很像梯子，是电缆桥架的一种。随支撑物不同，它们既可安装在建筑物墙面上、吊顶内，也可安装在顶棚上，都适宜供水平干线走线。电缆铺在托架内，如图 4-30 所示。托架方法最适合电缆数量很多的情况，由安装的电缆粗细和数量决定了托架的尺寸。托架很便于安放电缆，不存在把电缆穿过管道的麻烦。但托架及支撑件价格较高，而且电缆外露很难防火，如果建筑物没有吊顶，这种方法不美观。

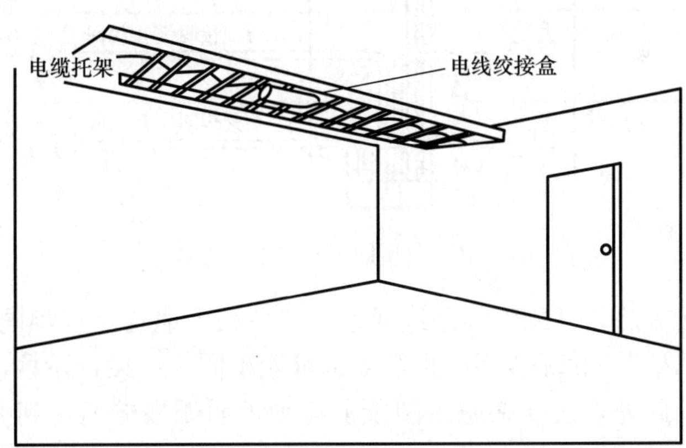

图 4-30　电缆托架方法

干线布线方法的比较如表 4-7 所示。

干线布线方法比较　　表 4-7

方法	优点	缺点
电缆孔	防火，安装电缆简便	穿线空间小，不如电缆井灵活
管道	防火，提供机械保护，美观	灵活性差，成本高，需要周密筹划
电缆井	灵活，占用空间小	难于防火，可能损坏楼板的结构完整性
电缆桥架	电缆容易安置	电缆外露，影响美观，成本高，难于防火

对于某些大型建筑，如城市综合体或机关办公建筑，电话交换机机房与信息机房通常不在一处，甚至不在同一层楼，使得语音和数据主干线缆的路由分离，主干线缆需分别从电话交换机机房的 MDF 和信息机房的 MDF 沿桥架至各自所在层的弱电竖井，再沿垂直桥架至各楼层的电信间(弱电配线间)，进配线柜或配线箱内的分配线架(IDF/FD)。

3. 干线线缆结合方式

从 BD 引出的干线线缆与 FD 连接时，通常有三种结合方式：点-点结合、分支结合以及这两种方式的组合。

(1) 点-点结合方式

点对点端接是最简单、最直接的接合方法，如图 4-31 所示，选择一根双绞电缆或光缆，其内电缆对数、光纤根数可以满足一个楼层的全部信息插座需要，而且这个楼层只需设一个配线间，然后从设备间引出这根电缆，经过干线通道，直接端接于该楼层配线间内的连接方法。这根电缆到此为止，不再往别处延伸。所以，这根电缆的长度取决于它要连往哪个楼层以及端接的配线间与设备间之间的距离。其余楼层也照此自用一根干线线缆与设备间相接。在点对点端接方法中，距离设备间近的楼层干线用缆肯定比距离设备间远的楼层干线用缆短。

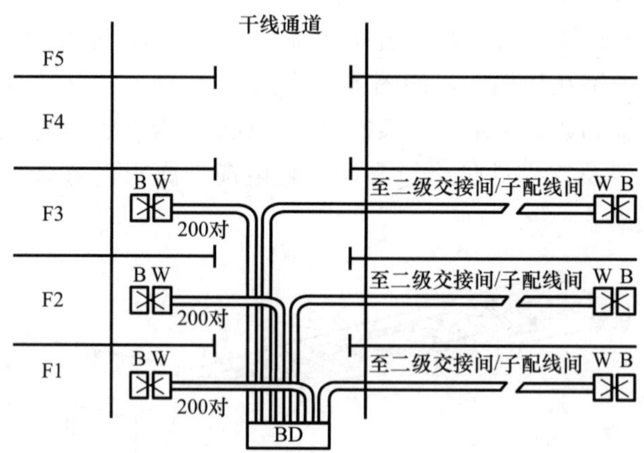

图 4-31　典型的点对点端接方法

选用点对点端接方法，可能引起干线通道中的各根电缆长度不相同(每根电缆的长度要足以延伸到指定的楼层配线间)，而且粗细也可能不同。在设计阶段，线缆的材料清单应反映出这一情况。此外，还要在施工图纸上详细说明哪根电缆接到哪一楼层的哪个配线间。

点对点端接方法的主要优点是可以避免使用特大对数的电缆，在干线通道中不必使用昂贵的分配接续设备，发生电缆故障只影响一个楼层；缺点是穿过干线通道的线缆条数较多。

(2) 分支结合方式

顾名思义，分支接合就是干线中的一根特大对数电缆可以支持若干个楼层配线间的通信，经过分配接续设备后分出若干根小电缆，使它们分别延伸到每个配线间或每个楼层，并端接于目的地配线架的连接方法。这种接合方法可分为单楼层和多楼层两类。

单楼层接合方法：一根电缆通过干线通道到达某个指定楼层配线间，其容量足以支持该楼层所有配线间的信息插座需要。安装人员接着用一个适当大小的绞接盒把这根主电缆与粗细合适的若干根小电缆连接起来，以供该楼层各个二级交接间使用。该方法适用于楼层面积大，通信业务量大的场合。

多楼层接合方法：通常用于支持 5 个楼层的信息插座需要(以每 5 层为一组)。一根主电缆向上延伸到中点(第 3 层)。安装人员在该楼层的配线间内装上绞接盒，然后把分支后主电缆与各楼层小电缆分别连接在一起。典型的分支接合如图 4-32 所示。

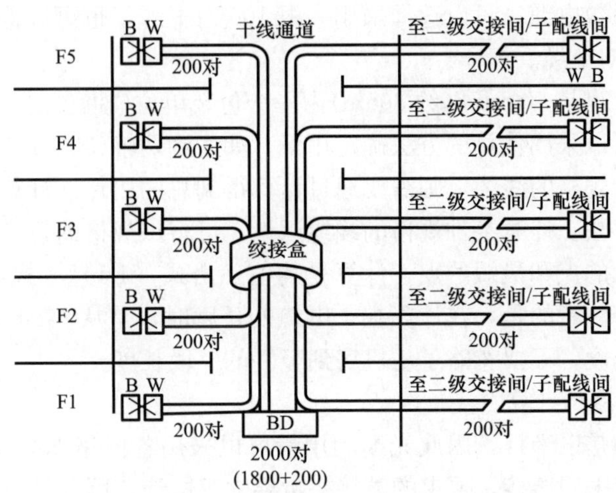

图 4-32　典型的分支接合方法

分支接合方法的优点是干线中的主干电缆条数较少，可以节省安装空间，建设成本低于点对点端接方法。分支接合法的缺点是电缆对数过于集中，发生故障影响面大。

(3) 端接-分支组合方式

该方式将点-点和分支两种方式结合起来，干线线缆的容量包含了 FD 及所辖下的所有二级交接间/子配线间的需要，干线端接于 FD 的白区(W)，FD 上灰区(G)端接来自二级交接间/子配线间的支干线缆。白区和灰区之间通过跳线连接，如图 4-33 所示。关于配线架的色标表示规定将在本书的 4.4.7 做详细介绍。

在综合布线系统中，首选点-点结合方式；有子配线间的，可以采用端接-分支结合方式；不推荐使用分支结合方式。

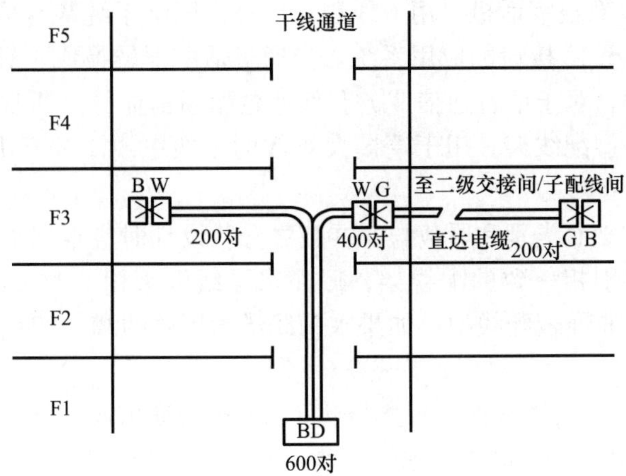

图 4-33　端接-分支组合方式

4．主干线缆用量计算

与水平线缆相比，主干线缆的用量少，但线缆的种类多，不仅有电缆，而且有光缆，并且规格有多种，每种线缆都要统计用量。

（1）主干电缆的用量计算

主干电缆一般又被称作大对数电缆，尽管用量不大，但是规格可能很多，例如某一层设计需要 100 对大对数电缆，可以选择采用一根 100 对电缆，也可以选用两根 50 对电缆，还可以选用 4 根 25 对电缆。

大对数电缆通常也是 1000FT(约 305m)为一个包装单位(轴)。对于体量不大或楼层数量不多的建筑物，可以采用估算的方法确定用量，如一到两轴(305m/轴)的用量。

对于用量较大的规格的线缆，则需要通过计算得到总的用量。计算的方法可以参照水平线缆用量的计算方法。计算某种规格的线缆用量，可将该规格的每一根线缆作为一个信息点对待，找出最长的点和最短的点，计算平均值，由式（4-1）～式（4-3）得到这种规格线缆的用量。需要注意的是，在计算主干电缆的长度时，是从 MDF 起至 IDF 止，不要仅计算在竖井内的长度，不要忽略了从机房到竖井的一段长度。

（2）主干光缆的用量计算

由于光缆的订购是以米计，因此光缆的用量可以采用各段累加统计，得到总的用量。光纤的端接方式一般采用熔接，要求的端接裕量要大于电缆，因此计算光缆长度时应预留足够的冗余。

4.4.4 管理子系统设计

管理子系统是综合布线系统中最核心的部分，它连接水平和垂直(干线)两个子系统。正是通过它，实现了用一套布线系统对各种不同应用系统的统一支持。管理子系统通常设置在各楼层的电信间(或称弱电配线间)内，一般每个楼层至少设置一个管理子系统。在国标中，用 FD 代表管理子系统。对于面积较大或信息点数量较多的楼层，可以设置多个管理子系统。而对于信息点数量较少而又比较集中的楼层(水平链路不超过 90m)，也可以两层或三层共用一个管理子系统。管理子系统的设计内容如下。

1．配线架的选型

配线架的选择要考虑具体的应用系统。对于语音业务，现在大部分 PBX(用户程控交换机)采用两线制，少数数字话机采用 4 线制。计算机网络系统基本采用 4 线制。模拟视频监控系统和采用 RS232 接口的应用系统，当通过适配器转换成 4 对双绞线传输时，通常采用 8 线制。因此，对于语音通信业务和低速数据通信业务，通常选择高密度的配线架，最常用的是 110 型配线架，用于端接大对数的干线电缆；对于其他业务，一般选择 RJ45 接口形式的模块配线架。

RJ45 模块式配线架有类别和屏蔽与非屏蔽之分。设计时应根据水平和垂直线缆的类型，选择与线缆的类别相一致的配线架。假如水平线缆采用 6 类 UTP，则与之相连的配线架也应选择 6 类非屏蔽配线架。如果水平线缆为屏蔽线缆，配线架必须选择屏蔽配线架。

110 系列配线架一般仅用来支持 5 类及以下的非屏蔽通信业务应用。

安装方式也是选择配线架时要考虑的因素。配线架的安装方式主要有 63cm(19 寸)机柜安装、挂墙安装、非标机柜(箱)安装等。目前国内的大部分工程采用机柜式安装配线间，具有安全、整洁等特点；少量采用机箱式配线架，安全且造价低廉；几乎不再采用挂墙式配线架。

2. 分区及确定配线架的容量与数量

当完成配线架选型后，接下来便是确定该管理子系统中每种配线架的容量和数量。首先根据水平和垂直电缆的规模以及网络交换机端口数量确定配线架总的端接容量。在综合布线系统中，要求电缆的所有线对和光缆的所有光纤，都必须端接到配线架上。因此，配线架的容量必须不少于电缆线对和光缆芯数的数量。

在进行配线架容量设计时，要把水平线缆和垂直干线线缆分开考虑，即所谓的分区，分别计算端接水平线缆配线架和端接干线线缆配线架的容量。如果管理子系统下还有二级配线间(子配线间)，也要单独分区，计算对接到二级配线间(子配线间)的干线的配线架容量。关于配线架的分区管理，详见本章 4.4.7 标识管理。

水平线缆目前一般采用 RJ45 接口的模块式配线架。常用的 RJ45 模块式配线架有 12 端口、24 端口和 48 端口。一个铜缆信息点对应 1 根 4 对水平电缆，占用一个 RJ45 端口。根据水平线缆的数量，选型并确定 RJ45 模块式配线架数量。如果水平线缆采用的是 5 类线缆，也可采用 110 或 210 型配线架。当采用 110 型配线架时，由于配线架每行的容量是 25 对线，卡接 4 对水平电缆时，有一对空闲。因此，这类配线架端接水平电缆时容量利用率是 96%，计算配线架数量时要考虑这一点。在楼层配线间(FD)常用的 110 配线架是 50 对和 100 对两种规格。如有 FTTD 应用，要根据水平光缆的总芯数选择光纤配线架。光纤配线架有多种接口形式，目前以 LC 接口应用较为普遍。LC 配线架又有单和双 LC 两种接口。计算机网络通常采用双纤制通信，成对地使用光纤，配置光纤配线架容量时应注意。

干线线缆因采用大对数双绞线缆作为语音主干，应选择 110 系列配线架，并且在容量上留有一定冗余。安装于机柜内的 110 配线架一般有 50 对和 100 对两种规格，安装于配线箱内的 110 配线架，不同的制造商都有多种不同的规格可供选择，如 50 对、100 对、300 对等。数据主干如采用高类别双绞线，应采用 RJ45 模块式配线架予以端接，且配线架的类别要与线缆的类别相符。如果数据主干采用光缆，应采用光纤配线架，24 口和 48 口是比较常用的规格。光纤配线架的总容量一般要比实际需要略多，有一定的冗余。

3. 确定跳线的类型和数量

确定跳线的类型时既要考虑跳线本身的类别，一定要与水平线缆和配线架端接模块的类别一致，还要考虑跳线接口的形式。常用的铜缆跳线接口主要有 110-110 接口、110-RJ45 接口和 RJ45-RJ45 接口几种形式，其中 110 接口还分单对、两对、3 对和 4 对。此外，需要根据配线架的配置和安装位置确定跳线的长度。光纤跳线不仅要考虑端接干线和水平光缆以及设备光缆的接口形式和长度，还要特别注意光纤的类别，特别是单模与多模光纤之分，50μm/125μm 与 62.5μm/125μm 多模光纤之分。

由于用户在进入建筑物后其应用系统连接的不确定性，很难在设计阶段对跳线提出精确的数量，另外对配线架的管理有不同的方式，因此各种跳线的数量在设计阶段可以有较大的灵活性。国标中提出的配置建议是，根据计算机网络设备的使用端口容量和电话交换系统的实装容量、业务的实际需求或信息点总数的比例进行配置，比例范围宜为 25%～50%。

4.4.5 设备子系统设计

综合布线系统中设备子系统泛指各种信息机房，又被称作设备间。所谓设备间是指在每一幢建筑物的适当地点使用配线设备集中进行线缆端接和管理的专用场地，是综合布线系统的主节点，其作用是把公共信息系统中的各种不同设备互连起来，包括电信部门的光缆、电缆、交换机等，是来自各个方向弱电线缆的汇聚点。典型的设备间如图 4-34 所示。

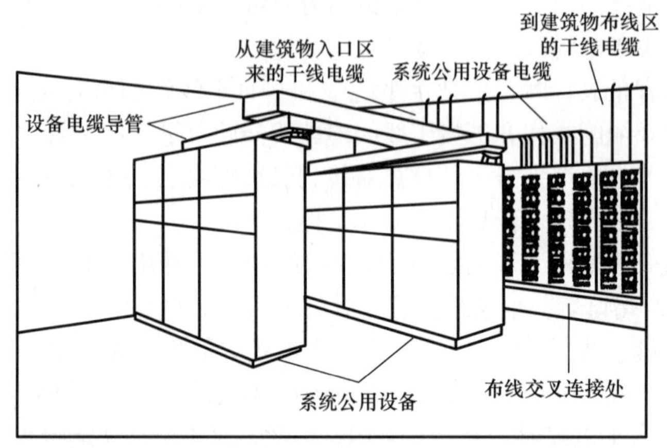

图 4-34 典型的设备间

一般情况下，设备间还可包含大型通信和数据设备、建筑物之间和内部的电缆通道以及通信设备所需的用电保护设备。设备间的主要设备，如电话主机即程控用户交换机 PBX、计算机主机即服务器以及网络交换机 SWITCH 和路由器 ROUTER，可与综合布线配线架共用机柜，也可分别设置。在较大型的综合布线系统中，一般将计算机主机、程控用户交换机、建筑设备自动控制装置分别另设置机房，只把与综合布线密切相关的硬件或设备放在综合布线设备间。

设备间是为整栋建筑物或者建筑群提供服务的特殊电信间。设备间须支持所有的电缆和电缆通道，保证电缆和电缆通道在建筑物内部或者建筑物之间的连通性。

一栋一般体量的单体建筑会有 1 到 2 个综合布线系统设备间，但大体量的建筑，如综合体建筑等往往有更多的设备间。

设备间子系统的设计与管理子系统十分类似，主要任务是选择和配置合适的配线架。两个子系统设计的不同之处主要是在配线架的规模和数量以及端接的线缆方面。如果说管理子系统以端接水平线缆为主，干线线缆为辅，而且基本是室内线缆，那么设备子系统则以端接干线线缆和设备线缆为主，水平线缆为辅，而且干线线缆既有室内型的，又有室外型的。端接室外线缆，配线设备要考虑防雷接地等措施。

设备子系统的设计内容如下：

1. 配线架的选型

设备子系统一般要端接以下线缆：

1）来自运营商接入网的线缆

运营商接入网线缆自室外引入设备间，或经过建筑物的进线间进入设备间。如果线缆是室外直接进入到设备间，若是铜缆，要首先接入带过流过压保护装置的配线架或浪涌保护器(SPD)，然后端接到普通配线架；若是铠装光缆，光缆的铠装部件要接入 SPD，光纤端接到光纤配线架。

2）来自 FD 的垂直干线线缆

现代建筑中垂直干线线缆通常有支持语音业务应用的大对数 UTP 和支持高速数据通信业务应用的光缆。

3）来自业务应用设备的线缆

业务应用主要分为语音业务应用和数据业务应用。语音业务应用设备一般是用户电话交换机(PBX)和相关的调制解调、复用传输等设备。数据业务应用设备主要是各种网络交换机、路由器、服务器、存储器、控制器等。

4）水平线缆

设备间内各 TO 或本楼层其他房间 TO 引出的水平线缆。

运营商接入网的铜缆(双绞线)、PBX 的用户端口、中继端口线缆以及支持语音业务的垂直干线线缆可以采用 110 系列的配线架。

运营商接入网的光缆、支持数据业务的垂直干线光缆以及应用设备的光缆，应采用光纤配线架。

来自各 TO、数据通信设备的电口的双绞线，可以采用 RJ45 模块式配线架。

2. 分区及确定配线架的容量与数量

将来自接入网的线缆、垂直干线线缆、设备线缆和水平线缆分区，分别端接于配线架上。

接入网的电缆、支持语音业务的垂直干线电缆和语音设备的线缆，一般是双绞线缆，可以采用 110 系列配线架。安装于机柜内的 110 配线架一般有 50 对和 100 对两种规格，挂墙安装的 110 配线架，不同的制造商都有多种不同的规格可供选择，如 50 对、100 对、300 对等，以及与线槽组合在一起的各种配线架。

接入网的光缆、支持数据业务的垂直干线光缆和网络设备的光缆，应端接于光纤配线架。由于运营商多使用单模光纤光缆，而局域网(LAN)网络设备多采用多模光纤光缆，为了便于管理，除了设置不同的标签标识外，最好选用不同的光纤配线架，以便明显地区分开不同的光纤。

网络设备的电口采用高类别的双绞线，连接 TO 的线缆一般也是较高类别的双绞线。应采用与线缆类别相符的 RJ45 模块式配线架端接这些线缆。

各类配线架的容量在端接所有线缆后，应有一定的冗余。

3. 确定跳线的类型和数量

在设备间，跳线的种类与楼层配线间(FD)基本是相同的，因此确定跳线的原则和方法也是一样的，不再赘述。与管理子系统不同的是，现代数据中心机房因越来越多地采用了 40G 和 100G 以上的高速局域网设备，设备之间的连接大量采用了预端接光缆。

预端接光缆有主干预端接光缆和 MPO-LC 预端接分支光缆两种形式。预端接主干光缆可以提供 12 芯到 144 芯的光纤连接。MPO-LC 预端接光缆分支光缆又被称作分支扇出光缆，通常是将 12 芯或 24 芯光纤组合在一起，一端是 MPO 接口，如图 4-35 所示，另一端是 12 个或 24 个 LC 插头。光缆的长度可以根据具体的需要定制。使用预端接光缆可以大大减少光纤跳线的使用数量，减小跳线占用空间，提高管理效率，降低连接故障率。

4.4.6　建筑群子系统设计

一般的企业网或校园网都涉及几座相邻或不相邻的建筑物园区，可用传输介质和各种支持设备(硬件)连接在一起组成相关的信息传输通道，连接各建筑物之间的室外线缆和各种相关配线架组成了建筑群子系统。

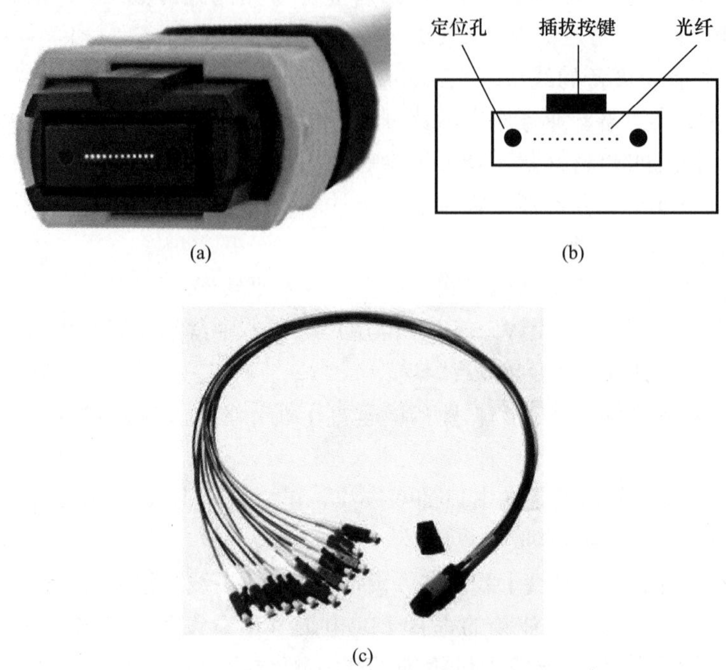

图 4-35　MPO-LC 预端接分支光缆

(a)MPO 接口；(b)MPO 接口结构；(c)12 芯预端接分支光缆

建筑群之间的信息传递还可采用无线通信手段，但综合布线技术专指有线传输介质方式。

建筑群子系统的设计任务就是选定室外线缆及其布线路由。

如果要敷设楼与楼之间的电缆，首先要估计有哪些路由可以把有关的建筑物互连起来。如果已经有合适的支撑结构(电线杆或地下布线管道)，而且空间够用，则只需与该结构的拥有人签订使用协议，再选择合适的电缆并安装起来。反之，如果在所需要的路线上没有现成的电缆布放手段，必须新建管道系统或电线杆，或者必须采用直埋式电缆，则建筑群子系统的工程造价和复杂性大为增加。

关于室外线缆选型，原则上与干线子系统相同，只是需要额外考虑室外专用的电缆或光缆在外护套上比室内线缆多了一些防护措施，而且是针对不同的室外布线环境而生产的。

1. 建筑群子系统布线方法

建筑群环境中的 3 种布线方法是架空法、直埋法和地下管道法，它们既可单独使用，也可混合使用，视具体建筑群情况而定。

(1) 架空布线法

架空布线方法通常只用于有现成电线杆，而且是短期性或临时性布线方式。

采用此法时，由电线杆支撑的电缆在建筑物之间悬空。可使用铠皮中带有钢丝绳的自支撑电缆或把电缆系在钢丝绳上。这种方法的成本最低，但是不仅影响美观，而且保密性、安全性和灵活性也差，因而不是理想的建筑群布线方法。

架空电缆通常穿入建筑物外墙上的 U 形钢保护套，然后向下(或向上)延伸，从电缆孔进入建筑物内部，如图 4-36 所示。电缆穿墙入室的孔径一般为 5cm。通常建筑物到最近处的电线杆相距应小于 30m。通信电缆与电力电缆之间的间距应服从当地城建部门的有关法规。

(2) 直埋布线法

直埋电缆埋设深度应在距地面 0.6m 以下的不冻土层，或者应按照当地城建部门的有关法规。图 4-37 所示的电缆直接埋入地下，除了穿过基础墙的那部分电缆有导管保护外，其余部分都没有管道给予保护。基础墙的电缆孔应尽量往外延伸，达到不冻土层，以免以后有人在墙边挖土时损坏电缆。如果在同一土沟里埋入了通信电缆和电力电缆，应设立明显的共用标志。

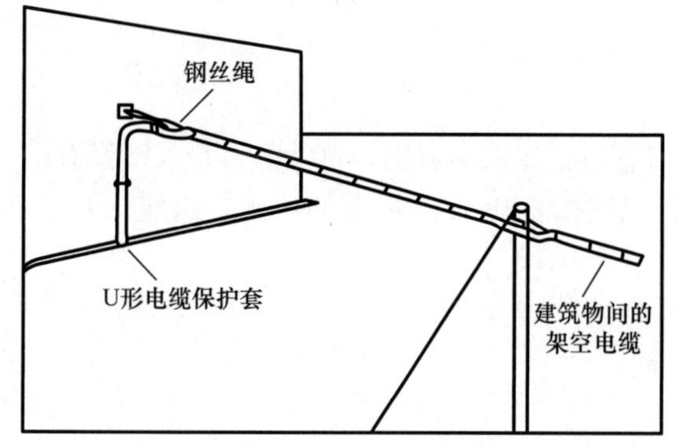

图 4-36　架空布线法

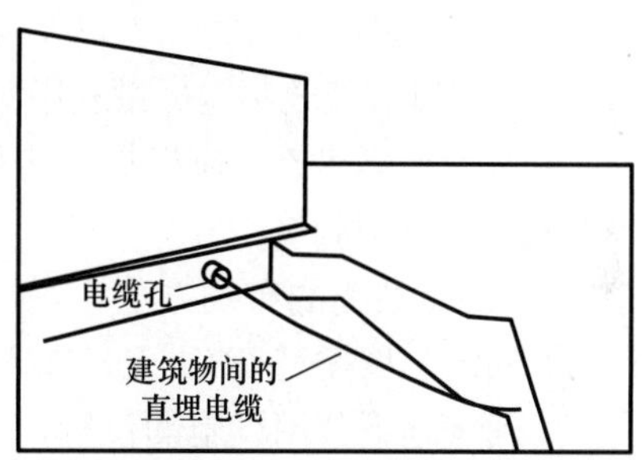

图 4-37　直埋布线法

直埋布线法的保护性优于架空布线法，它对电缆提供一定程度的机械保护，并保持了建筑物的外貌，但扩容或更换电缆时会破坏道路和建筑物的外貌，维护费用较高。

(3) 管道布线法

管道布线是由管道和接合井又称人孔组成的室外地下系统，把线缆拉入管道和接合井内，在接合井里完成建筑物之间线缆的互连。图 4-38 给出一根或多根管道穿出基础墙的布线结构。由于管道通常是由耐腐蚀的混凝土材料做成的，所以这种方法给电缆提供了最好的机械保护，使电缆受损而维修的机会减少到最低程度，并能保持建筑物的原貌。

一般来说，埋设的管道起码要低于地面 0.5m，或者应符合本地城建部门有关法规规定的深度。在电力和通信合用人孔的情况下，通信电缆切不要在人孔里进行端接；通信管道与电力管道必须至少用 8cm 的混凝土或 30cm 的压实土层隔开。安装时至少应埋设一个备用管道并放进一根拉线，供以后扩充之用。

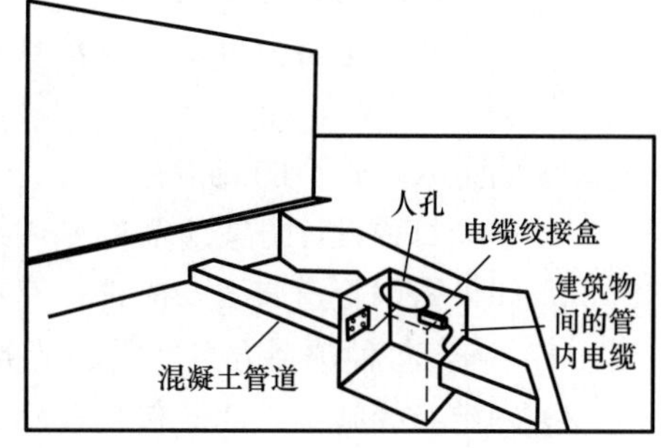

图 4-38　管道布线法

在建筑群管道系统中，接合井的平均间距一般为 50m，最大间距不应超过 180m。接合井可以是预制的，也可以是现场浇筑的。应在建筑结构设计方案中标明使用哪一种接合井。

建筑物之间通常有市政供暖供水地下通道，利用这些管道来铺设线缆不仅成本低，而且可利用原有的设施。如考虑到暖气泄漏等情况，线缆安装时应与供气、供水、供暖的管道保持一定距离。

2. 建筑群子系统设计步骤

(1) 现场勘查

1) 确定建筑地界；

2) 确定建筑群子系统规模。

(2) 确定电缆的一般参数

1) 确认起点位置；

2) 确认端接点位置；

3) 确认涉及的建筑物和每座建筑物的层数；

4) 确定每个端接点所需的线缆对数；

5) 确定有多个端接点的每座建筑物所需的线缆总对数。

(3) 确定建筑物的线缆入口

1) 对于现有建筑物应尽量利用原有的入口管道，如果不够用，再考虑另开入口管道；

2) 对于新建建筑，应根据选定的线缆布线路由标出入口管道的位置，选定入口管道的规格、长度和材料。

(4) 确定线缆的布线方法

1) 确定土壤类型(砂质土、黏土、砾土等)；

2) 确定地下公用设施的位置；

3) 查清在拟定的线缆路由中沿线的各个障碍位置；

4) 确定电缆的布线方法。

(5) 根据下述 3 种方案确定主线缆路径和备用线缆路径

1) 所有建筑物共用一根电缆，即分支结合法；

2) 每个建筑物单独用一根电缆，即点对点端接法；

3) 对所有建筑物进行分组，每组单独分配一根电缆，是上述两种方法的结合。

(6) 选择所需线缆类型

1) 确定线缆实际走线长度；

2) 画出最终的系统结构图；

3) 画出所选定路由位置和挖沟详图，包括公用道路图和任何需要经审批才能动用的地区草图；

4) 确定入口管道的规格；

5) 选择每种设计方案所需的专用线缆；

6) 如果需用管道布线，应选择其规格和材料。

(7) 确定每种选择方案所需的劳务费

1) 确定布线施工工期。包括迁移或改变道路、草坪、树木等所花的时间；如果使用管道，应包括敷设管道和穿引线缆的时间；

2) 确定线缆接合工期；

3) 确定其他时间。例如拆除旧电缆、避开障碍物所需的时间；

4) 计算总时间。即上述三项时间之和；

5) 计算每种设计方案的成本。总时间乘以当地的工时定额。

(8) 确定每种选择方案所需的材料成本

1) 确定电缆成本

确定每米的成本，并针对每根电缆，查清每100m的成本。

2) 确定所有支撑结构的成本

查清并列出所有的支撑结构；根据价格表查明每项用品的单价；将单价乘以所需的数量。

3) 确定所有支撑硬件的成本

对于所有的支撑硬件如电线杆或地下管道，重复上一项所列的3个步骤。

(9) 选择最经济、最实用的设计方案

1) 把每种选择方案的劳务费和材料成本加在一起，得到每种方案的总成本；

2) 比较各种方案的总成本。

4.4.7 标识管理

综合布线的标识管理是在每个配线区分别按线缆用途划分配线模块，且按垂直或水平结构统一排列，用色标来区分配线设备的分区，同时还采用标签标明端接区域、物理位置、编号、容量、规格等，以便维护人员在现场能够有序地加以识别。

综合布线系统使用的标签可采用粘贴型和插入型。电缆和光缆的两端应采用不易脱落和磨损的不干胶条标明相同的编号。目前，市场上已有配套的打印机和标签纸供应。

目前将电子技术应用于配线设备的产品有多种，可显示与记录配线设备的连接、使用及变更状况。在工程设计中可考虑电子配线架的智能管理功能，合理地加以选用，详见第5章。

根据《商业建筑物电信基础结构管理标准》TIA/EIA—606的规定，传输机房、设备间、介质终端、双绞线、光纤、接地线等都有明确的编号标准和方法，用户可以通过每条线缆的惟一编码在配线架和面板插座上识别线缆。

对设备间、配线间、进线间和工作区的配线设备、缆线、信息点等设施应按一定的规律进行标识和记录，并应符合下列规定：

(1) 综合布线系统相关设施的工作状态信息应包括设备和缆线的用途、使用部门、组成局域网的拓扑结构、传输信息速率、终端设备配置状况、占用器件编号、色标、链路与信道的功能和各项主要指标参数及完好状况、故障与维修记录等，还应包括设备位置和缆线走向等内容，宜采用计算机进行文档记录与保存。简单且规模较小的综合布线工程也可按图纸资料等纸质文档进行管理，并做到记录准确、及时更新、便于查阅。文档资料应实现汉化。

(2) 综合布线的所有电缆、光缆、配线设备、终结点、接地装置、敷设管线等组成部分均应给定唯一的标识符，并设置不易脱落和磨损的标签。标识符应采用相同数量的字母和数字组合标明。

(3) 电缆和光缆的两端均应标明相同的标识符。

(4) 设备间、电信间、进线间的配线设备宜采用统一风格的色标产品区别各类业务与用途的配线区。

1. 标记方法

(1) 标记的划分和使用概述

标记是管理综合布线的一个重要组成部分。完整的标记至少应提供建筑物的名称、位置、区号、起始点和功能信息。

综合布线使用了三种标记：电缆标记、场标记和插入标记，其中插入标记最常用。

电缆标记由背面涂有不干胶的白色材料制成，可以直接贴到各种电缆表面，其尺寸和形状根据需要而定，在配线架安装和做标记之前利用这些电缆标记来辨别电缆的源发地和目的地。

场标记也是由背面为不干胶的材料制成，可贴在设备间、配线间、二级交接间(子配线间)、中继线/辅助场和建筑物布线区域的平整表面上。

插入标记是硬纸片，可以插在 1.27cm×20.32cm 的透明塑料夹里，这些塑料夹位于110 型接线架上的两个水平齿形条之间。每个标记都用颜色来指明端接于设备间和配线间的管理场电缆的源发地。通常插入标记所用的底色及其含义规定如下：

1）蓝色：来自工作区的水平配线电缆；

2）白色：主干线缆；

3）灰色：配线间与二级交接间(子配线间)之间的干线电缆；

4）绿色：来自电信局的输入中继线；

5）紫色：来自电话交换机或网络交换机之类的公用系统设备连线；

6）黄色：来自控制台或调制解调器之类的辅助设备的连线；

7）橙色：多路复用器输出线。

上述色标场的应用例子如图 4-39 和图 4-40 所示。

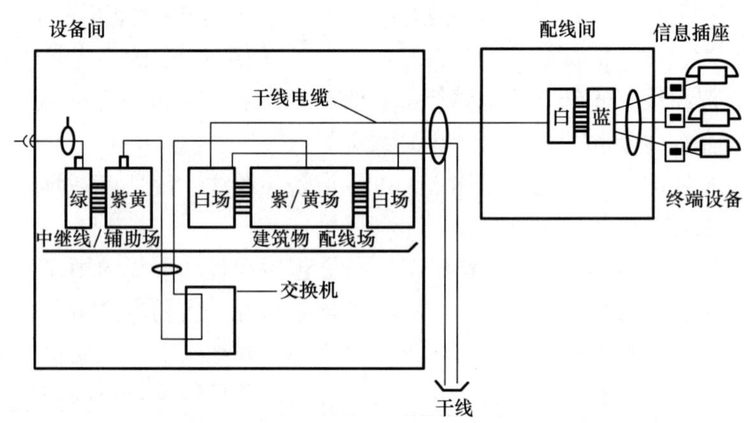

图 4-39　典型的色标方案

(2) 设备间的公用系统设备(紫场)标记方法

公用系统设备在这里多指程控用户电话交换机，通常放在设备间。端接程控用户交换机的进出线的布线结构对应于交换机中各线路单元的结构。这个交连场有时也称线路场，它的布置从接线块左上方的终端块开始，自左向右逐渐展开。

要建立一个交连场的线路标记方案就必须有一些信息，以便利用这些信息识别各台设备在设备间中的实际端接位置。如果设备间有多种应用设备，可将这些设备分类，按 00，01，02，……进行编号；同样，每台应用设备可能有几个机柜，也给予一个编号方案；此外，每个机柜内的配线架搁置层和线路也得规定编号。从设备的机柜延伸到端口场的电缆上所附的电缆标记应该包含上述这些信息。

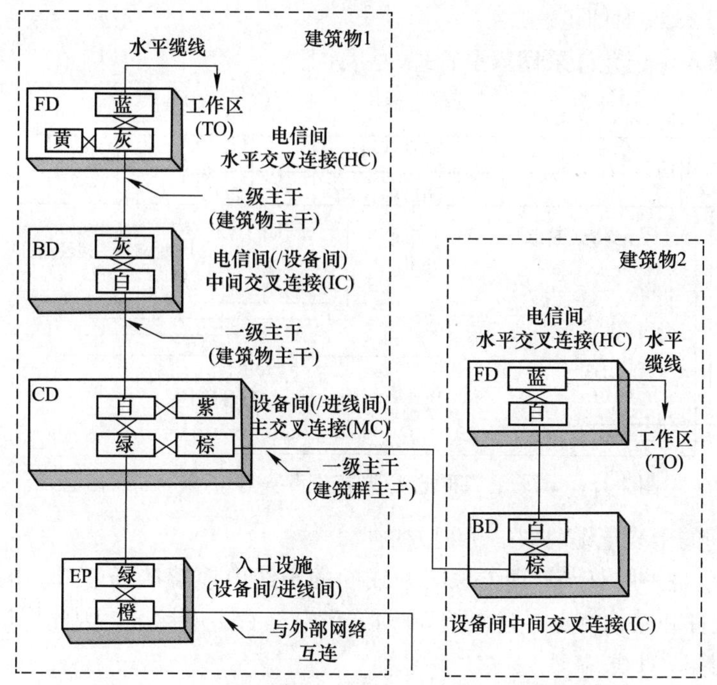

图 4-40　综合布线 6 个部分(电缆)连接及其色标

电缆标记以如下的格式标出上述信息：设备—机柜—模块—槽号标记，如 00—02—2—00/01 这些方法用作交连场线路标识的信息被写在插入标记上。该插入标记除了标出这些信息外，还需标出在该槽口安装线路所提供的线路号。此外，还可能要规定服务类型，并按图 4-41 所示逐一展开。

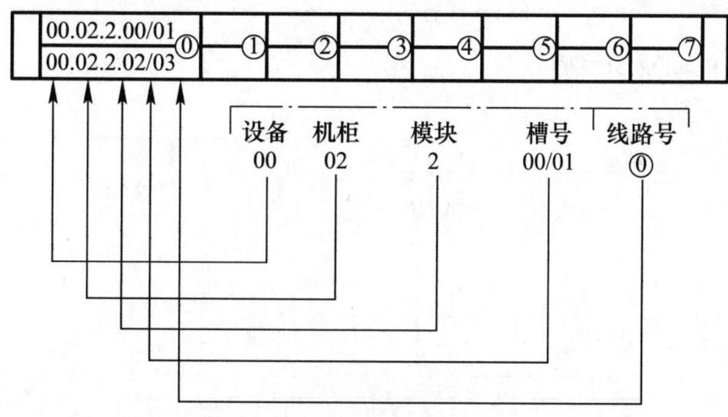

图 4-41　设备间的公用系统设备(紫场)插入标记

(3) 设备间的干线/建筑群电缆(白场)标记方法

设备间里的干线和建筑群电缆端接场的插入标记可以通过图 4-42 给予说明，第一个方框中包括如下的标记信息：

1) 配线架群的区号又称组号或模块场号，是现场随手编写的；

2) 配线架接线块字母代号(A～J，其中 I 不用)；

3) 配线架行号(1～48)。

安装或维护人员填写建筑物(BLDG)代号、楼层(FL)代号和二级交接间(LOC)位置号。在 110A 型配线架，一行上端接的线对号码也表示在标记上，这些号码只表示 2～22

的双号线对和第 25 线对即可。

上述这些插入标记允许采用双点管理。

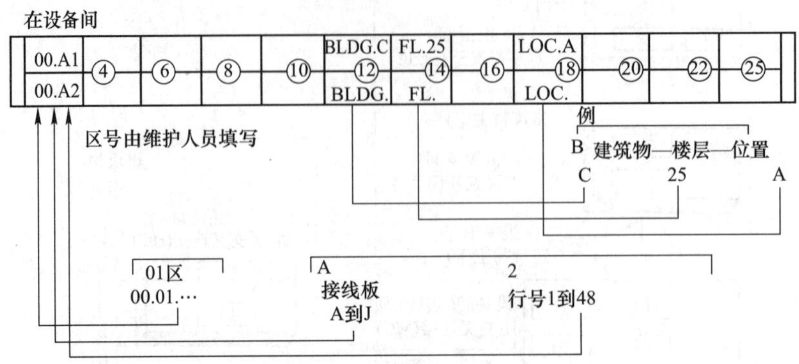

图 4-42 干线/建筑群电缆(端接于设备间)的白场插入标记

(4) 配线间的干线电缆(白场)标记方法

图 4-43 所示是采用双点管理方法时配线间的干线电缆端接场(白场)的插入标记。鉴于 110A 交连硬件和结构特点，建议按 50 对线由左至右递增标记，因此标记上的线对号码表示上下各端接 25 对线。

仔细观察会发现，在图 4-42“干线/建筑群电缆(端接于设备间)的白场插入标记”和图 4-43“干线电缆(端接于楼层配线间)的白场插入标记”的第一个方框中的信息是完全相同的，因为这是同一根干线电缆两端的标记。

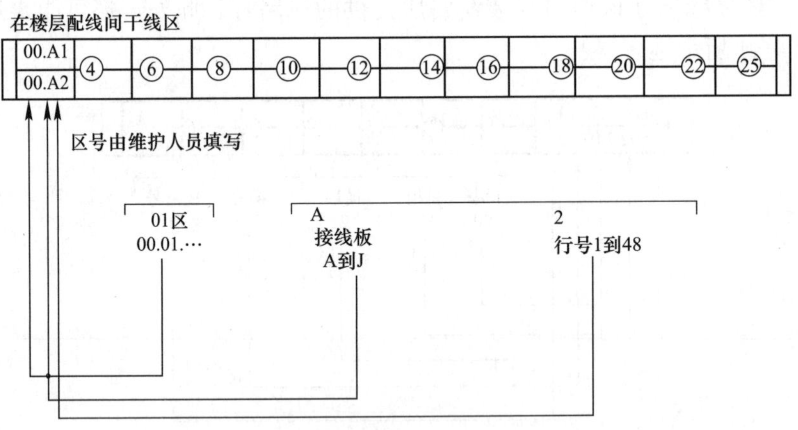

图 4-43 干线电缆(端接于楼层配线间)的白场插入标记

(5) 总机中继线(绿场)标记方法

总机中继线端接场(绿场)的插入标记如图 4-44(a)所示，电缆的线对从 1～600 进行编号，标记上只逢 5 计数。图 4-44(b)所示的是空白标记，在线对超过 600 对时由维护人员填写。

(6) 辅助设备线缆(黄场)的标记方法

图 4-45(a)是按 3 对线模块化系数排列的辅助设备引线的黄色插入标记，这些标记用于所有的以 3 对线为模块化系数的辅助场线路。标记上第一个方框预先印刷了设备的机柜号、模块搁置层号、槽号以及线路号。其余方框内只印刷了线路号。

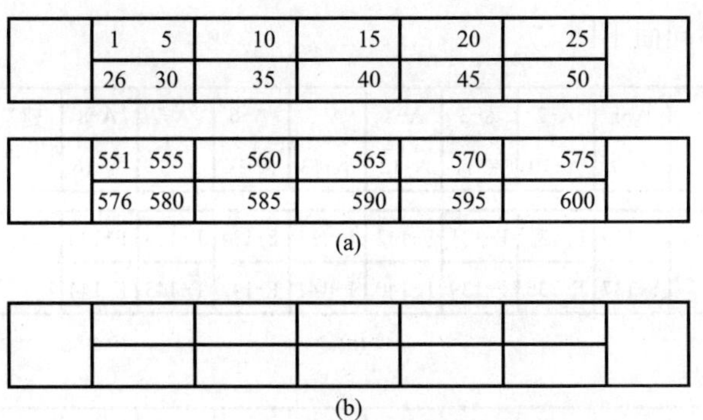

图 4-44　总机中继线场的绿色插入标记

图 4-45(b)只预先印刷了线路号，这种空白标记留给安装或维护人员在需要时填写。

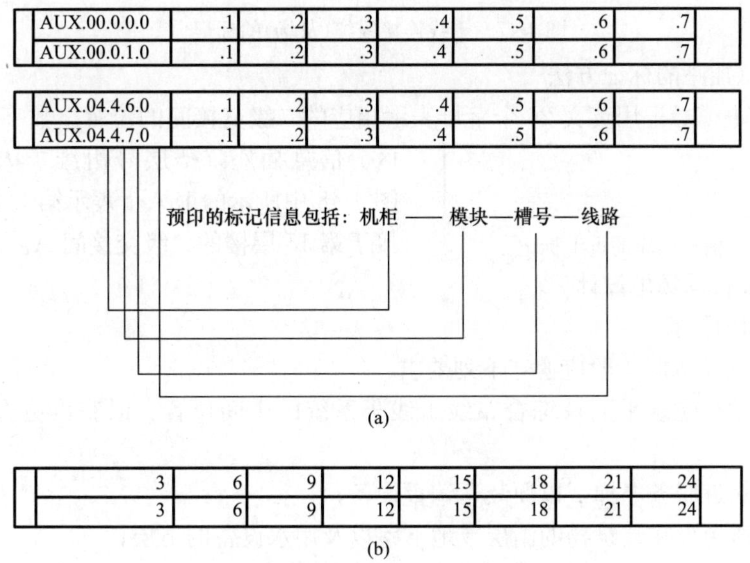

图 4-45　按 3 对线模块化系数排列辅助设备引线的黄色插入标记

(7) 水平配线电缆(蓝场)的标记方法

端接信息插座的蓝场的模块化系数为 4 对线，如图 4-46 所示。

4	8	12	16	20	24
29	33	37	41	45	49

图 4-46　水平线缆的蓝色插入标记

(8) 干线连接线缆(灰场)的标记方法

图 4-47(a)表示在双点管理布线方案中楼层配线间和二级交接间之间的连接电缆插入标记。标记的上下部分各表示 8 条线路，每条线路有 3 对线。标记中的二级交接间名 A～F 以及信息插座号 1～144 都是手写的，安装或维护人员在施工的时候填写楼层号。

图 4-47(b)所示的空白标记供用户使用另一种编号方法时使用。

(9) 电缆的标记方法

电缆标记用于识别终端块与信息插座，可以直接贴在电缆端接处的表面上，其大小与形状根据其用途的不同而不同。

	A-1	A-2	A-3	A-4	A-5	A-6	A-7	A-8	建筑物
	A-9	A-10	A-11	A-12	A-13	A-14	A-15	A-16	--

	F-129	F-130	F-131	F-132	F-133	F-134	F-135	F-136	建筑物
	F-137	F-138	F-139	F-140	F-141	F-142	F-143	F-144	--

(a)

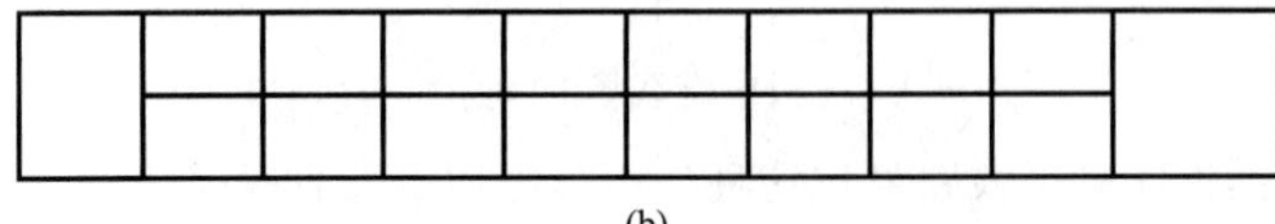

(b)

图 4-47　干线连接线缆(灰场)的标记

（10）信息插座的标记方法

信息插座电缆标记用英文 26 个字母表示相应的二级交接间的位置，数字 1～144 用于区分信息插座，楼层号由维护人员填写。如图 4-48 中所示的 15A-1 表示第 1 个信息插座端接于第 15 层楼的二级交接间 A。

15A-1

图 4-48　信息插座的电缆标记

4.4.8　设备间场地设计

1. 设备间的位置

确定设备间位置时一般应遵守下列要求：

(1) 尽量设在建筑平面及综合布线干线子系统的中间位置，以获得更大面积的服务覆盖；

(2) 尽量靠近服务电梯，以便装运笨重设备；

(3) 尽量避免设在建筑物的高层或地下室以及用水设备的下层；

(4) 尽量远离机械振动源和电磁干扰源；

(5) 尽量远离有害气体源以及腐蚀、易燃、易爆物。

2. 设备间的使用面积

设备间的使用面积可按照下述两种方法之一确定。

第一种方法为：

$$S=(5\sim7)\sum S_b \tag{4-4}$$

式中S——设备间的使用面积，m^2；

S_b——与综合布线有关并在设备间平面布置图中占有位置的设备面积，m^2；

$\sum S_b$——指设备间内所有设备占地面积的总和，m^2。

第二种方法为：

$$S=KA \tag{4-5}$$

式中S——设备间的使用面积，m^2；

A——设备间的所有设备台(架)的总数；

K——系数，取值(4.5～5.5)m^2/台(架)。

设备间最小使用面积不得小于 $20m^2$。

3. 设备间的建筑结构

设备间的净高应根据机柜高度、管线安装及通风要求确定不宜小于 3m。门的大小至少需要高 2.1m、宽 0.9m。

设备间的楼板负荷载重依设备而定，一般分为两级：

A 级：≥5kN/m²；

B 级：≥3kN/m²。

4. 设备间的环境条件

(1) 温、湿度

设备间温度和湿度必须满足计算机设备的运行要求，超出一定范围将使设备性能下降，寿命缩短，因此设备间的空调环境应选用恒温恒湿的工艺性空调。

《计算机场地通用规范》GB/T 2887—2011 对计算机机房温、湿度按开机时和停机时分别加以规定，如表 4-8、表 4-9 所示，同时每种工况又分为 A、B 两级。机房可常年按某一级执行，为了节能也可按某些级综合执行，例如可选择开机时按 A 级温、湿度，停机时换成 B 级温、湿度。

开机时的机房温、湿度要求　　**表 4-8**

级别 / 指标 / 项目	A 级		B 级
	夏季	冬季	
温度(℃)	23±2	20±2	15～30
相对湿度(%)	45～65		40～70
温度变化率(℃/h)	<5，不得凝露		<10，不得凝露

停机时的机房温、湿度要求　　**表 4-9**

级别 / 指标 / 项目	A 级	B 级
温度(℃)	5～35	15～30
相对湿度(%)	20～80	20～80
温度变化率(℃/h)	<10，不得凝露	<10，不得凝露

(2) 尘埃

为了防止有害气体(如 SO_2、H_2S、NH_3 和 NO_2 等)侵入，设备间内应有良好的防尘措施。尘埃指标依存放在设备间内的设备等级要求而定。

(3) 空调

设备间的温度、湿度和尘埃对微电子设备的正常运行及使用寿命都有很大的影响。过高的室温会使元件失效率急剧增加，使用寿命下降；过低的室温又会使磁介质等发脆、容易断裂；温度的波动会产生“电噪声”，使微电子设备不能正常运行；相对湿度过低，容易产生静电，对微电子设备造成干扰；相对湿度过高，会使微电子设备内部焊点和插座的接触电阻增大，尘埃或纤维性颗粒积聚以及微生物的作用还会使导线被腐蚀断掉。

设备间热量的产生主要有如下几个方面：设备发出热量；设备间围护结构传导热量；室内工作人员发出热量；照明灯具发出热量；夏季室外补充新风带入的热量。计算出上列总发热量再乘以系数 1.1，就可以作为设备间空调冷负荷量，据此选择空调设备。

选择设备间空调设备时，南方及沿海地区主要应考虑降温和去湿；北方及内地则既要降温、去湿，又要加温、加湿。

(4) 照明

设备间工作照度不应低于 300lx，事故照度不应低于 5lx。

(5) 噪声

设备间的噪声应小于 70dB。

如果长时间在 70～80dB 噪声的环境下工作，不但人的身心健康和工作效率会受到影响，还可能造成人为的操作事故。

(6) 电磁干扰

设备间无线电干扰场强的频率应在 0.15～1000MHz 范围内，强度不大于 120dB。

设备间内磁场干扰场强不大于 800A/m。

5. 设备间的供配电

设备间的设备和照明供电电源应满足下列要求：

频率：50Hz；

电压：380V/220V。

设备间供电电源根据设备的性能，允许的变动范围见表 4-10。

设备间供电电源级别 **表 4-10**

项目 \ 指标 \ 等级	A 级	B 级	C 级
稳态电压偏移范围(%)	−5～+5	−10～+10	−15～+10
稳态频率偏移范围(Hz)	−0.2～+0.2	−0.5～+0.5	−1～+1
电压波形畸变率(%)	5	7	10
允许断电持续时间(ms)	0～4	4～200	200～1500

供电容量是指将设备间内存放的每台设备用电量的标称值相加后，再乘以系数 3。

从总配电机房到设备间的供电电缆，应端接于设备间入口处的配电盘，并采取防触电措施。

从设备间的配电盘到各种设备的供电电缆应为阻燃铜芯屏蔽电缆。各电力设备如空调设备供电电缆不得与弱电电缆平行走线。交叉走线时，应尽量以接近于垂直的角度，并采取阻燃措施。

设备间电源所有接头均应镀铅锡处理，冷压连接。

若设备间供电电源采用三相五线制不间断电源(UPS)，电源中性线的线径应大于相线的线径。不间断电源最好选用智能化 UPS。

6. 设备间的电源插座设置

(1) 设备间

新建建筑可预埋管道和地面电源插座盒，电源线的线径可根据负载大小来定。插座数量可按 40 个/100m² 以上考虑(插座必须接地线)。

既有建筑可剔墙暗埋重新布线或走明线。插座数量可按 20～40 个/100m² 以上考虑（插座必须接地线）。

插座要顺序编号，并在配电盘上设置对应的低压断路控制器。

(2) 配线间

为了便于管理，配线间可采用由设备间集中供电方式，由设备间的不间断电源供给各层配线间的计算机网络互联设备之用。插座数量按 1 个/m² 或按应用设备多少来定。

(3) 办公室(工作区)

用不间断电源供服务器、高档终端设备之用，市电供照明、空调等辅助设施之用。

容量：一般办公室按 60VA/m² 以上考虑。

数量：一般办公室按 20 个/100m² 以上考虑(插座必须接地线)，电源插座数量要与信息插座匹配。

位置：电源插座距信息插座一般为 30cm。

单相电源的三孔插座与三相电压($L+N+PE$)的对应关系为左零(线)右火(线)上接地(线)。

7. 设备间的接地

设备间的电源接地线是该房间内安全用电的保证，应通过总配电机房与大楼的接地体相连，该接地线不能与弱电系统的信号地线、保护地线共线，以防止线上电流对弱电系统的冲击或干扰。

8. 设备间的安全分类

设备间的安全分为 A 类、B 类、C 类 3 个基本类别。

A 类：对设备间的安全有严格的要求，设备间有完善的安全措施；

B 类：对设备间的安全有较严格的要求，设备间有较完善的安全措施；

C 类：对设备间的安全有基本的要求，设备间有基本的安全措施。

设备间的安全要求详见表 4-11。根据设备间的使用要求，设备间安全可按某一类执行，也可按某些类综合执行。

设备间的安全要求　　**表 4-11**

安全项目 \ 指标要求 \ 安全等级	C类	B类	A类
场地选择	—	●	●
防火	●	●	●
内部装修	—	●	○
供配电系统	●	●	○
空调系统	●	●	○
火灾报警及消防设施	●	●	○
防水	—	●	○
防静电	—	●	○
防雷击	—	●	○
防鼠害	—	●	○
电磁波的防护	—	●	●

注：—无要求；●有要求；○严格要求。

9. 设备间的结构防火

对于C类安全设备间，其建筑物的耐火等级应符合《建筑设计防火规范(2018年版)》GB 50016—2014中规定的二级耐火等级。与C类设备间相关的其余基本工作房间及辅助房间，其建筑物的耐火等级不应低于《建筑设计防火规范(2018年版)》GB 50016—2014规定的三级耐火等级。

对于B类安全设备间，其建筑物的耐火等级必须符合《建筑设计防火规范(2018年版)》GB 50016—2014中规定的二级耐火等级。

对于A类安全设备间，其建筑物的耐火等级必须符合GB 5066—2014中规定的一级耐火等级。

与A、B类安全设备间相关的其余基本工作房间及辅助房间，其建筑物的耐火等级不应低于《建筑设计防火规范(2018年版)》GB 50016—2014中规定的二级耐火等级。

10. 设备间的内部装潢

设备间装潢材料应符合《建筑设计防火规范(2018年版)》GB 50016—2014中规定的难燃材料或非燃材料，能防潮、吸声、不起尘、抗静电等。

(1) 地面

为了方便敷设电缆线和电源线，设备间的地面最好采用抗静电活动地板，具体要求应符合《防静电活动地板通用规范》SJ/T 10796—2001。

带有走线口的活动地板称为异形地板，其走线口应光滑，防止拉伤电缆。设备间所需异形地板的块数由设备间所需引线的数量来确定。

设备间地面切忌铺毛质地毯，防止产生静电，而且容易积灰。

(2) 墙面

墙面应选择不易产生尘埃，也不易吸附尘埃的材料。目前大多数做法是在平滑的墙壁上涂阻燃漆或覆盖耐火的胶合板。

(3) 顶棚

为了吸音及布置照明灯具，一般在设备间顶棚下加一层吊顶。吊顶材料应满足防火要求。目前，我国大多数采用铝合金或轻钢作龙骨，安装吸音微孔铝合金板、阻燃铝塑板、喷塑石英板等。

(4) 隔断

根据设备间放置的设备及工作需要，可用玻璃将设备间隔成若干个房间。隔断可以选用防火的铝合金或轻钢作龙骨，安装10mm厚玻璃，或从地板至1.2m高处安装阻燃双塑板，1.2m以上安装10mm厚玻璃。

11. 设备间的火灾报警及灭火设施

A、B类安全等级设备间内应设置火灾报警装置。在机房内、基本工作房间、活动地板下、吊顶上方、易燃物附近都应设置感烟和感温探测器。

A类设备间内应设置自动气体灭火装置，并备有手提式二氧化碳(CO_2)灭火器。

B类设备间内在条件许可的情况下，应设置自动气体灭火装置，并备有手提式二氧化碳(CO_2)灭火器。

C类设备间内，应设置手提式二氧化碳(CO_2)灭火器。

A、B、C类设备间禁止使用水、干粉或泡沫等易产生二次破坏的灭火剂。

为了在发生火灾或意外事故时方便设备间工作人员迅速向外疏散，对于规模较大的建筑物，在设备间应设置直通室外的安全出口。

4.4.9 配线间场地设计

配线间是干线子系统与水平子系统之间的线缆转接设备用房。

配线间的设计方法与设备间的设计方法相同，只是使用面积比设备间小。配线间兼作设备间时，其面积不应小于10m^2。

典型的配线间面积为1.8m^2(长1.5m，宽1.2m)，这一面积足以容纳端接200个信息点所需的连接件设备。如果端接的信息点超过200个，则在该楼层增加一个或多个子配线间，其面积应符合表4-12的规定，也可根据设计需要确定。

配线间和子线间的设置　表4-12

信息点数量(个)	配线间		子配线间	
	数量	面积(m×m)	数量	面积(m×m)
≤200	1	1.5×1.2	0	0
201～400	1	2.1×1.2	1	1.5×1.2
401～600	1	2.7×1.2	2	1.5×1.2

凡信息点数量超过600个的楼层，则需要增加一个干线系统以及相应的配线间，换言之任何一个配线间最多可支持两个子配线间。

配线间通常还放置各种不同的电子通信设备、网络互联设备等，这些设备的用电要求质量高，最好由设备间的不间断电源集中供电或在配线间设置专用不间断电源，其容量与配线间内安装的设备数量有关。

各个配线间的弱电接地线不能与电源地线共用，可以与设备间的弱电地线连成一体的接地系统。

当水平工作面积较大，给定楼层配线间所要服务的信息插座离干线的距离超过75m，或每个楼层信息插座超过200个时，就需要设置一个子配线间。

子配线间的设计方法与配线间设计方法相同，其面积要求应符合表4-12的规定。

在设置子配线间后，干线线缆与水平线缆连接方式有两种可能的情况。一种情况是干线线缆端接在楼层配线间的配线架上，子配线间是水平线缆转接的地方，水平线缆一端接在楼层配线间的配线架上，另一端先在子配线间配线架连接后再端接到信息插座上。另一种情况是子配线间作为干线子系统与水平子系统转接的地方，干线线缆直接接到子配线间的配线架上，这时的水平线缆一端接在子配线间的配线架上，另一端接在信息插座上。

4.4.10 进线间场地设计

进线间是建筑物外部的建筑群管线、电信局管线入室部位，并可作为入口设施和建筑群配线设备的安装场地。每个建筑物宜设置1个进线间，一般位于地下层。

在图4-49中，室外线缆进入一个阻燃接合箱，后经保护装置的柱状电缆(长度很短并有许多细线号的双绞电缆)与通向设备间进行端接。

进线间在外墙设置室外线缆管道的穿墙入口。进线间应满足缆线的敷设路由、成端位置及数量、光缆的盘长空间和缆线的弯曲半径、充气维护设备、配线设备安装所需要的场地空间和面积。进线间的面积大小按进线间的进局管道最终容量及入口设施的最终容量设计。同时应考虑满足多家电信业务经营者安装入口设施等设备所需的面积。

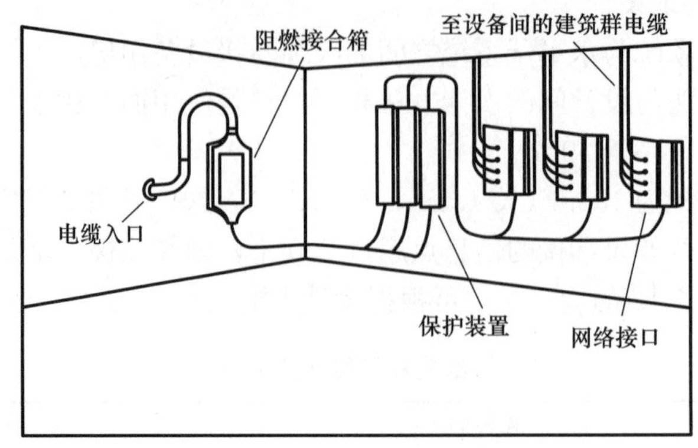

图 4-49　进线间线缆入口区

进线间宜靠近外墙并在地下设置，以便于缆线引入。进线间设计应符合下列规定：

(1) 进线间应防止渗水，宜设有抽排水装置；

(2) 进线间应与布线系统垂直竖井沟通；

(3) 进线间应采用相应防火级别的防火门，门向外开，宽度不小于 1m；

(4) 进线间应设置防有害气体措施和通风装置，排风量按每小时不小于 5 次容积计算。

与进线间无关的管道不宜通过。进线间管道入口所有布放缆线和空闲管孔应采用防火材料封堵，并做好防水处理。

复习思考题

1. 为什么综合布线系统设计之前必须先进行用户需求分析？
2. 综合布线系统建设的主要流程有哪些？
3. 综合布线系统的总体设计应考虑哪些方面？
4. 综合布线系统有哪些模式？为何说它的结构非常灵活？
5. 综合布线系统是如何划分等级的？各等级分别支持哪些应用？
6. 为何综合布线系统的设计还要参照防火和防雷设计相关标准？
7. 什么情况下考虑采用屏蔽布线系统设计？
8. 为何综合布线系统的设计中光缆应用越来越多？
9. 综合布线系统是什么样的拓扑结构？
10. 工作区设计的主要工作有哪些？
11. 工作区的大小和配置是固定的吗？为什么？
12. 尽你所能列出当前工作区可能端接的设备种类。
13. 你认为当前政府办公大楼的一般工作区设置几个信息插座比较合适？
14. 工作区的用户终端设备接口与信息插座不一致，如何解决？
15. 如何实现用一根水平线缆同时支持连接两个终端设备？

16. 信息点表有何作用?

17. 水平子系统设计的主要内容是什么?

18. 水平线缆的最大长度为何限制在 90m 以内?

19. 什么是“全六类”布线?

20. 新建办公类建筑一般采用何种水平线缆敷设方式?

21. 既有建筑改造时，有哪些水平线缆敷设方式可采用?

22. 采用配管和线槽敷设线缆时，为何它们的占空比都不超过 50%?

23. 大开间办公区的布线有哪几种解决方案?

24. 如何计算一个工程中水平电缆的用量?

25. 计算水平电缆用量时什么情况下要考虑端接容差?

26. 某 6 层办公楼，自下而上各层的信息点数量分别为 45 个、58 个、66 个、70 个、80 个和 80 个，从图纸上测量各层的信息点到 FD 的平均距离分别为 62m、55m、51m、48m、45m 和 40m，该楼水平电缆的工程用量(以箱为单位)是多少?

27. 对于 FTTD，每个信息点至少布放几芯光缆? 为什么?

28. 每层楼都必须有一个配线间或弱电间吗?

29. 干线子系统设计的主要内容有哪些?

30. 现在的综合布线系统在垂直干线子系统中通常采用哪些缆线? 原因是什么?

31. 为何当代的智能建筑大多采用光缆作为数据通信垂直主干?

32. 理想的弱电电缆井应在建筑物的什么位置?

33. 干线线缆有哪些端接方式? 综合布线系统推荐哪种端接方式?

34. 为何干线线缆分语音和数据应用，而水平线缆不推荐区分语音和数据应用?

35. 设计干线子系统时为何尽量减少线缆的规格数量?

36. 设计一个超高层建筑的垂直干线子系统时，干线电缆的工程用量如何计算? 光缆的工程用量如何计算?

37. 你认为当代智能建筑的数据干线子系统应该选择多少芯光缆?

38. 管理子系统(FD)? 设计的主要内容有哪些?

39. 110 型配线架的端接密度很高，为何全六类布线系统不使用?

40. 屏蔽布线系统可以使用 110 型配线架吗?

41. 100 对的 110 型配线架可以端接多少根水平电缆?

42. 设计管理子系统(FD)时配线架上的跳线为何不一次配齐到位?

43. OM1 和 OM3 跳线可以混用吗? 多模光纤跳线可以与单模光纤跳线混用吗? 为什么?

44. 光纤跳线的接口形式如何确定?

45. 一栋建筑中管理子系统(FD)的数量是如何确定的?

46. 设备子系统(BD)与管理子系统(FD)的设计有何异同?

47. 光纤预端接产品主要应用在哪个子系统?

48. 设备间为何一般都需要配置 UPS 电源?

49. 设备间为何不能使用水喷淋灭火设施?

50. 理想的设备间(BD)应在建筑物的什么位置?

51. 大型建筑物的设备间为何多选在较低的楼层，甚至是在地下层？
52. 用色标管理配线架有何有点？
53. 双点管理模式有何优缺点？
54. 建筑群的布线方法有哪几种？各有何特点？
55. 建筑群子系统中使用的线缆与垂直干线子系统使用的线缆有何不同？
56. 光纤是不导电的，为何室外光缆进入建筑物后还要采取防雷措施？
57. 室外线缆进入室内后一般采取哪些防雷措施？
58. 建筑物内对信息系统的电磁干扰主要来自哪些方面？
59. 理想的建筑群子系统(CD)应选在园区的什么位置？
60. 对于当代的建筑群子系统设计，最佳的线缆敷设方式是哪种？

第 5 章　智能布线系统

智能布线系统又称智能布线管理系统，是帮助管理人员实现综合布线系统实时化、可视化、智能化管理的系统。

智能布线系统由硬件和软件两个部分组成：硬件部分负责端口和链路的实时状态检测，通常由管理设备、智能配线架、智能跳线和其他辅助设备组成。软件部分负责整个布线系统的综合管理，例如收集硬件部分反馈的实时状态信息、提供可视化人机交互界面、实现智能化的分析和管理。典型的智能布线系统结构如图 5-1 所示。

智能布线系统与传统综合布线系统相比，最直观的区别是传统的无源配线架更新为有源智能配线架，智能配线架通常包含电子检测装置，所以行业内也常将智能布线系统称为“电子配线架系统”。

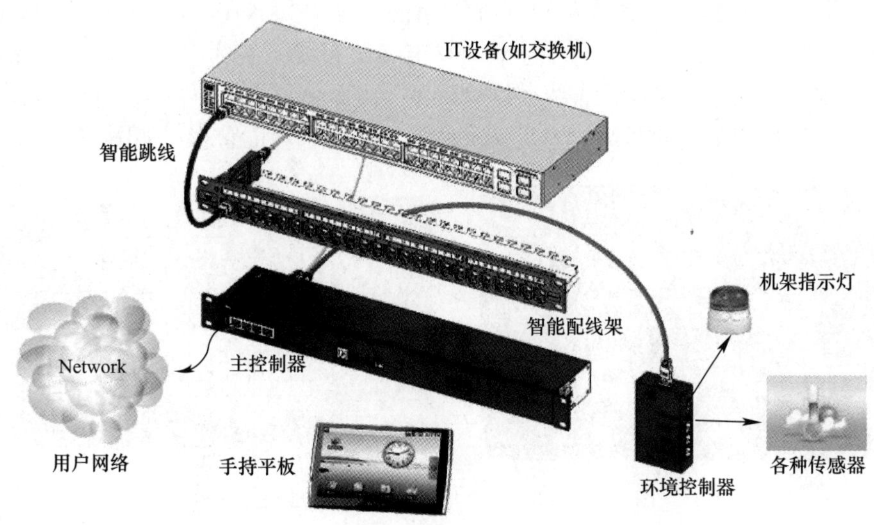

图 5-1　典型智能布线系统结构

5.1　智能布线系统的发展历程

智能布线系统作为一个综合布线管理系统，其发展的历程与综合布线技术和信息技术的发展息息相关。

在 20 世纪 80 年代，个人计算机(PC)刚开始发展和普及，各种计算机局域网(LAN)相继问世并逐步投入使用，但终端设备相对较少，使用的网络设备的端口数量不多，终端和网络设备之间往往通过同轴线或者双绞线直连。对于这种小规模的布线系统的管理较为简单，通常由网络管理员通过纸和笔以手工方式进行简单地记录和管理，如图 5-2 所示。

FOGLIO PERMUTATORE

Numero	Indirizzo	Lato Montante	Rete Striscia	coppia	Note
8007	1-1-97-0	3	12	10	Sala riunione
8044	1-1-97-1	2	41	36	Rossi
8048	1-1-97-2	5	10	74	Bianchi
8046	[illegible]	6	11		Cacace
8055	1-1-97-4	7	72	44	LOCALE TLC
8085	1-1-97-5	4	56	18	SALA PR 1
8083	01-01-97-6	4	55	24	SALA PR 2
8101	1-1-97-7	5	56	28	SALA REGIA
8104	1-1-97-8	3	85	79	LINEA MODEM del Sig. [illegible]
8108	1-1-97-9				LIBERO
8115	1-1-97-10	3	56	5	PORTINERIA
8127	1-1-97-11	3	64	6	NASTROTECA
8151	1-1-97-12	4	58	8	Linea modem di Rossi
8155	1-1-97-13	4	56	8	DIRETTORE
8167	1-1-97-14	4	48	98	SEGRETARIA
8170	1-1-97-15	4	56	65	SEGRETARIA - AMM. DELEGATO
8177	1-1-97-5	6	1	2	AMMINISTRATORE DEL.

图 5-2　20 世纪 80 年代布线管理应用场景

从 20 世纪 80 年代末到 21 世纪初，是计算机网络的高速发展期，特别是以以太网（Ethernet）为代表的 LAN 技术的广泛应用，使网络的规模快速扩张，同时也对布线系统的可靠性、灵活性、兼容性和可扩展性等提出了越来越高的要求。因此，出现了综合布线的概念，并制定了相应的布线系统国际性或区域性标准。这些标准也包含了布线系统管理方面的条款，甚至有独立的布线系统管理方面的标准，如《Administration Standard for Telecommunications》TIA/EIA 606 标准。它定义了布线系统命名规则，标签标识要求，文档管理要求等。在这一时期，布线系统管理主要还是依靠人工来完成，但可以借助相应的简单工具，比如规范化的图纸，固定格式的电子表格来辅助管理，如图 5-3 所示。

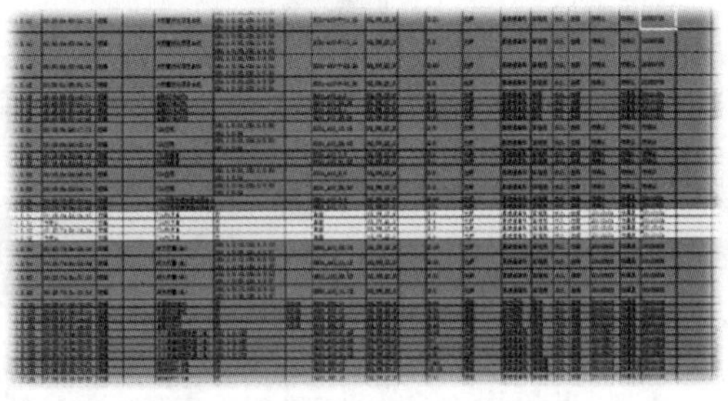

图 5-3　20 世纪 90 年代布线管理应用场景

从 21 世纪初开始到现在，人类已经进入了万物互联的信息社会，信息的交换和处理已经成了推动生产力进步的重要驱动力。随之带来的信息和网络的爆炸式增长，也使布线系统的发展日新月异。归纳来看，一方面是布线系统的带宽不断增加，铜缆系统从支持 100Base-T 的 CAT 5 发展到支持 40GBase-T 的 CAT 8，光纤系统从支持千兆的 OM1 发展到支持 40G/100GE 和 400GE 的 OM5。另一方面是对管理需求的提升，信息端口数量超过万计的智能建筑和数据中心越来越多，如何高效地管理布线系统，提高布线系统可靠性，降低宕机风险或宕机后的快速恢复，已逐渐成为管理人员关注的重点。

传统的综合布线系统管理只能依靠手工对记录进行更新，设备和连接的改动往往很难实时更新管理文档，极易埋下故障隐患。随着布线建设的规模化，传统的综合布线系统管理方式已经不能满足大规模综合布线系统的需求。同时，随着网络安全问题的日益严峻，加强网络物理层管理的诉求也越来越高。

智能布线系统就是在这样的背景下应运而生。它的特点是：

1. 实时性：实时侦测被管理对象的动态，消除管理的时间延迟，提高安全性；

2. 可视性：直观的集中化管理，所见即所得，解决管理的低效率；

3. 智能性：基于数据分析和计算，提供自动化部署和标准流程管理。

1994 年，以色列瑞特科技公司(RIT Technology Co.)首次提出了智能布线系统的概念，并在同年推出了全球范围内第一套智能布线系统——PatchView。其后陆续有其他厂商推出了多个商用智能布线系统，并不断地进行技术革新。迄今，全球范围有数十家厂商相继推出了采用多种不同技术的智能布线系统产品和解决方案。

5.2　智能布线系统相关技术与标准

5.2.1　智能布线系统相关技术

经过超过 20 年的发展，智能布线系统已经成为技术非常成熟的网络基础设施解决方案。根据智能布线系统的工作原理，下面从硬件和软件两个方面对不同的智能布线系统的技术流派做简单的介绍。

智能布线系统的硬件部分主要负责配线架或网络设备的端口和物理链路的实时状态检测。综合布线系统是由多个“端到端”的铜缆信息链路和光纤信息链路组合而成的。其中每一个独立的铜缆和光纤信息链路都由三部分组成：线缆(铜缆或光缆)、配线架(铜缆配线架或光纤配线架)、跳线(铜缆跳线或光纤跳线)。在实际部署时，线缆部分通常敷设于墙内管道或架空桥架中，线缆的一端端接于信息机房或配线间中机柜内的配线架背面的端子板（配线架）上，另一端端接于信息插座(TO)。因此，由 TO、线缆和配线架组成的这段配线系统称为“永久链路”，通常都有较好的环境保护，且不会发生变动。而跳线部分，通常用于连接配线架前面板上的端口到端口，或者配线架前面板上的端口到网络设备端口。因为用户的各种需求时有改变，网络管理员要经常插拔跳线以满足用户的要求，所以跳线是布线系统中唯一会经常发生变更的组件。

因此，对于布线系统的实时状态检测关键在于如何实现对于端口和跳线的实时状态检测。目前常用的检测技术有三种：端口检测技术、跳线链路检测技术和连接点标识技术。它们的检测原理有所不同，各有优缺点。

1. 端口检测技术

端口检测技术的实现的方法是，在配线架的端口模块上或模块附近设置一个监测装置(如：微动开关、主动红外探测器或 IC 卡等)，当使用跳线插入配线架端口模块(RJ45 模块、110 型连接器、光纤端口等)的同时，触发这个监测装置，利用监测装置的状态变化(“断开”到“吸合”，或“吸合”到“断开”)，使检测电路知道有跳线插入或拔出，如图 5-4 所示。

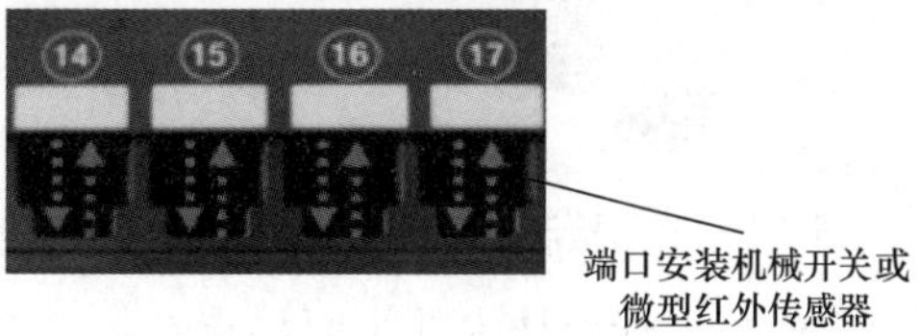

这种方法的原理与安防系统中的门磁开关非常相似，是一种可靠性比较高和成本十分低廉的检测手段，并且使用普通跳线即可达到目的。

图 5-4　端口检测技术示意图

端口检测技术的另一个特点是能够支持单

配线架配置模式，即跳线的一端插在配线架端口模块上，另一端插在网络交换机的端口上。但这时的智能布线系统监视系统仅能知道跳线单端的状态，网络设备端的状态无从得知。事实上，跳线的连通状态是否正确，两端的概率各占 50%，所以单配线架模式只具有智能布线系统的“形”，却无法实现对包括跳线在内的整条链路进行全面监视的“实”。

端口检测方式的缺点是只能“守门”，而不知道“球”来自何方，即不知道跳线的对端的状态是否正确。在实际的系统中，需采用“虚拟跳线”手法，在软件中人为设定某两个端口为一对，一旦这两个端口的状态均为正确，则通过推理认为这根跳线的状态正确，但推理难于做到百分之百正确，无法解决跳线本身存在的连通性问题。

目前市场上约有 20%厂家采用端口型检测技术，以美国康普公司(CommScope Co.)的 Ipatch 系列产品为代表。

2. 链路检测技术

跳线链路检测技术实现的主要思路是，采用九芯(针)或十芯(针)的特殊跳线，而不是通常采用的 8 芯(针)跳线。多出的一芯或两芯线用于检测，其中最新的是十芯方案，因为多出的两芯线能自成回路，能够实现多种检测方式，是行之有效的监测手段，如图 5-5 所示。

以十芯(针)检测技术为例。当跳线插入配线架模块端口后，配线架端口可输出一个电流，经九/十芯跳线(RJ45 型中的八芯线为信号传输线，另有两芯为监测线；光纤跳线需另添两根金属监测线以形成回路)中的监测线传递到跳线另一端的配线架端口上，该电流如果能够正常通过，则表明跳线链路处于正常工作状态，如果没有电流通过，则表明跳线没有可靠插入或在跳线中发生了开路(断线)。

跳线链路检测需要使用双配线架配置模式，即网络设备的各端口也要用线缆引到配线架上。端接网络设备的配线架和端接水平线缆的配线架之间使用带监测芯线的智能跳线跨接，能够知道跳线从一端到另一端的整个链路是否都处于正常连接状态，还可以通过自动搜寻跳线的路由，帮助管理人员建立或全面检查系统的当前拓扑结构。

目前市场上约有 70%厂家采用链路型检测技术，例如瑞特公司早期的 Patchview 和 Patchview Max 系列产品，美国西蒙公司(Siemon Co.)的 MapIT 系列产品和德国罗森伯格公司(Rosenberger)的 Pyxis 系列产品等。

3. 连接点标识技术

连接点标识技术的核心是在标准的双绞线 RJ45 连接器和光纤 LC、MPO/MTP 连接器中嵌入微型芯片(电子标签 eID)，如图 5-6 所示。芯片中包含了该跳线的 ID 及相关的信息，与智能配线架的配合使用，系统能够自动识别和记录线缆的连接以及与线缆相关的类型、颜色、长度、极性、连接次数等信息。

图 5-5　链路检测技术连接器(插头)结构示意图　　图 5-6　连接点检测技术连接器(插头)示意图

连接点标识技术的主要特点是：微型芯片内存储的信息除了可以帮助系统自动探查和记录物理跳接，还可扩展至连接线缆的类型、颜色、长度、极性、连接次数等信息。这种检测方式不仅可以实现物理层所有连接点的自动探查，例如光纤耦合器的前后两端；系统断电恢复后，自动识别断电期间内的跳线连接变化；连接点标识信息的自动探查与正常的链路传输相互隔离，而且利用上述信息可以帮助用户更好地管理网络资产。

连接点标识技术可以看作是链路型技术的升级版本。采用连接点标识技术的智能跳线分为两种类型：交连(CrossConnect)跳线和直连(InterConnect)跳线。

交连跳线两端均植入了微型 ID 芯片，配合智能配线架端口上的触点，可以实现对两个配线架端口及其连接关系的实时监测(即双配线架布线模式)，从而实现链路检测技术模式的所有功能。

直连跳线与交连跳线的结构有所不同，只在跳线的其中一端植入了微型 ID 芯片，另一端的微型 ID 芯片被以电子标签 eID 的形式安装在设备的端口(如服务器、交换机等)上，从而将设备的端口改造为智能端口。因此，直连跳线可以实现对配线架端口至设备端口之间连接关系的实时监测，因而可以采用单配线架布线模式。这种连接架构简称“单配链路型”。

连接点标识技术作为新一代的智能布线技术，目前推出产品的厂家还不多。瑞特公司最新的 Patchview Plus(简称 PV＋)系列产品是市场上首个采用连接点标识技术的产品。它既支持单配线架布线配置模式，又支持双配线架布线配置模式，并支持两种布线配置模式的混用。它也是市场上首个支持“单配链路型”布线架构的智能布线系统，可以在支持单配线架布线配置模式的同时，实现对配线架端口和设备端口及其对应关系的实时监测。

不同类型的智能布线系统硬件检测技术比较如表 5-1 所示。

不同类型的智能布线系统硬件检测技术比较　　　　**表 5-1**

特性 ＼ 技术类型	端口检测技术	链路检测技术	连接点检测技术
所用铜缆跳线	使用普通 8 针跳线	使用专用 10 针跳线	专用 8 针或 10 针跳线(两端连接器带 ID 芯片)
所用光纤跳线	使用普通 DLC 或 MPO 光纤跳线	使用专用 DLC 或 MPO 光纤跳线(额外 2 芯铜导体)	使用专用 DLC 或 MPO 光纤跳线(两端连接器带 ID 芯片)
配线架配置方式	支持双配线架和单配线架配置	仅支持双配线架	支持双配线架和单配线架
检测定位精度	定位到配线架端口	定位到配线架跳线	定位到端口(配线架、设备)和跳线(配线架和设备)
是否占用传输线路	不占用传输线路	不占用传输线路	不占用传输线路
是否可与网管软件互联	可以	可以	可以
网络管理精度	只能提供参考信息	可提供精准的信息	可提供精准的信息
电子工单支持功能	电子工单使用时需防批量插错	电子工单使用时有延时指示效果	电子工单使用时有延时指示效果

续表

技术类型 特性	端口检测技术	链路检测技术	连接点检测技术
是否实时监测	半实时监测	实时监测	实时监测
路由监测	监测端口状态， 不能监测跳线路由	可以监测配线架 之间的跳线路由	可以监测配线架和设备(交换机，服务器)之间的跳线路由
成本	低	高	中

不同厂家智能布线系统的软件部分在技术实现方法上差异不大，主要是在软件架构和具体部署方面有如下区别：

1）采用 B/S 和 C/S 架构之分；

2）支持的数据库有 SQL、MySQL 等不同；

3）操作系统采用 WinServer、Linux 等不同；

4）软件集成于硬件管理设备或部署于服务器上；

5）软件是否支持独立部署；

6）软件是否支持与第三方软件的对接。

用户可以根据各自的实际需求进行选择，但可参考如下建议：

1）如果远程访问和多点登录需求较多时，推荐使用 B/S 架构；

2）如果考虑对传统综合布线系统的兼容，软件需支持独立部署；

3）如果已部署或将来有可能部署其他软件系统，软件需支持第三方软件对接。

5.2.2 智能布线系统相关标准

任何标准都是根据相关技术的实际应用需求来制定的，智能布线系统也不例外。在智能布线系统发展的早期，并没有统一的标准，各种技术流派争奇斗艳。但随着市场对智能布线系统接受程度的加深，以及对智能布线系统需求的不断发展，迫切需要相应的标准体系来对技术和产品进行规范。经过多年的发展和积淀，目前已推出了多个关于智能布线系统的国际标准和地区标准。

智能布线系统作为综合布线系统的管理系统，在标准定义上是有重叠的，即既要满足一般综合布线系统相关标准要求，也要满足智能布线系统的要求。通俗来说，作为布线的功能属性“信息传输”和作为管理的功能属性“智能检测”都要满足相应标准要求。目前，市场上所有的智能布线系统产品，均是在传统无源布线系统的基础上，通过对配线架和跳线进行相应的改造设计，使其具备电子检测功能。这两个功能属性在硬件产品的设计上是完全独立的，当“智能检测”部分失效或者损坏时，不会影响“信息传输”功能，这也是为了保证用户运行在布线系统之上的网络相关业务不会受到影响。因此，智能布线系统首先需要满足综合布线系统相关标准的要求，硬件部分应完全符合《Information Technology——Generic Cabling for Customer Premises》ISO/IEC 11801，《Commercial Building Telecommunications Cabling Standard》TIA/EIA 568，《Information Technology-Cabling Installation》EN 50174，《综合布线系统工程设计规范》GB 50311 等不同国家和地区综合布线系统标准的规定。

而对于智能布线系统管理功能部分，由智能布线系统特定标准来定义，目前在国际上遵循的标准共有以下五个。

1. 国际标准：ISO/IEC 18598 Edition 1.0 2016-09，《Information technology - Automated infrastructure management (AIM) systems-Requirements, data exchange and applications》。该标准定义了智能布线系统的规范名称——自动基础设施管理系统(Automated Infrastructure Management(AIM)Systems)，简称 AIM。同时，该标准还包含三项重要内容：提出了一个标准的 AIM 系统的构建所需条件和建议；提出了构建 AIM 系统的优势，以及 AIM 系统连接到其他系统时带来的更多潜在好处；提出了便于 AIM 系统与其他系统连接的信息交换接口，如：

1）数据中心基础设施管理系统(DCIM)；

2）IP 电话管理；

3）IP 设备管理；

4）网络管理系统；

5）支持和故障管理应用；

6）电信网络运维支持系统；

7）IT 和设备资产管理应用；

8）信息安全管理系统；

9）变更管理系统；

10）能源管理系统；

11）照明管理系统。

2. 美国标准：ANSI/TIA-5048—2017,《Automated Infrastructure Management(AIM) Systems-Requirements, Data Exchange and Applications》。该标准和 ISO/IEC 18598 几乎完全相同。

3. 美国标准：ANSI/TIA-606-B—2012，《Administration Standard for Telecommunications Infrastructure》。在该标准的最后一章，概括性提及 AIM 系统应具备的功能：

1）自动发现和追踪连接到基础设施的终端的物理位置；

2）集成楼层平面 CAD 或其他类型图纸，易于交互管理和归档管理；

3）基于 MAC 物理层的侦测，包括增减、移动、调整的应用，支持电子工作单流程管理；

4）建立文本和标签化管理；

5）管理和监视电源和操作环境。

4. 国际标准：ISO/IEC 14763—2：2012,《Information technology-Implementation and operation of customer premises cabling-Part 2：Planning and installation》。

5. 英国/欧洲标准：BS/EN 50174—1，2009＋A1：2011《Information technology-Cabling installation-Part 1：Installation specification and quality assurance》。

ISO/IEC 14763—2：2012 和 BS EN 50174—1：2009＋A1：2011 分别在附录或列表中对 AIM 系统的最低组建要求和部分必须功能做出了规定。

此外，部分国家标准和行业标准涉及布线系统设计的条文，也对应用智能布线系统做了说明和推荐。《数据中心设计规范》GB 50174—2017 中，对于 A 级和 B 级数据中心建议采用智能布线系统，如表 5-2 所示。

各级数据中心技术要求　　表 5-2

项　目	技术要求		
	A级	B级	C级
网络与布线系统			
承担数据业务的主干和水平子系统	OM3/OM4 多模光缆、单模光缆或 6A 类以上对绞电缆，主干和水平子系统均应冗余	OM3/OM4 多模光缆、单模光缆或 6A 类以上对绞电缆，主干子系统应冗余	—
进线间	不少于 2 个	不少于 1 个	1 个
智能布线管理系统	宜	可	—

注：该表来源《数据中心设计规范》GB 50174—2017。

在《综合布线系统工程设计规范》GB 50311—2016 中提出：

“综合布线系统工程规模较大以及用户有提高布线系统维护水平和网络安全的需要时，宜采用智能配线系对配线设备的端口进行实时管理，显示和记录配线设备的连接、使用及变更状况。并应具备下列基本功能：

1. 实时智能管理与监测布线跳线连接通断及端口变更状态；
2. 以图形化显示为界面，浏览所有被管理的布线部位；
3. 管理软件提供数据库检索功能；
4. 用户远程登录对系统进行远程管理；
5. 管理软件对非授权操作或链路意外中断提供实时报警。”

在《民用运输机场航站楼综合布线系统工程设计规范》MH/T 5021—2016 中，同样推荐规模较大的布线系统工程宜采用电子配线设备对信息点或配线设备进行管理。该规范规定：

“对于规模较大的布线系统工程，宜采用电子配线设备对信息点或配线设备进行管理，以显示与记录配线设备的连接、使用及变更状况；

综合布线系统采用电子配线设备时，其工作状态信息应包括：设备和线缆的用途、拓扑结构、传输信息速率、占用器件编号、色标、链路与信道的功能和各项主要指标参数等，还应包括设备位置和线缆走向等内容。”

5.3　智能布线系统的优势与应用现状

5.3.1　智能布线系统的功能与优势

智能布线系统可以使企事业组织的运营效率和收益获得显著提升，同时节省不必要的成本。网络环境越复杂，获得成本降低和收益提升的空间就越大。

1. 提高运维效率

因智能布线系统可以事先做好交换机和配线架的连接配置，可以在配线架前按系统的提示快速、无误地完成跳线的插拔连接，减少了维护时间并降低，甚至消除了误连接的风险。

2. 降低运维成本

智能布线系统可以减少网络交换设备的宕机时间，降低设备能耗。布线系统的运维更加简便，降低管理和技术人员的支出，并且可以提高网络基础设施利用率。

而这些优势源自下列智能布线系统所实现的主要功能。

1. 端口或跳线的实时监测

智能布线系统采用智能型配线架和智能型跳线，每个配线架端口或跳线都包含电子检测装置。

当智能型跳线插入或拔出智能型配线架的端口时候，端口的电子检测装置检测到其连接或断开的信息，实时地通过管理主机设备传达到管理软件，并通过弹窗、邮件或短信方式进行告警，管理人员可及时知道网络连接的变化。

同时，连接变化后，新的网络结构便会被管理软件所自动记录，不会有任何遗漏或延迟的情况发生，如图 5-7 所示。

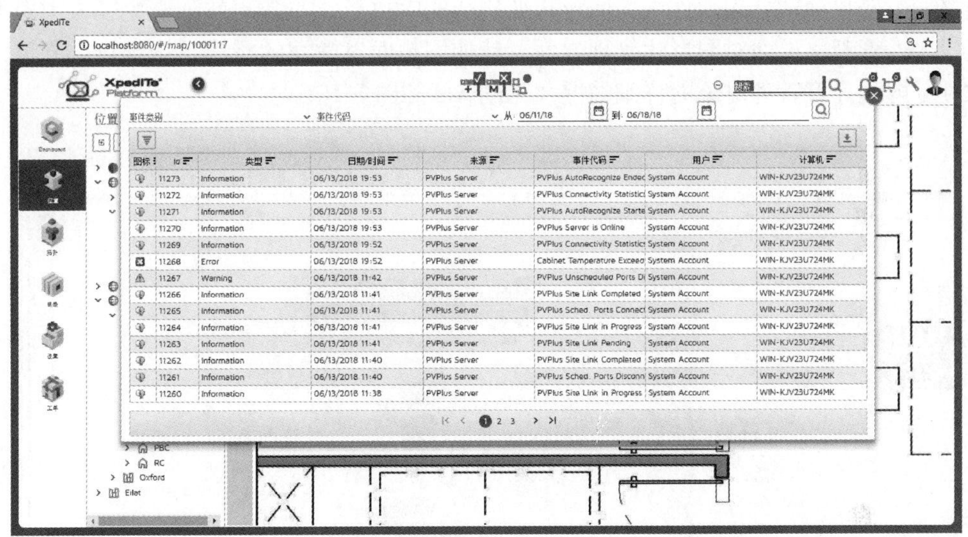

图 5-7　端口或跳线的实时监测

2. 控制工作任务(如跳线插拔)的执行

智能型配线架相比较传统型配线架的另一个不同点就是，智能型配线架每个端口上都有 LED 指示灯，如图 5-8 所示。LED 指示灯为执行现场操作提供重要的提示，和传统布

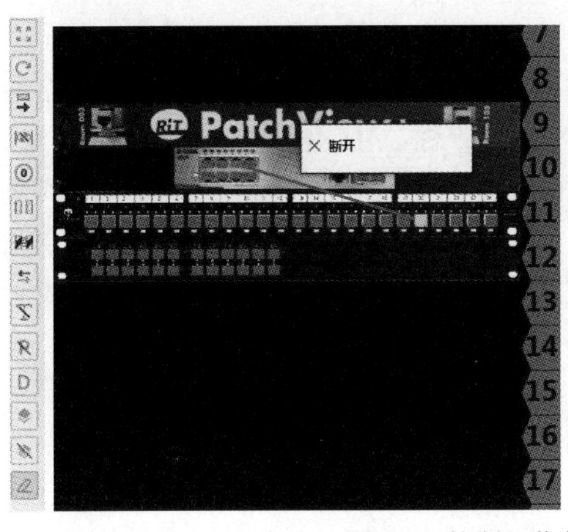

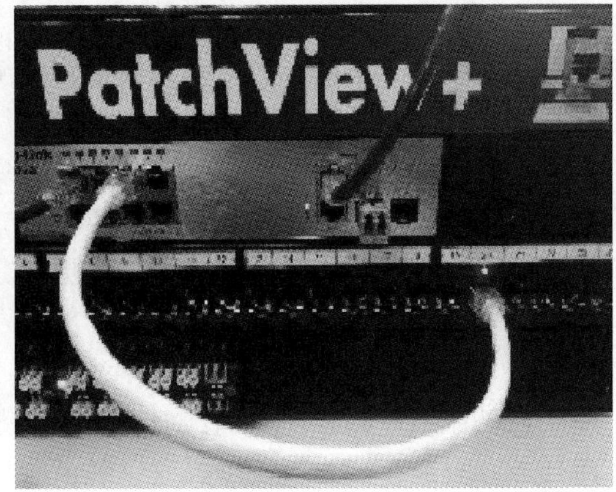

图 5-8　控制工作任务(如跳线插拔)的执行

线系统相比，大大提高了现场操作的准确性和高效性。

管理人员可以通过软件将需要执行的任务(比如跳线插拔等)下达到每个管理设备，继而下达到配线架。操作人员到达现场后，只需要根据 LED 指示灯的示意操作，就可以保证其连接准确性，从而节省大量的时间，实现高效的管理。

如果操作人员的操作有误，系统会通过 LED 指示灯提示操作人员，管理人员也可以即时通过软件的报警功能得知。

3. 图形化显示物理层的连接架构

智能布线系统的管理软件可以图形化显示物理层的连接架构，包括所在的国家、地区、城市、建筑物、楼层、房间、机架、配线架、线缆、插座和网络设备等，十分直观。远在不同国家、不同城市、不同建筑物的设备，也可以在同一个管理软件里进行管理。网络连接发生变化后，管理软件内的图形化架构会实时更新，非常高效，避免了人力资源的重复投入。管理人员面对图形化管理界面，就如同是面对微缩的布线系统现场，并可以通过软件了解到任意管理对象的详细情况，见图 5-9 和图 5-10。

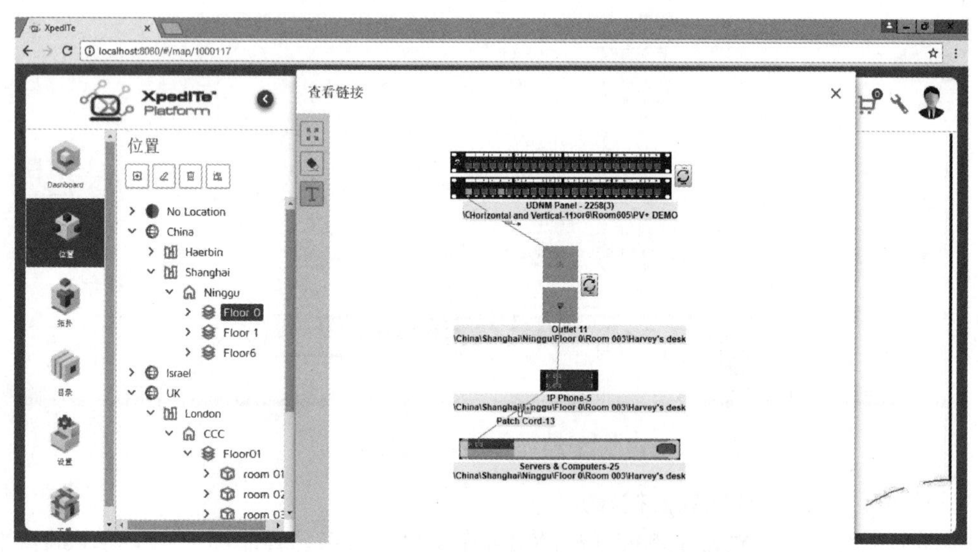

图 5-9　图形化显示物理层的连接架构：链路

4. 自动识别网络和拓扑结构

与传统布线系统不同，智能布线系统将有源网络设备也纳入管理的范畴，智能布线系统能发现网络、子网中所有的有源设备(有源设备需开放 SNMP read community)，并识别有源设备相关参数，例如主机名、IP 地址、MAC 地址、系统服务类型等。设备的参数将被自动添加到数据库中，并置于正确的位置，未来就可以识别设备连接关系的所有变化情况。全面将网络设备纳入管理，使得管理更加完善，是智能布线管理区别于传统布线管理的巨大优势，见图 5-11 和图 5-12。

5. 路由自动规划及配置

对于设备或服务的管理，如增加、更改、删除设备或服务，除了通过管理人员手工添加工单任务，智能布线系统还可以提供强大的自动配置和规划功能。可以根据用户自己定义的规则，如冗余配置，分类管理等，然后结合机柜承重、环境参数(温度、湿度)、空间、配电、交换机端口可用性，配线架端口可用性等其他相关因素来实现物理链路连接路由的自动配置，系统会根据独特算法得到所有可行方案，并按照匹配度给出评级及最优建议，如图 5-13 所示。

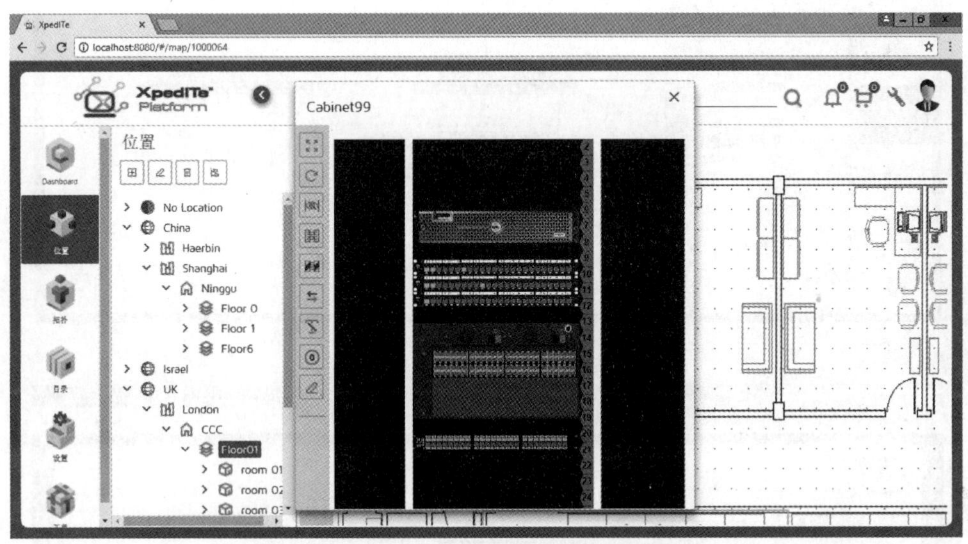

图 5-10　图形化显示物理层的连接架构：机柜

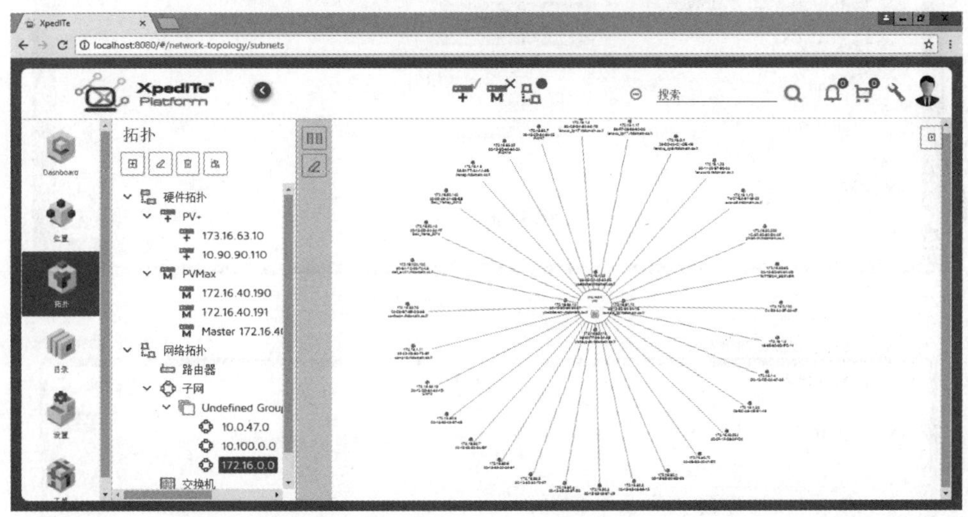

图 5-11　自动识别网络

当用户选择最优建议或可行方案中的某一个方案后，系统会自动生成完成设备或服务操作所需的所有工作任务清单，一键点击执行，工作任务会下发给指派的工作人员去实施，工作任务完成后反馈给系统，系统会自动记录和更新相关状态，如图 5-14 所示。

6. 设备功耗及状态管理

设备功耗及状态管理功能帮助实时监控服务器功耗、温度等运行状况实时数据，并提供可靠的功耗管理功能，解决 IT 管理所面临的功耗和散热问题。使每个服务器都成为物联网传感器，能够收集数据，提供对业务运营和优化至关重要的设备级遥测。

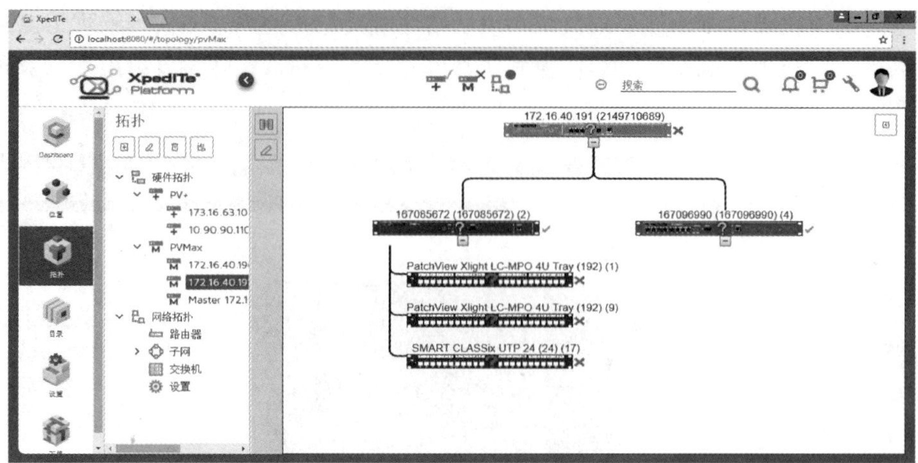

图 5-12　自动识别拓扑结构

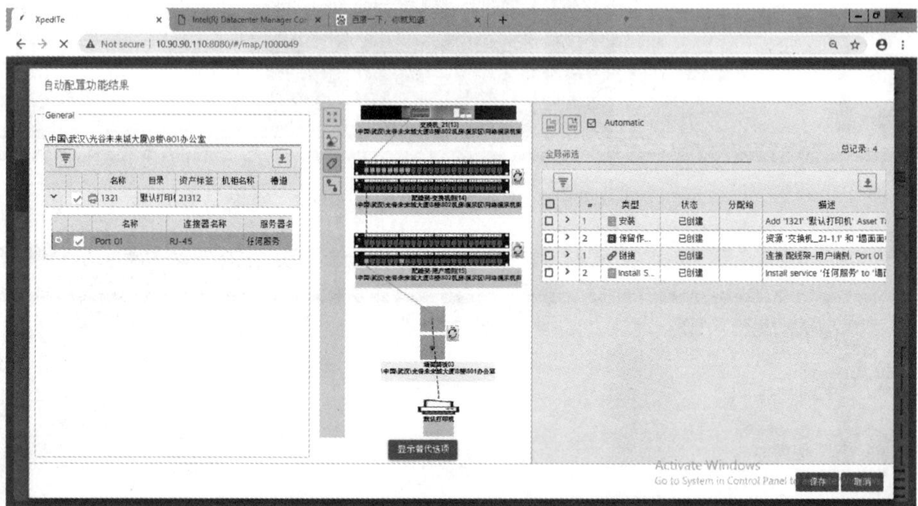

图 5-13　路由自动规划及配置

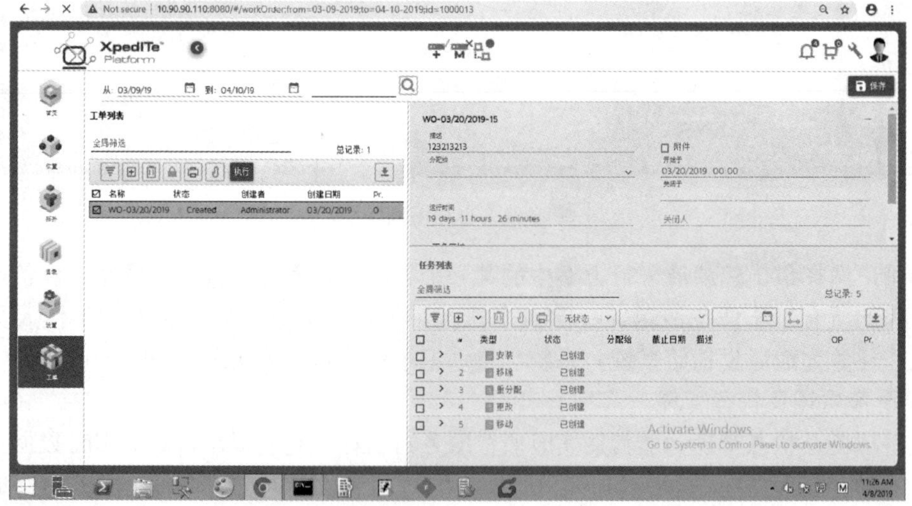

图 5-14　工作任务清单

如瑞特的软件管理平台，智能布线软件中集成的设备管理引擎，对于所有使用 X86 架构的服务器或其他设备，均可实现设备级的功耗及状态管理，如功耗、温度、内存运行状态、CPU 运行状态等信息，进而可对相关服务器的健康状态进行有效监控，见图 5-15。

图 5-15　设备功耗及状态管理

7. 资产管理及报告

智能布线系统可以对连接在系统内所有的 IT 设备进行管理(包括配线设备、交换机、服务器、PC、电话、打印机等)，统计设备的使用率和闲置率(如配线端口、网络端口、机柜空间和功率等)，通过油表盘、饼状图和树状图等多种方式进行图形显示。并且可以通过分析和识别使用过度或使用不足的资源，有效调配和利用资源，节省不必要的投资，提高运行质量，见图 5-16。智能布线系统可自动生成文档并且保证过程自动化结果精准。一个值得信赖的数据库将助于在资产管理的每一步做出正确的决定。

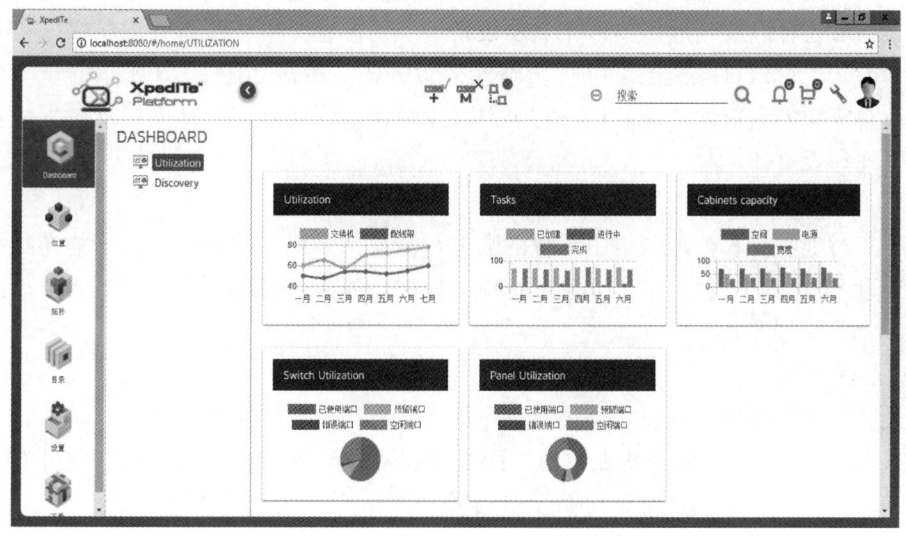

图 5-16　资产管理看板

传统布线系统的报告工作需要借助大量的文档工作，而且准确性不高。智能布线系统则大大提高了效率，搜索查询的结果和资产管理的数据可以由软件根据不同的要求输出成各种各样的报告，如图 5-17 所示，可打印输出和以邮件形式发送给管理人员。

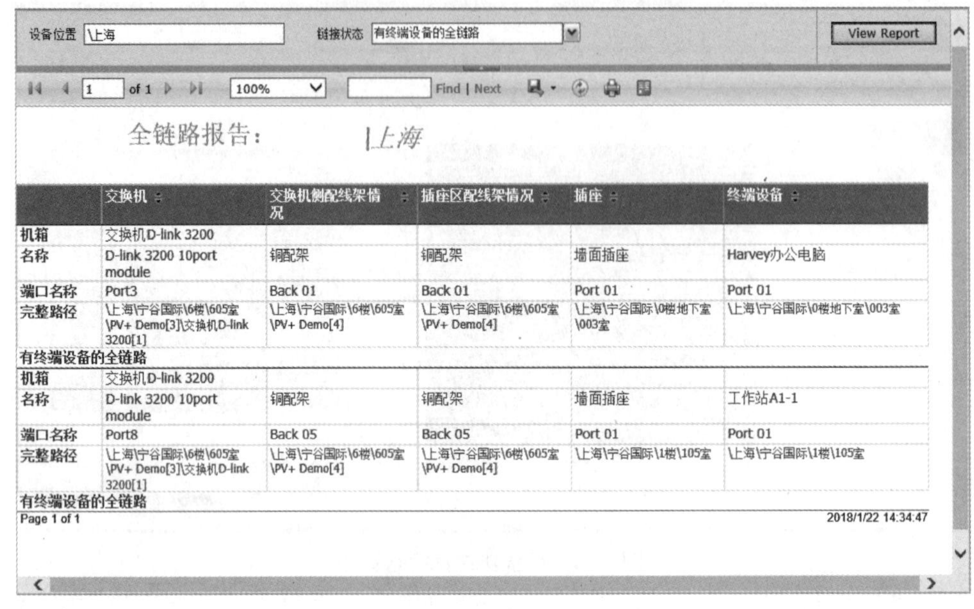

	交换机	交换机侧配线架情况	插座区配线架情况	插座	终端设备
机箱	交换机D-link 3200				
名称	D-link 3200 10port module	铜配架	铜配架	墙面插座	Harvey办公电脑
端口名称	Port3	Back 01	Back 01	Port 01	Port 01
完整路径	\上海\宁谷国际\6楼\605室\PV+ Demo[3]\交换机D-link 3200[1]	\上海\宁谷国际\6楼\605室\PV+ Demo[4]	\上海\宁谷国际\6楼\605室\PV+ Demo[4]	\上海\宁谷国际\0楼地下室\003室	\上海\宁谷国际\0楼地下室\003室
有终端设备的全链路					
机箱	交换机D-link 3200				
名称	D-link 3200 10port module	铜配架	铜配架	墙面插座	工作站A1-1
端口名称	Port8	Back 05	Back 05	Port 01	Port 01
完整路径	\上海\宁谷国际\6楼\605室\PV+ Demo[3]\交换机D-link 3200[1]	\上海\宁谷国际\6楼\605室\PV+ Demo[4]	\上海\宁谷国际\6楼\605室\PV+ Demo[4]	\上海\宁谷国际\1楼\105室	\上海\宁谷国际\1楼\105室
有终端设备的全链路					

图 5-17　链路报告

8. 智能搜索与自动化探测

管理传统布线系统的时候，搜索任何东西往往要翻阅成堆的文档，费时费力，如果文档的记载没有及时更新，查找到的结果还可能出错。

智能布线系统只要在搜索引擎内输入设备名称，甚至是 IP 地址等信息，就会立刻得知搜索结果。由于智能布线系统的信息是实时更新的，所以搜索的准确率大大提高。同时，搜索结果还可以准确地用图形化显示设备所在的位置。由于所有的现场操作也是被软件所记录的，也可以对操作记录进行精确地搜索查询，示例如图 5-18 所示。自动化探测保证了所有资源的有效性和最优化。它可以减少错误，快速响应，从而帮助管理人员节省宝贵的时间和投资。

9. SDK 集成

为了实时地收集和整理网络中系统的数据，需支持客户定制和集成。智能布线系统软件可以通过 SDK 软件开发包与其他外部应用软件，如楼宇控制系统、ITSM 管理系统和 DCIM 系统进行无缝集成。

10. 远程管理

通过智能布线系统，可以实现布线系统的远程管理。具体实现方式如下。

方式 1：安装软件的服务机在本地，配线架和管理设备(包括主机和其下挂的配线架)等都在本地，用户在异地并希望对系统进行管理。由于系统采用 Web 登录方式，用户可通过异地登录服务机(服务机开放相应权限)，对系统进行管理操作。

方式 2：安装软件的服务机在本地，一部分配线架和管理设备(包括主机和其下挂的配线架)分布在本地，一部分配线架和管理设备(包括主机和其下挂的配线架)分布在异地。由于主机自带网络功能，只要通过企业跨越异地的 VPN 网络相连，所有异地的主机就可以通过本地的服务机进行统一管理。

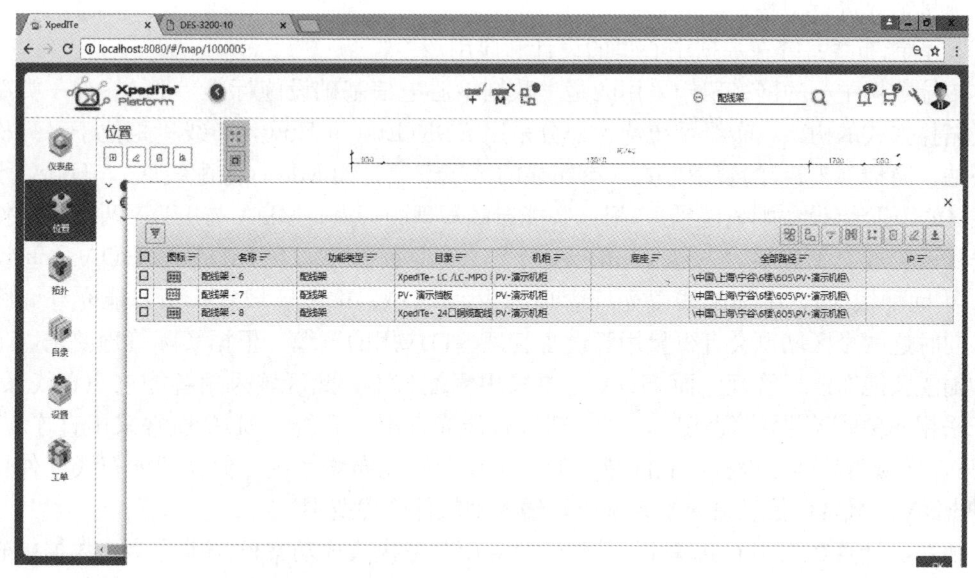

图 5-18　智能搜索

5.3.2　智能布线系统的应用现状

1. 智能布线系统在商业建筑里的设计和应用

商业建筑网络布线系统通常由建筑群主干布线系统、大楼主干布线系统和水平布线系统组成，上述三个系统中分别包含了 CD、BD 和 FD。智能布线系统通常就配置在 CD、BD 和 FD 位置。

FD 为水平线缆和楼层网络设备在楼层管理间的端接和跳接管理位置。FD 通常由水平数据配线架、语音配线架和主干的光纤配线架组成。为了对水平配线系统进行智能的管理，通常对水平数据配线架和语音配线架配置相应的电子配线架，主干光纤配线架根据主干光缆的数量、用户的具体需求以及系统的总体造价要求配置相应的电子配线架，并根据所使用的具体智能布线管理产品选择相应的硬件设备、设备与电子配线架的通信线缆、跳线等产品。

BD 为建筑物所有水平子系统主干数据和语音线缆的汇聚位置。BD 通常由主干数据配线架和语音配线架组成。为了对所有汇聚的主干数据线缆和语音线缆进行智能的管理，通常对主干数据配线架和语音配线架配置相应的电子配线架，并根据所使用的具体智能布线管理产品选择相应的硬件设备、设备与电子配线架的通信线缆、跳线等产品。

CD 是多建筑物组成的建筑群系统中，所有建筑物的数据主干和语音主干与建筑群中心机房区的汇聚位置。CD(建筑群配线架)通常由主干数据配线架和语音配线架组成。为了对所有的主干数据线缆和语音线缆进行智能的管理，通常对主干数据配线架和语音配线架配置相应的电子配线架，并根据所使用的具体智能布线管理产品选择相应的硬件设备、设备与电子配线架的通信线缆、跳线等产品。

上述系统进行上述相应的智能布线系统产品配置后，还需要根据系统组成，配置相应的智能管理软件。

考虑到商业建筑的网络结构的复杂性和总体造价的限制，上述智能布线系统需要根据实际项目情况进行调整。

2. 智能布线系统在数据中心里的设计和应用

传统数据中心的网络架构采用的是《数据中心电信基础设施标准》TIA-942A类型的布线拓扑方式的构架，布线系统绝大部分采用EOR(End of Row，布线机柜位于一列机柜的头端，简称列头柜)的管理方式，有明显的区域设置，如MDA(主配线区)，HDA(水平配线区)，EDA(设备配线区)等。根据智能布线管理的特点，MDA与HDA两大区域按标准要求设置成交叉连接(Cross-connect)方式，大型数据中心在MDA与HDA之间设置IDA(中间配线区)，中间配线以光纤管理为主，MDA、IDA区域宜采用智能光纤配线系统，同时这两个区域也会有少量用于设备管理端口应用的铜缆，根据实际管理要求，也可增加铜缆智能布线架管理。而HDA主要采用铜缆为主，此区域采用智能铜缆布线系统，对于采用SAN FC网络配线区，同样部署智能光纤配线系统。EDA通常采用直连方式，在EDA区域直接连接设备，此区域一般不再设置智能布线系统，但在智能布线软件里面会将EDA区域具体信息录入到系统中，纳入到软件管理范围。

随着云计算数据中心共享IT资源池的应用服务模式成功案例越来许多，数据中心虚拟化技术应用越来越广泛，除了服务器虚拟化外，网络设备也开始越来越多地采用虚拟化技术。采用虚拟化技术的数据中心网络架构与传统数据中心有较大的差异。云计算虚拟化数据中心为降低延时，普遍采用两层网络架构，服务器端大量采用TOR(Top of Rack，服务器和接入交换机放在同一个机柜中，交换机在机柜的上部，以便简化与汇聚或核心交换机的连接)的网络架构。与传统EOR不同，TOR架构中每个服务器机柜单独配置接入层交换机，使得TIA-942A中定义的HDA与EDA融合在了一起。图5-19为虚拟化数据中心的其中一种胖树型(也被称作脊-叶型) 的架构。

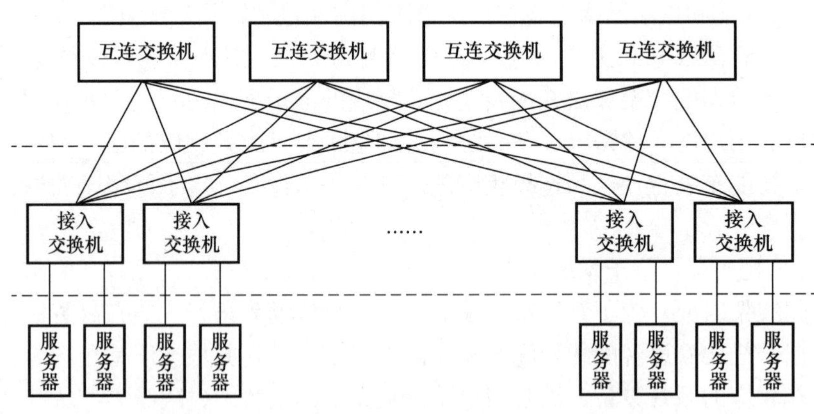

图5-19　胖树型的数据中心网络架构

云计算数据中心规模通常较大，相比传统架构的数据中心，单个机柜的服务器密度部署更高。根据笔者了解，有些云计算数据中心采用定制化的服务器，单个机柜达到40～80

台服务器，每个服务器机柜内配置接入层交换机。接入层交换机配置在机柜顶部，机柜内部服务器端口采用跳线与接入层交换机直接互连。与传统数据中心的网络架构不同，在MDA或IDA区域将由多台互连交换机替代核心交换机，而每台互连交换机与所有的接入层交换机相连接，这将导致在MDA区域汇集大量的光纤配线，而且连接关系与结构十分复杂。

从上述的胖树型虚拟化数据中心中可以看到，接入层采用跳线直连的方式连接到接入层交换，数据中心布线中的HDA已经不再存在，智能基础设备管理系统硬件设备在此处同样可以省略，因为以机柜为单位的内部的线缆连接关系不再复杂。有些模块化数据中心采用以机柜为单位的生产线定制模式，出厂时已经在机柜内连接完成。从这方面来分析，虚拟化数据中心接入层的网络基本可以省去智能布线系统的硬件管理，但此处还是可以通过智能布线系统的管理软件系统对内部连接线缆相应的标识进行电子化有效管理。而在接入层的上一层，即网络互连交换层，此类数据中心与传统数据中心不同的是将会有数量巨大的光纤进行汇集管理。根据机房规划的不同，通常布线管理设置在IDA或MDA，而且此处的光连接关系比传统数据中心更加复杂。在此处十分有必要采用智能布线系统进行管理，智能布线光纤配线系统可大量部署于此处。

5.3.3 智能布线系统的未来趋势与展望

1. 由单一系统向统一平台融合的趋势

这个趋势的本质是开放性和标准化的发展，过去网络基础设施的各个子系统都有自己的管理平台，但是各个系统之间是不相通的，比如某一部分供配电系统的故障，对动环系统以及网络系统，甚至于服务器业务系统会产生什么影响并不知道，需要管理人员根据自身的经验去分析查找。而管理人员真正需要的是一个统一的管理平台，各子系统保持开放性，接口标准化，数据开放互通，从而可以对整个系统进行管理和分析。

2. 由功能实现到系统化管理的趋势

过去用户关注的是如何实现某个功能，比如机房温湿度监控，PDU负载管理，布线系统端到端的链路连接状况。这些功能的实现，侧重的是硬件层面的开发和创新。但现在的要求更高了，需要的是系统性的智能管理，要从众多的数据中找出规律，进行分析，给出管理方案和建议。因此更多的是软件开发的创新，是算法的创新。

3. 由故障管理到预防管理的趋势

已经有很多运维管理人员意识到，管理最重要的不是事后的故障分析和处置，而是如何预防故障的发生。这其实也是智能化管理最重要的部分，如何根据大数据分析，实现系统的预配置功能，自动规划最优配置，将故障发生的可能性降至最低，将系统成本降至最低。

4. 由独立管理到集中化管理的趋势

无论是在企业中，还是行业或事业组织中，各个分支机构或部门对于信息基础设施的独立管理，会造成信息孤岛，导致局部的创新和成功经验难于复制利用，也会导致某些缺陷难于通过大数据分析等新技术手段及时发现和纠正。因此，企业和组织的规模越大，越需要考虑集中化管理所带来的效率提升和成本降低等收益。

5. 高度集成化以满足“新基建”的信息基础设施建设需要

如今是信息化时代，信息和数据逐渐变为生产力提升的主要推动力。企业和企业之间的竞争，甚至国家与国家之间的竞争，很大程度上都依赖于对于信息和数据开发和利用，且信息已成为人们对空气、水、食物以外的第四需求。信息的传输、存储与分析应用都离不开信息基础设施：数据中心、5G、物联网、工业互联网、人工智能、云计算等的不断完善与融合，也要求智能布线系统能高度集成化而不是完全独立的系统以实现信息基础设施和网络共同管理。

复习思考题

1. 智能布线系统是一套软件管理系统吗？
2. 智能布线系统的基本原理是什么？
3. 智能布线系统的优点是什么？
4. 智能布线系统的端口检测有哪几种方式？
5. 智能布线系统的跳线有哪几种基本形式？
6. 设计智能布线系统有哪几种配置方式？
7. 选择智能布线系统的管理系统时要关注哪些要点？
8. 智能布线系统可以与普通综合布线系统混用吗？
9. 当前智能布线系统未能广泛应用的主要原因有哪些？
10. 哪些建筑会优先考虑采用智能布线系统？

第 6 章　系统安装技术与实训

综合布线是一种模块化的、灵活性极高的建筑物内或建筑群之间的信息传输通道。它既能使语音、数据、图像设备和交换设备与其他信息管理系统彼此相连，也能使这些设备与外部信息网络相连接，它还包括建筑物外部网络或电信线路的连接点与应用系统设备之间的所有线缆及相关的连接部件。综合布线由不同系列和规格的部件组成，其中包括：传输介质、相关连接硬件(如配线架、连接器、插座、插头、适配器)以及电气保护设备等。这些部件可用来构建各种子系统，它们都有各自的具体用途，不仅易于实施，而且能随需求的变化而平稳升级。

综合布线实训系统提供了一个模拟的布线训练环境，让受训者感受综合布线工程的设计、施工、验收、测试、运行和维护过程。通常采用现场教学的方式完成实训课程，从而掌握综合布线工程建设流程。

6.1　实 训 目 的

随着综合布线系统在智能楼宇和信息化基础设施建设中的广泛应用，行业急需高素质的技能型综合布线技术人才。近年来，各院校非常重视综合布线技术人才的培养，计算机网络技术、通信工程、楼宇智能化工程技术等专业纷纷开设综合布线技术课程，并将该课程列为专业的核心职业能力课。

综合布线技术是一门理论与实践紧密结合的专业技能课，需要通过安装实训，提高学生的动手能力，并通过实操训练加深对系统的理解，为提高系统的设计水平打下良好的基础。

CROSS-DOMAIN 综合布线工程实训系统具备三部分功能，即知识学习部分、技能训练部分和工程实践部分。知识学习部分提供各种资料、图像、录像、样品等，整体呈现综合布线系统工程所涉及的各种知识体系；技能训练部分主要通过训练装置进行布线部件的基本安装和操作技能练习；工程实践部分是在经过创新性深化设计的模拟布线工程环境中完成布线工程涉及的各个子系统和路由的设计、安装、管理等全方位训练。

6.2　双绞线端接实训

双绞线端接实训是综合布线系统的基本安装和操作训练，包括双绞线的 RJ45 连接头制作、信息模块压接、110 配线架压接、RJ45 配线架压接以及电缆链路的连接与测试，是综合布线工程技术人员的基本功。

6.2.1　双绞线端接配线技术概述

1. 信息模块压接技术

(1) 线序

信息模块是信息插座的核心装置，同时也是终端设备(工作站)与配线子系统连接的接口，因而信息模块的安装压接技术直接决定了高速通信网络系统运行质量。

信息模块与信息插座配套使用，信息模块安装在信息插座中，一般通过卡位来实现固定。实现网络通信的一个必要条件是信息模块线序的正确安装。信息模块与RJ45水晶头压线时有《Telecomunications Cabling Standard》ANSI/TIA/EIA 568A 568B两种线序方式，如图6-1所示。

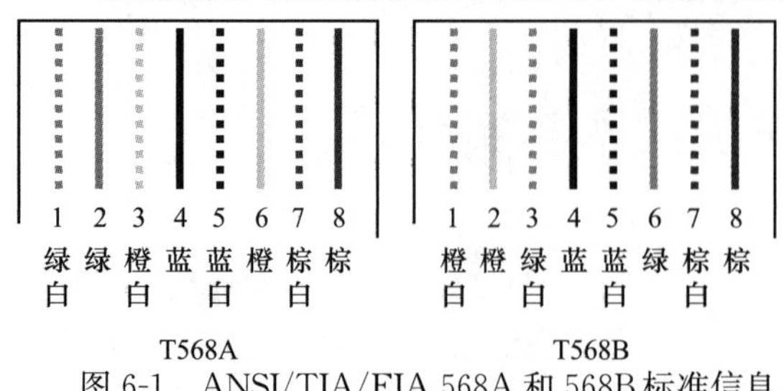

图6-1 ANSI/TIA/EIA 568A和568B标准信息插座的8针引线/线对安排正视图

在同一个综合布线系统工程中，需要统一使用一种接线方式。若不作特殊申明，一般使用《Telecommunications Cabling Standard》ANSI/TIA/EIA 568B标准制作连接线、插座、配线架。

对于模拟式语音终端，行业的标准做法是将触点信号和振铃信号置入对绞电缆的两根中央导线(四对双绞电缆的引针4和5即蓝/蓝白线对)上，剩余的引针允许分配给其他信号或配件的远地电源线使用，以保证模块的互换性。低速率的以太网使用引针1、2、3和6即橙/橙白和绿/绿白线对传送数据信号，某些高速计算机网络将占用信息模块全部8个引针。

(2) 信息模块的压接

目前，国内外信息模块产品的结构都类似，有的在面板上标注了对绞电缆位置颜色标识，将线缆与模块颜色标识配对就能够正确地完成分线。

压接信息模块时不同的产品有使用打线工具压接和直接压接两种方式，一般是使用打线工具进行模块压接安装效果为好。

打线工艺是信息模块压接中的关键。用户端模块的打线要完全等同配线架端的模块，一是严格控制护套开剥长度。二是严格控制线对解绕长度。因为线对开绞是引起串扰的最重要原因。对绞电缆终接时，3类电缆的开绞长度不应大于75mm；5类电缆不应大于13mm；6类电缆应尽量保持最长扭绞状态。

在双绞线压接处的护套不能拧、撕开，并防止有断线类伤痕。使用打线工具压接时要压实，不能有松动。

2. 配线架安装技术

配线架、跳线架的安装是布线施工的重要工序。

大多数非屏蔽对绞电缆UTP、屏蔽对绞线缆STP的安装都使用110型配线架。使用110连接块，可将缆线嵌入110配线架的底盒，此后再用110跳接线完成线路连接。墙装110型的有腿和无腿的50对和100对可供选择；连接块有3对、4对、5对可供选择；110跳线有1、2、3、4对供选择。

110配线架由数排连接单元（卡槽）构成。电缆的各条线插入到连接单元并用一种专用工具冲压，使之与内部金属片连接。连接单元是高度密集的线对端接点，为了减小串扰，缆线中的线对的分劈长度不能超过12.7cm(5in)。

网络配线架的后面是RJ45模块，并标有编号；前面是RJ45跳线接口，也标有编号，这些编号与后面的RJ45模块接口的编号逐一对应。每一组跳线都含有棕、蓝、橙、绿色线对，与对绞电缆的色线逐一对应。

一般情况下，配线架集中安装在交换机、路由器等设备的上方或下方，而不应与之交叉放置，否则缆线管理可能会变得十分混乱。

安装配线架及终接线缆时，还应注意以下几点：

(1) 分配线间的分配线架挂墙安装时，下端与地面间距应高于 30cm，垂直偏差度不得大于 3mm。

(2) 分配线架采用壁挂式机柜安装，机柜垂直倾斜误差不应大于 3mm，底座水平误差不应大于 2mm。

(3) 线缆终接前应确认电缆和光缆敷设完成，电信间土建及装修工程竣工完成，具有清洁的环境和良好的照明条件，配线架已安装好，核对电缆编号无误。

(4) 剥除电缆护套时应采用专用电缆开剥器，不得刮伤绝缘层，电缆之间不得产生短路现象。

(5) 线缆端接之前需要准备好配线架端接表，并依照其顺序操作。

6.2.2　电缆端接实训项目

1. 双绞电缆的水晶头端接

(1) 实训目的

以 EIA/TIA 568B 为标准规格，熟悉和掌握 RJ45 水晶头连接电缆及其跳线的制作方法。

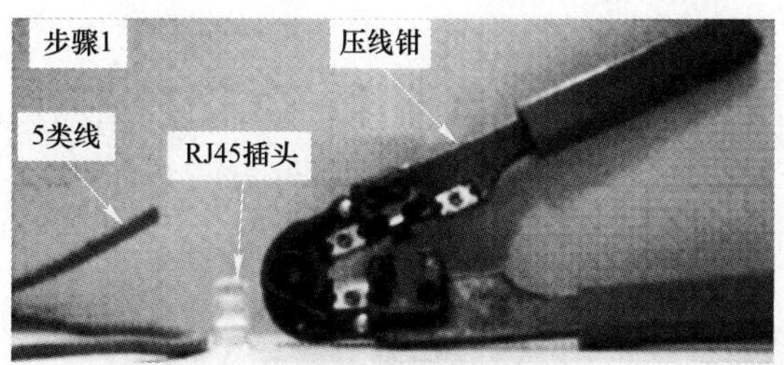

图 6-2　电缆的水晶头端接步骤 1

(2) 实训步骤

步骤 1：准备好 5 类双绞线、RJ45 插头和一把专用的压线钳，如图 6-2 所示。

步骤 2：转动压线钳，剥线刀口将 5 类双绞线的外保护套管划开(小心不要将里面的双绞线的绝缘层划破)，刀口距 5 类双绞线端头至少 2cm，如图 6-3 所示。

步骤 3：将划开的外保护套管剥去(旋转、向外抽)，如图 6-4 所示。

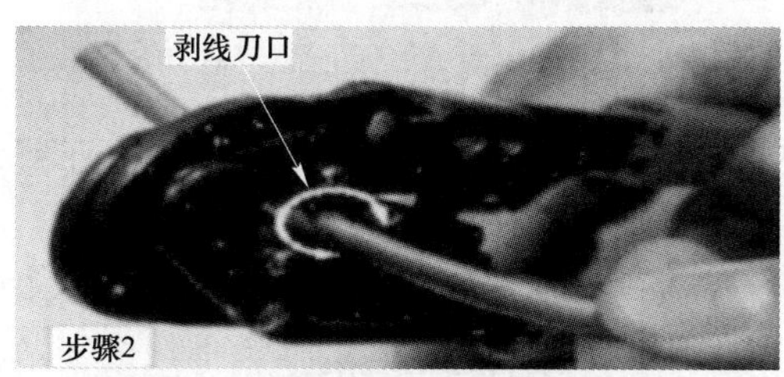

图 6-3　电缆的水晶头端接步骤 2

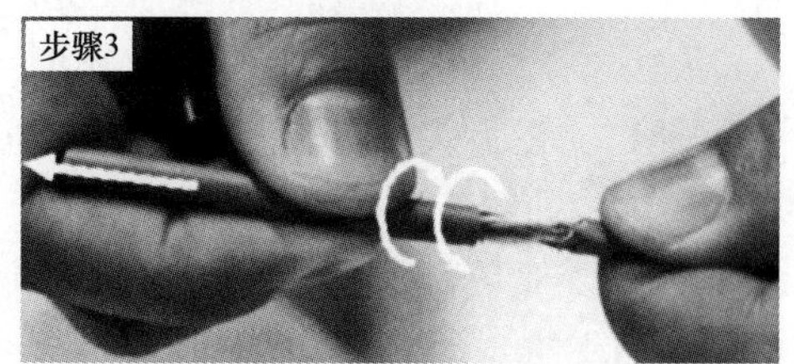

图 6-4　电缆的水晶头端接步骤 3

步骤 4：露出 5 类线电缆中的 4 对双绞线，如图 6-5 所示。

步骤 5：按照 EIA/TIA-568B 标准(橙白、白、绿白、蓝、蓝白、绿、棕白、棕)和导线颜色将导线按规定的序号排好，如图 6-6 所示。

步骤 6：将 8 根导线平坦整齐地并行排列，导线间不留空隙，如图 6-7 所示。

步骤 7：将排列好的导线送入压线钳的剪线刀口，如图 6-8 所示。

步骤 8：剪齐导线。注意一定要剪得很整齐。剥去护套的导线长度不可太短，可以先留长一些待剪，不要碰坏每根导线的绝缘外层，如图 6-9 所示。

图 6-5　电缆的水晶头端接步骤 4

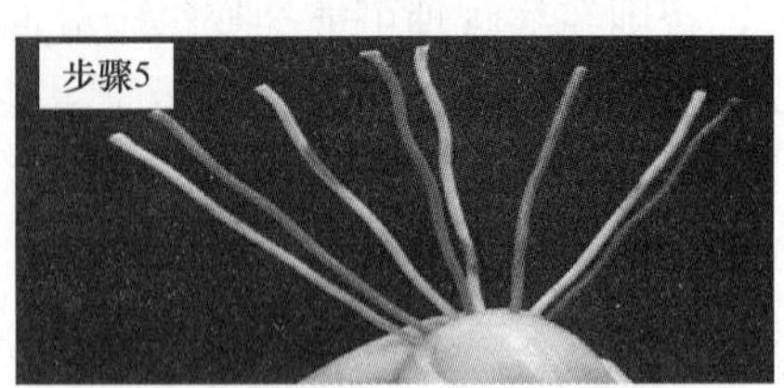

图 6-6　电缆的水晶头端接步骤 5

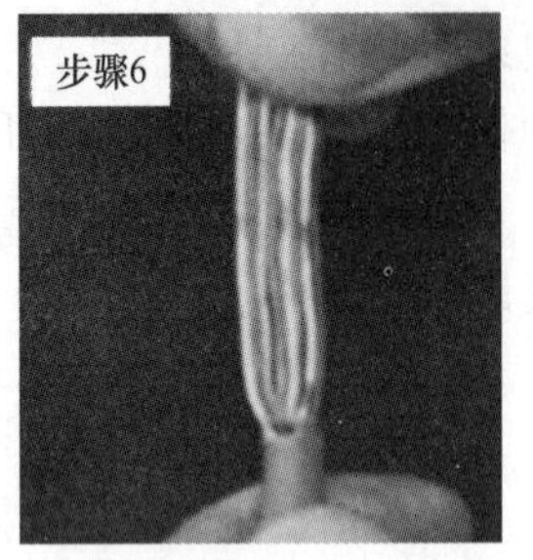

图 6-7　电缆的水晶头端接步骤 6

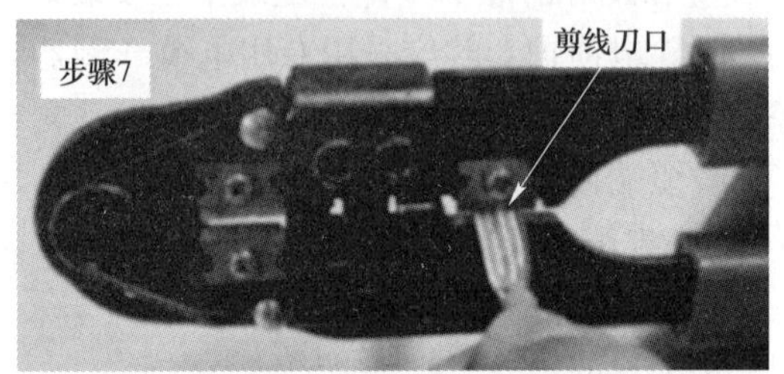

图 6-8　电缆的水晶头端接步骤 7

步骤 9：将剪齐的导线放入 RJ45 水晶头试试长短(要插到底)，并使电缆线的外保护层能够进入 RJ45 插头内的凹陷处且被压实，反复进行调整，如图 6-10 所示。

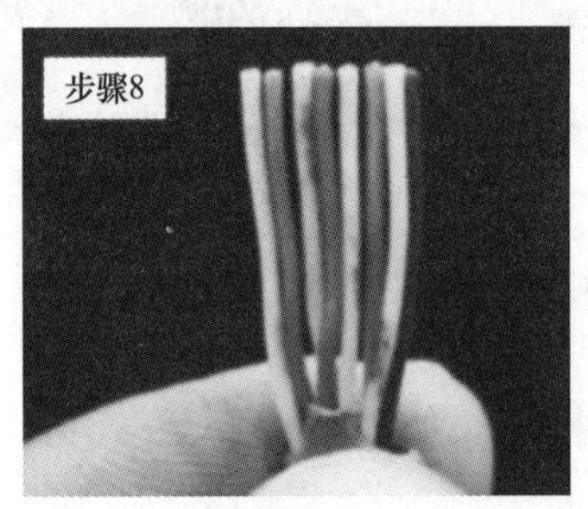

图 6-9　电缆的水晶头端接步骤 8

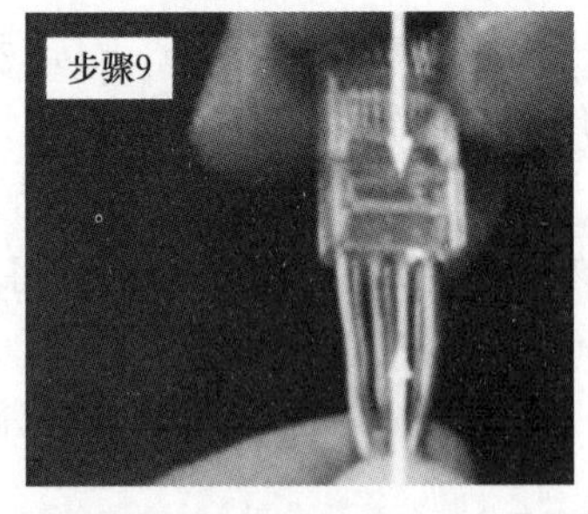

图 6-10　电缆的水晶头端接步骤 9

步骤 10：在确认一切都正确后(特别注意导线的顺序排列)，将 RJ45 插头放入压线钳的压头槽内，如图 6-11 所示。

步骤 11：双手紧握压线钳的手柄，用力压紧，如图 6-12 所示。请注意，在这一步骤完成后，插头的 8 个针脚接触点就穿过导线的绝缘外层，分别与电缆的 8 根导线紧紧地连接在一起。

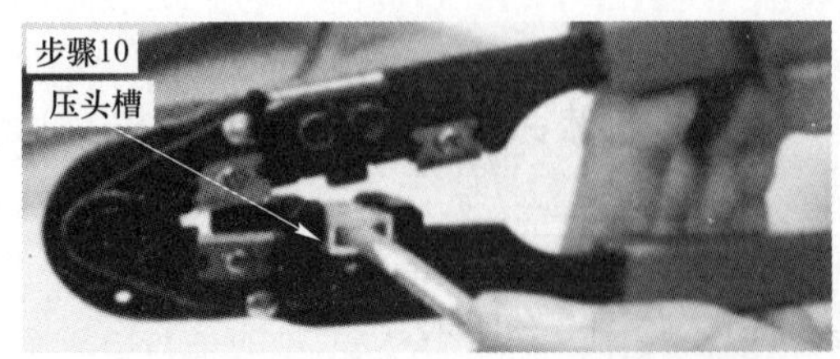

图 6-11　电缆的水晶头端接步骤 10

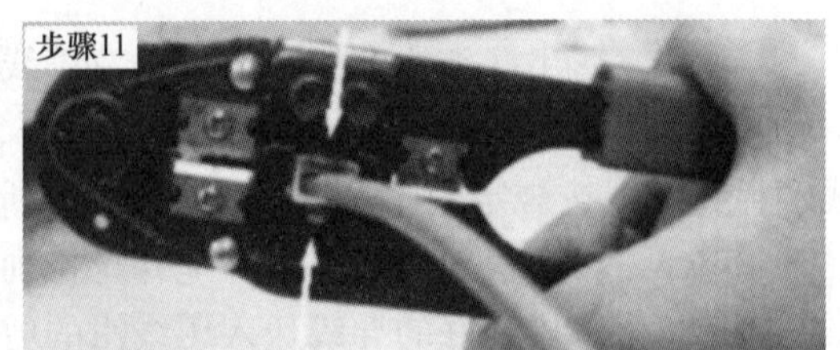

图 6-12　电缆的水晶头端接步骤 11

步骤 12：完成操作如图 6-13 所示。

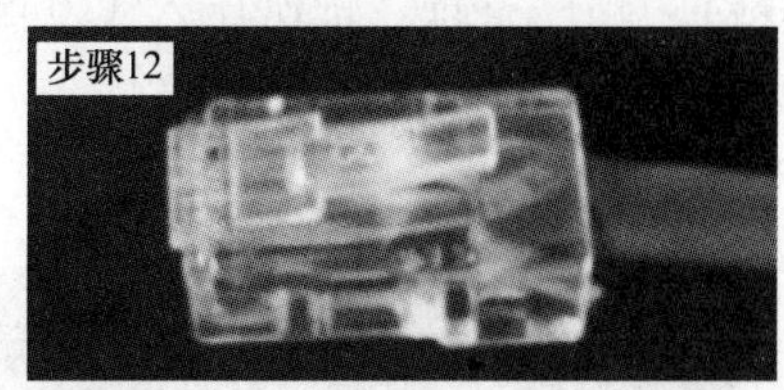

图 6-13　电缆的水晶头端接结果

至此已经完成了电缆一端的水晶头制作，双绞线另一端的水晶头制作照此办理。如果上述步骤 11 之前操作有误尚可调整，一旦完成步骤 11 则水晶头不复再用。

2. 双绞电缆的模块化连接器端接

(1) 实训目的

熟练掌握水平配线电缆至信息插座模块连接器的压接方法和专用工具操作技能。

(2) 实训步骤

步骤 1：把双绞线从布线底盒中拉出，剪至合适的长度。使用电缆准备工具剥除外护套，然后剪掉抗拉线。

步骤 2：将信息模块的 RJ45 接口向下，置于桌面、墙面等较硬的平面上。

步骤 3：分开网线中的四线对，但线对之间不要开绞，按照信息模块上所指示的线序（色标），稍稍用力将导线一一卡入相应的线槽内，如图 6-14 所示。通常情况下，模块上同时标记有 568A 和 568B 两种线序，用户应当根据布线设计时的规定，与其他布线设施采用相同的线序。

步骤 4：将打线工具的刀口对准信息模块上的线槽和导线，垂直向下用力，听到“喀”的一声，模块外多余的线会被剪断，并将 8 条芯线同时接入相应颜色的线槽中，如图 6-15 所示。

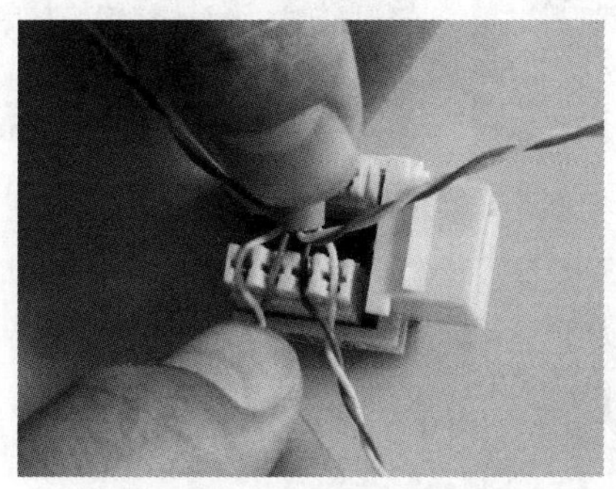

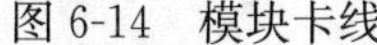

图 6-14　模块卡线

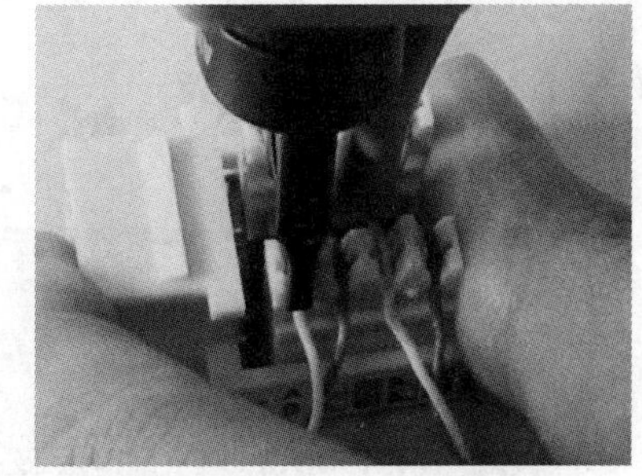

图 6-15　模块打线

步骤 5：将模块的塑料防尘片沿缺口插入模块，并牢牢固定于信息模块上。信息模块的端接实训项目完成。

3. 双绞电缆的 110 配线架压接

(1) 实训目的

熟练掌握双绞电缆在通信跳线架的安装方法和专用工具操作技能。

(2) 实训步骤

步骤 1：将四对双绞线依蓝、橙、绿、棕线对的顺序整理，依次压入 110 配线架相应槽内，如图 6-16 所示。

步骤 2：用专用打线工具将线头切断，如图 6-17 所示。

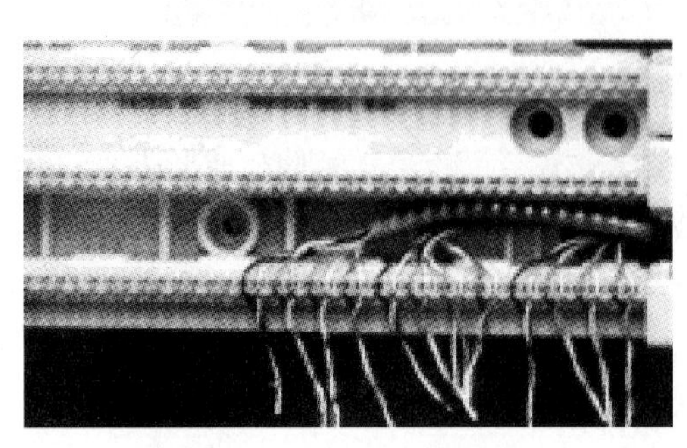

图 6-16　110 配线架的压线

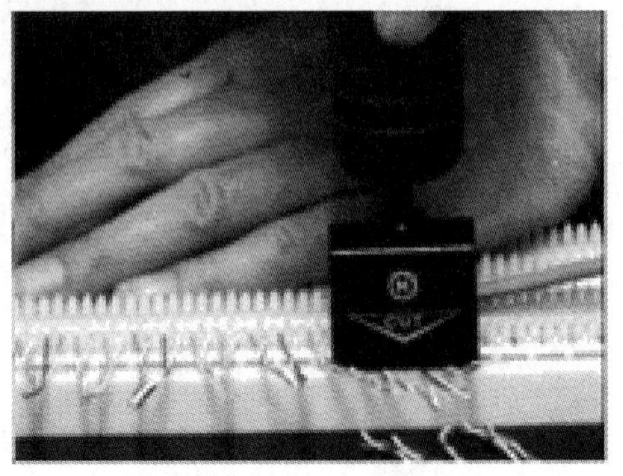

图 6-17　打线工具的切线

步骤 3：根据电缆线路的对数，选择相应的连接块(4 对或 5 对，如图 6-18 所示)，用专用工具将连接块打到跳线架上，如图 6-19 所示。至此，一条四对水平电缆的 110 配线架端接完毕。

大对数电缆的安装，应注意对色序的排列。如图 6-20 所示。

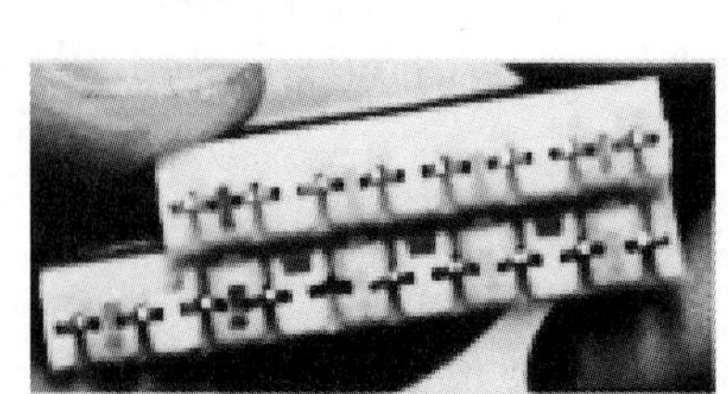

图 6-18　4 对或 5 对连接块的端口

图 6-19　连接块的压接及其成果

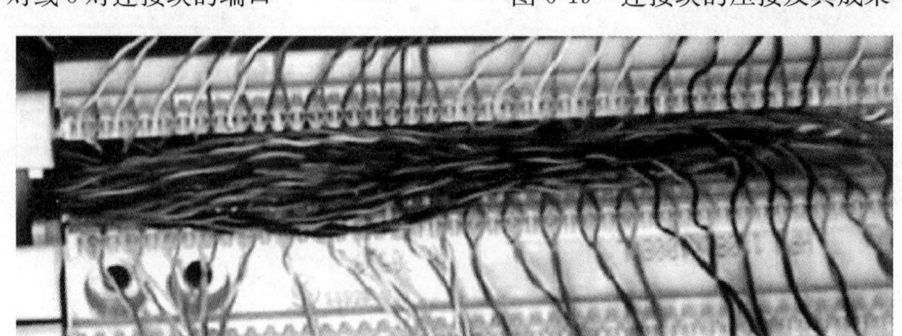

图 6-20　大对数电缆端接

步骤 4：理线。将所有线缆按照设计好的编号顺序根据横平竖直的原则整齐放置在配线架上下线排之间的凹槽内，尽量不要交叉，要求整齐、美观。

4. 双绞电缆的网络配线架压接

(1) 实训目的

熟练掌握网络配线架的安装技术和操作技能。

(2) 实训步骤

步骤 1：在端接电缆之前，首先整理线缆。疏松地将线缆捆扎在配线板的任一边，最好是捆到垂直通道的托架上。

步骤 2：以对角线的形式将固定柱环插到配线板的一个孔中。

步骤 3：设置固定柱环，以便柱环挂住并向下形成一角度以有助于线缆的端接插入。

步骤 4：将线缆放到固定柱环的线槽中去，并按照上述 RJ45 模块连接器的安装过程对其进行端接，如图 6-21 所示。

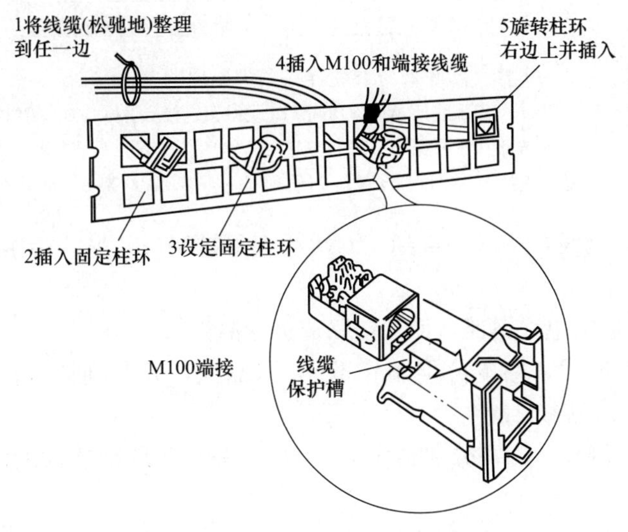

图 6-21　配线板模块安装与端接

步骤 5：向右旋转固定柱环并插入配线架面板，完成此操作必须注意合适的方向，以避免将线缆缠绕到固定柱环上。顺时针方向从左边旋转整理好线缆，逆时针方向从右边旋转整理好线缆。至此，一条四对水平电缆的模块化配线架端接完毕。

5. 电缆链路的连接与测试

(1) 实训目的

通过配线架上的电缆链路的组合实训，熟练掌握线路连接技术和测试方法。

(2) 线缆连接原理图

线缆连接实训原理如图 6-22 所示。

(3) 实训步骤

① 线路连接

步骤 1：将 1 组 110 跳线架、2 组网络配线架安装在综合布线系统实验台开放式机架中。

步骤 2：取 1 根网线，一端压接到网络配线架 A，一端压接到 110 跳线架上排接口(图 6-22电缆 1)。

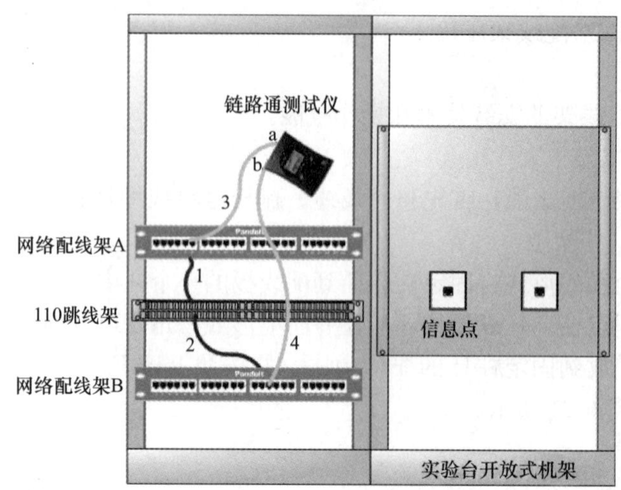

图 6-22　线缆连接实训原理图

注：1. 楼层 1 网络配线架 A；管理间 110 跳线架；楼层 2 网络配线架 B。

2. 电缆链路从水平配线子系统 1(楼层 1 信息点→楼层 1 配线架 A)经垂直干线子系统连接至水平配线子系统 2(管理间→楼层 2 配线架 B→楼层 2 信息点)。

步骤 3：取 1 根网线，一端压接到 110 跳线架下排接口，另一端压接到网络配线架 B（图 6-22 电缆 2）。

② 针对上述完成的电缆链路，使用链路通进行测试

步骤 1：取 1 根网线，两端分别制作 RJ45 水晶头，并分别插入配线架 A 及链路通 RJ45测试口 a(图 6-22 跳线 3)。

步骤 2：取 1 根网线，两端分别制作 RJ45 水晶头，并分别插入配线架 B 及链路通测试口 b(图 6-22 跳线 4)。

步骤 3：链路形成配线架 A 至配线架 B 的电气回路后，操作链路通测试键进行电缆链路的连通性测试，读取测试结果。

6.3　光纤端接实训

6.3.1　光纤端接技术概述

1. 光纤的连接器端接方法

对于互连配线架来说，光纤连接器的端接是将两条半固定的光纤插入模块嵌板上的耦合器两端直接相连起来。

对于交叉连接配线架来说，光纤的端接是将一条半固定光纤上的连接器插入嵌板上耦合器的一端，此耦合器的另一端插入光纤跳线的连接器；然后将光纤跳线另一端的连接器插入要交叉连接的另一个耦合器的一端，该耦合器的另一端插入要交叉连接的另一条半固定光纤的连接器。

光纤到桌面连接模型如图 6-23 所示。

2. 光纤的端接极性

每一条光纤传输通道包括两根光纤，一根接收信号，另一根发送信号，即光信号只能

单向传输。那么保证正确的极性就是在光纤端接中需要注意的问题。

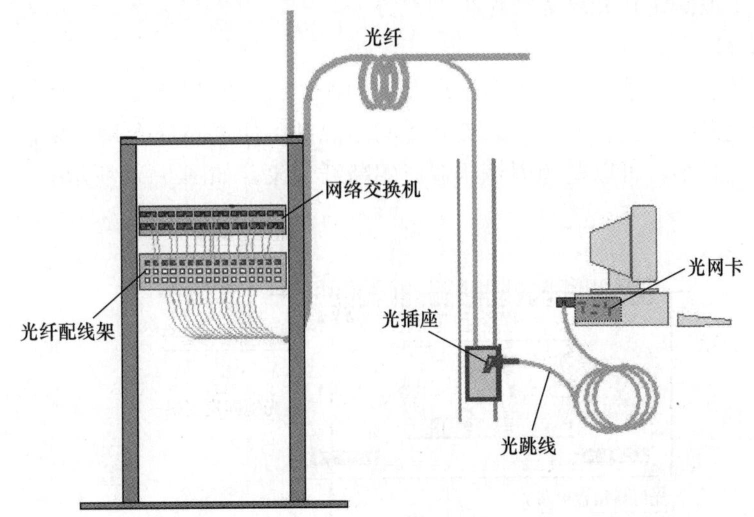

图 6-23　光纤到桌面连接模型

ST 型单工连接器通过繁冗的编号方式来保证光纤连接极性；SC 型连接器为双工接头，在施工中对号入座就完全解决了极性问题。

综合布线在水平光缆或干线光缆配线架的光缆侧，建议采用单工光纤连接器，在用户侧采用双工光纤连接器，以保证光纤连接的极性正确，如图 6-24 所示。用双工光纤连接器时，需用锁扣插座定义极性。

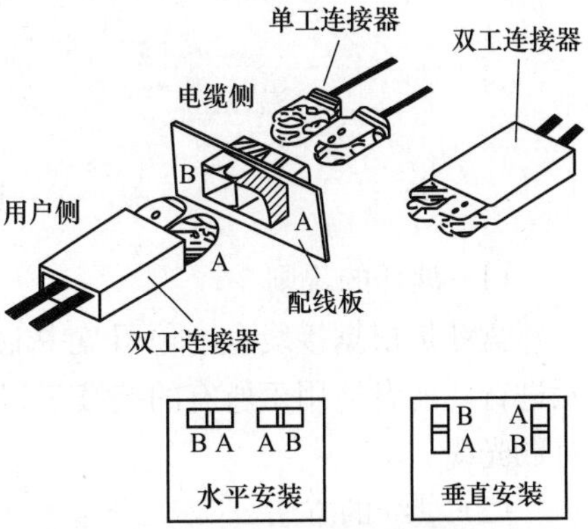

单工连接器　双工连接器　电缆侧　用户侧　配线板　双工连接器

BA AB 水平安装　B A A B 垂直安装

图 6-24　混合光纤连接器的配置

3. 光纤熔接技术

光纤的连接采用熔接方式。熔接是通过将光纤的端面融化后将两根光纤连接到一起，这个过程与金属线用电弧焊接类似，如图 6-25 所示。

熔接光纤不产生缝隙，不会因此引入反射损耗；入射损耗也很小，在 0.01～0.15dB 之间。在光纤进行熔接前要把它的涂覆层剥离。熔接处可以选择重新做涂覆层提供保护，也可以使用熔接保护管。它们基本结构有一些分层，通用尺寸如图 6-26 所示。

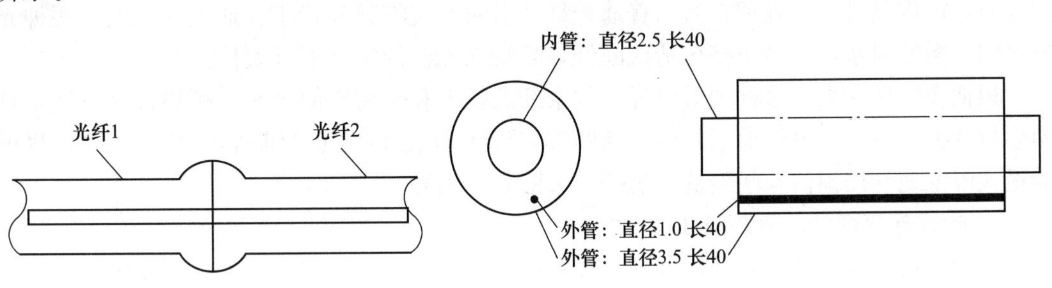

图 6-25　光纤熔接示意　　图 6-26　熔接保护管结构和尺寸(mm)

将保护管套在结合处，然后对它们进行加热。内管是由热收缩材料制成的，因此，这些套管可以牢牢地固定在光纤需要保护的地方。

4. 盘纤技术

盘纤是在熔接、热缩之后的光缆整理盘绕操作，科学的盘纤方法经得住时间和恶劣环境的考验，避免光纤松套管或不同分支光缆间的混乱，使之布局合理、易盘、易拆、易维护，使附加损耗减小，可以避免因挤压造成的断纤现象，如图 6-27 所示。

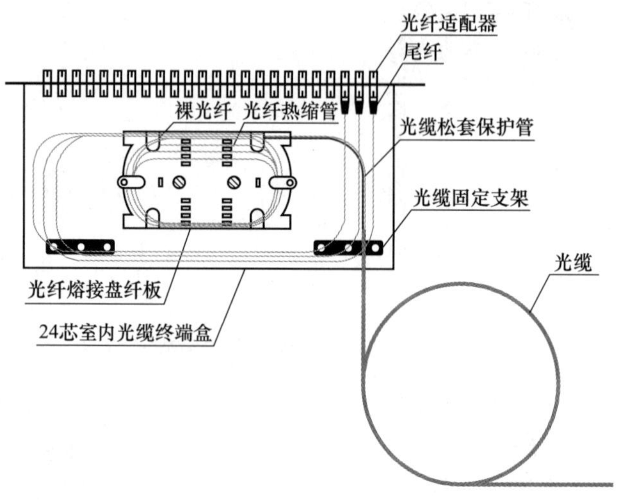

图 6-27　盘纤示意图

(1) 盘纤的规则

盘纤是根据接线盒内预留盘中能够安放的热缩管数目，沿松套管或光缆分支方向为单元进行，前者适用于所有的接续工程，后者仅适用于主干光缆末端且为一进一出，多为小对数光缆。

(2) 盘纤的方法

先中间后两边盘法是先将热缩后的套管逐个放置于固定槽中，再处理两侧余纤，具有利于保护光纤接点、避免盘绕可能造成的损害的优点。在光纤预留盘空间小、光纤不易盘绕和固定情况下常用此种方法。

端头盘法是从一端开始盘纤，然后固定热缩管，再处理另一侧余纤。优点是可根据一侧余纤长度灵活选择铜管安放位置，可避免出现急弯、小圈现象。

特殊情况下，例如个别光纤过长或过短时，可将其放在最后，单独盘绕；带有特殊光器件时，可将其另一盘处理，若与普通光纤共盘时，应将其放置于普通光纤之上，两种光纤之间加缓冲衬垫，以防止挤压造成断纤，且特殊光器件尾纤不可太长。

根据实际情况采用多种图形盘纤。按余纤的长度和预留空间大小，顺势自然盘绕，且勿生拉硬拽强扭，应灵活地采用圆、椭圆等多种图形盘纤(注意弯曲半径 $R \geqslant 4$cm)，尽可能最大限度地利用预留空间降低因盘纤带来的附加损耗。

5. 光纤连接部件的管理技术

对光纤连接部件进行管理是维护光纤系统时重要的手段和方法。光纤端接按功能场管理，它的标记分为 Level 1 和 Level 2 两级。

Level 1 标记用于点到点的光纤连接，即用于互连场，通过一个直接的金属箍把一根输入光纤与另一根输出光纤连接(简单的发送端到接收端的连接)的标记。

Level 2 标记用于交连场，标记每一条输入光纤通过光纤跳线跨接到输出光纤。

每根光纤标记应包括以下两大类信息，如图 6-28 所示：

(1) 光纤远端的位置，包括设备的位置、交连场、墙或楼层连接器等；

(2) 光纤本身的说明，包括光纤类型、光纤颜色、该光纤所在的区间号等。

每条光缆上还可增加标记以提供该光缆的特殊信息，包括光缆编号、使用的光纤数、备用的光纤数以及长度，如图 6-29 所示。

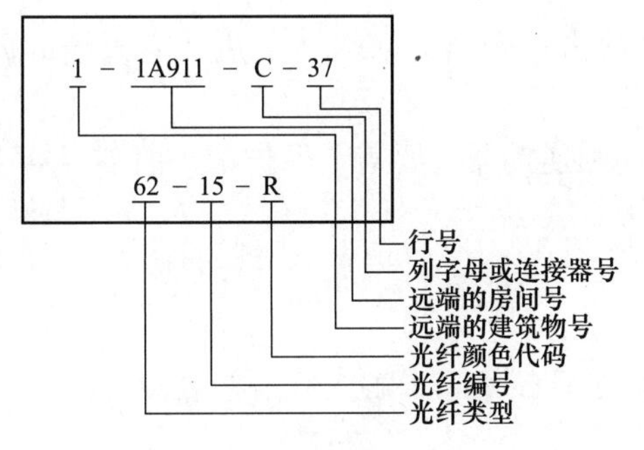

图 6-28　光纤标签示例 1

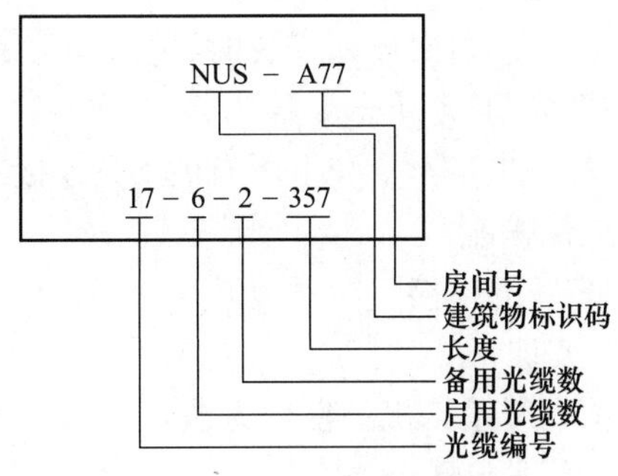

图 6-29　光纤标签示例 2

6.3.2　光纤端接实训项目

1. 光纤的端接

(1) 实训目的

通过对 ST 连接器端接光纤的实训，掌握光纤耦合器的操作流程与安装要点。

(2) 实训步骤

步骤 1：清洁 ST 连接器。

拿下 ST 连接器头上的黑色保护帽，用沾有光纤清洁剂的棉签轻轻擦拭连接器端头。

步骤 2：清洁耦合器。

摘下光纤耦合器两端的红色保护帽，用沾有光纤清洁剂的杆状清洁器穿过耦合器孔擦拭其内部碎屑，如图 6-30 所示。

步骤 3：使用罐装气，吹去耦合器内部的灰尘，如图 6-31 所示。

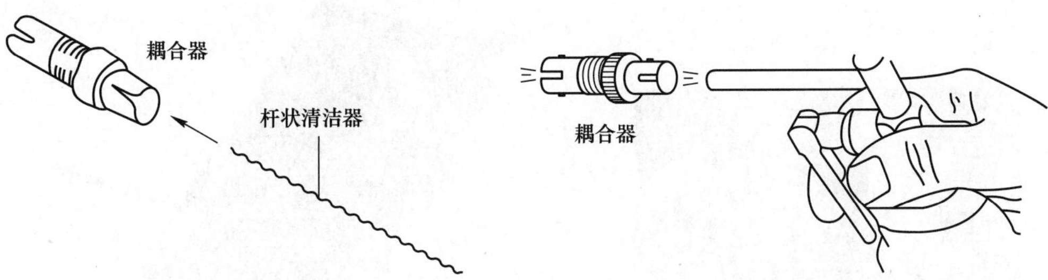

图 6-30　用杆状清洁器擦拭耦合器内部　　图 6-31　用罐装气吹除耦合器中的灰尘

步骤 4：ST 光纤连接器插到耦合器中。

将光纤连接器插入耦合器的一端，耦合器上的突起对准连接器槽口，插入后扭转连接器使其锁定。如经测试发现光能量耗损较高，则需摘下连接器并用罐装气重新净化耦合器，然后再次插入连接器，在耦合器的另一端插入连接器，并确保两个连接器的端面在耦合器中接触，如图 6-32 所示。

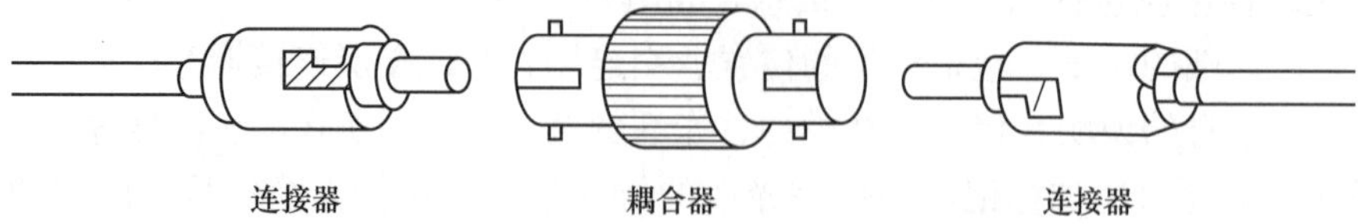

图 6-32　ST 光纤连接器插入耦合器

注意：① 每次重新安装时都要用罐装气吹去耦合器的灰尘，并用沾有试剂的丙醇酒精棉签擦净 ST 光纤连接器。

② 若一次来不及装上所有的 ST 连接器，则连接器头要盖上保护帽，而耦合器空白端也要盖上保护帽。

2. 光纤的熔接

(1) 实训目的

训练光纤熔接机的使用方法，掌握光纤的盘纤技术，了解光纤端接衰减的产生。

(2) 实训步骤

步骤 1：开剥光缆护套，并将光纤各自固定在接续盒内。

在操作之前应去除施工时光缆受损变形的部分。使用专用开剥工具，将光缆保护套剥开 1m 左右长度。如遇铠装光缆时，用老虎钳将光缆护套里护缆钢丝夹住，外斜拉钢丝将线缆外护套剥开，用卫生纸将油膏擦拭干净后穿入接续盒。固定钢丝时一定要压紧，不能松动，否则有可能造成光缆扭绞折断纤芯。注意剥光缆时不要伤到束管；剥光纤的套管时要使长度足够伸进熔纤盘内，并有一定的滑动余地，避免翻动熔纤盘时套管端口部位的光纤受到损伤。

步骤 2：分纤。

将不同束管、不同颜色的光纤分开，穿热缩套管，如图 6-33 所示。后续剥去涂覆层的纤芯很脆弱，使用热缩管可以保护光纤熔接头。

步骤 3：安装耦合器及尾纤连接。

将光纤耦合器安装在光纤接续盒内，取尾纤与耦合器连接，如图 6-34 所示。

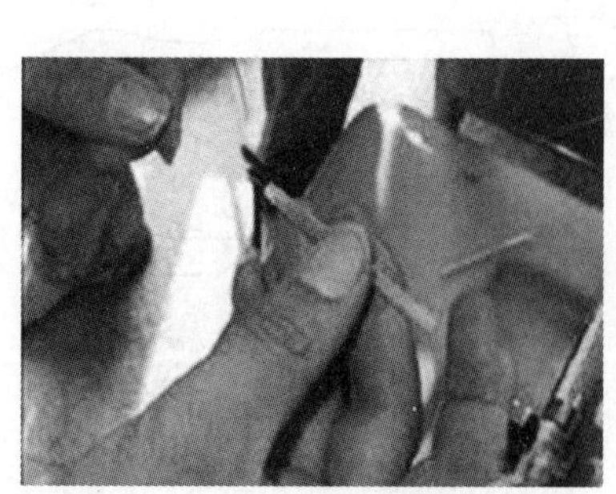

图 6-33　热缩套管

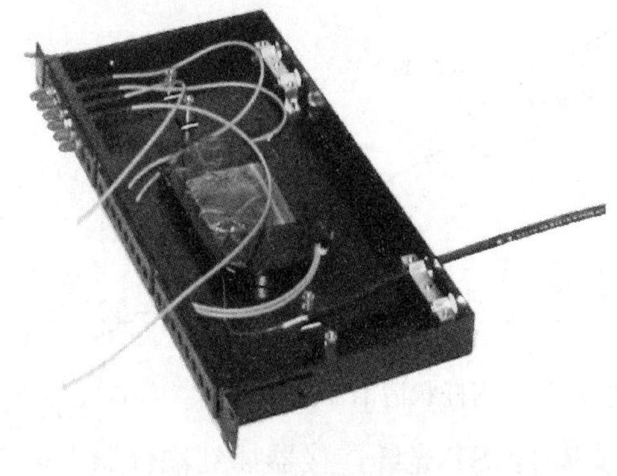

图 6-34　耦合器及尾纤的安装

步骤 4：准备熔接机。

打开熔接机电源，根据光纤类型和工作波长设置合适的熔接程序，如没有特殊情况，一般都选用自动熔接程序。

在使用前、使用中和使用后及时去除熔接机中的灰尘，特别是夹具、各端面和 V 形槽内的粉尘和光纤碎末。CXT 型熔接机如图 6-35 所示。

图 6-35　CXT 熔接机

步骤 5：制备光纤端面。

光纤端面制作的质量将直接影响光纤对接后的传输质量，所以在熔接前一定要做好熔接光纤的端面处理。首先用光纤熔接机配置的专用剥线工具剥去纤芯外面包裹的树脂涂覆层，再用沾了酒精的清洁麻布或棉花擦拭裸纤几次，然后使用精密光纤切割刀切割光纤，切割长度一般为 10～15mm，如图 6-36 所示。

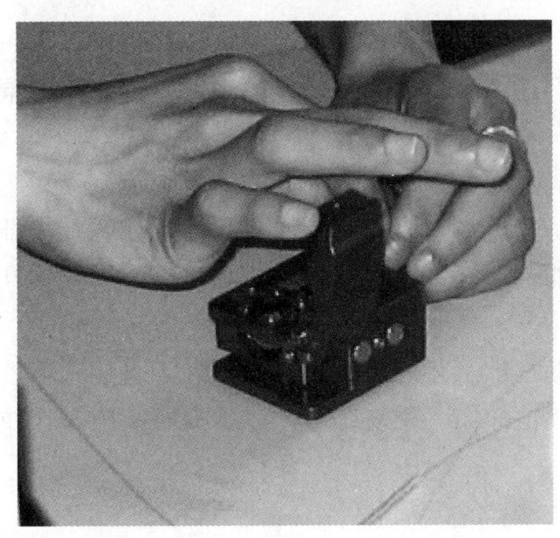

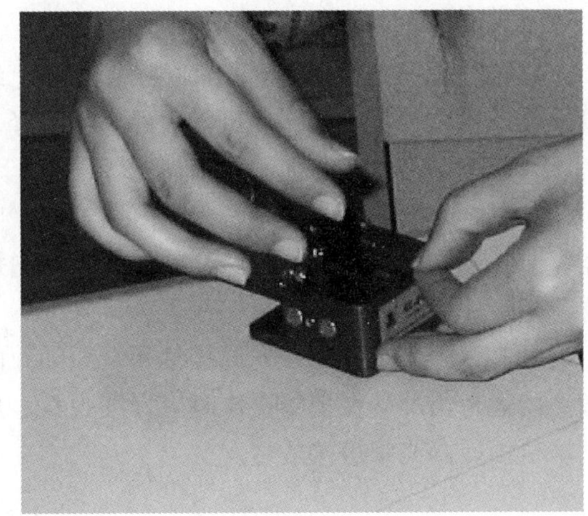

图 6-36　光纤端面制作

步骤 6：放置光纤。

将光纤放在熔接机的 V 形槽中，小心盖上压板和夹具，要根据切割长度设置光纤在压板中的位置，一般将对接的光纤切割面基本都靠近电极尖端位置。

步骤 7：接续光纤。

关上防风罩，按下熔接机的接续键可自动完成熔接。首先设定熔接机初始间隙并相向移动光纤，当端面之间的间隙合适后，熔接机停止移动，熔接机测试并显示切割角度，开始执行纤芯或包层对准，然后熔接机减小间隙(最后的间隙设定)，高压放电产生的电弧将左边的光纤熔到右边光纤中，最后熔接机计算出接续损耗并将数值显示出来。如果计算损耗比预期值要高，可以再次放电，熔接机再次计算损耗，直到接续指标合格并存储熔接数据，包括熔接模式、数据、接续损耗等，如图 6-37 所示。

步骤 8：移出光纤并用加热炉烘烤热缩管。

打开防风罩，把光纤从熔接机中取出，再将热缩管移套至裸纤中间，再放到加热炉中加热。加热炉可制作长度为 20mm 微型热缩套管和 40mm 及 60mm 常规热缩套管。完毕后从加热器中取出光纤。

图 6-37　光纤的熔接

步骤 9：盘纤并固定。

将接续好的光纤盘绕到光纤接续盒内时，纤盘的半径越大、弧度越大，整个线路的损耗越小，所以一定要保持尽可能大的盘绕半径。

步骤 10：密封和挂起。

如果野外熔接时，接续盒一定要密封好，防止进水。接续盒进水后，由于光纤及光纤熔接点长期浸泡在水中，可能会使光纤衰减增加。最好将接续盒做好防水措施并用挂钩挂在吊线上。至此，光纤熔接完成。

在工程施工过程中，光纤接续是一项细致的基础工艺，此项工作做得好坏直接影响整套系统运行情况，在现场操作时应仔细观察、规范操作、反复练习，逐步提高实施操作技能，全面提高光纤熔接质量。

6.4　综合布线系统实用实训

综合布线系统实训仿真钢墙属于“高仿”型工程模拟实训设备，实训与实际兼而有之。其模拟的实训环境比实验台更接近于实际工程安装环境，真实体现综合布线各子系统间的逻辑关系及相关布线组网设备在实际工程应用中的对应位置，又有便于拆卸、反复使用的特点。通过综合布线系统实训仿真钢墙完成组网工程实践，充分感受实际工程环境，全面锻炼动手能力。

6.4.1　综合布线系统工程实训前的准备

在进行整体工程实训前应对相应的硬件、软件、工具有所了解，掌握其使用方法，并准备好相应的器材。

1. 硬件的准备

硬件的准备就是备料。网络布线工程施工过程需要许多施工材料，这些材料有的必须在开工前就备好，有的可以在施工过程中随时准备，并且不同的工程有不同的需求。工程所用设备并不要求一次到位，因为这些设备往往用于工程的不同阶段，比如网络测试仪就不是开工第一天要用的。

为了工程实训的顺利进行，在实训前应该考虑得尽量充分和周到一些。备料主要包括光缆、双绞线、插座、信息模块、配线架、网络机柜、交换机、路由器、稳压电源、服务器等器材的准备。

2. 软件的准备

软件的主要准备工作包括：

(1) 设计综合布线 CAD 施工图，确定布线的走向位置，供实训人员、指导人员和主管人员使用；

(2) 制定实训进度表，进度安排要留有适当余地，实训过程中随时可能发生变化；

(3) 实训文档管理主要指人员分工、实训教材、实训前的精神准备等文档。

3. 常用的工具

在工程实训现场可能会遇到各种问题，难免要用到各种工具，包括用于登高作业、切割成形器件、土建施工、网络电缆端接等几类工具或设备。常用的工具有：

(1) 电工工具

在实训过程中常常需要使用电工工具，比如各种型号的螺钉旋具、钳子、电工刀、榔头、电工胶带、万用表、试电笔、长短卷尺、电烙铁等。

(2) 穿墙打孔工具

在施工过程中还可备一些穿墙打孔的工具，比如冲击电钻、切割机、射钉枪、铆钉枪、空气压缩机、钢丝保险绳等，这些通常是又重又昂贵的设备，主要用于线槽、线轨、管道的定位和坚固以及电缆的敷设和架设。

(3) 切剖机、打磨设备、发电机、临时用电和接入设备

这些设备虽然并非每一次都需要，但却是需要每一次都配备齐全，因为在大多数的综合布线施工中都可能会用到它们。特别是切割机、打磨设备，它们在许多线槽、通道的施工中是必不可少的。

(4) 架空走线时的相关工具

架空走线时所需的相关工具，如膨胀螺栓、水泥钉、保险绳、脚手架等。这些都是高空作业需要的工具和附件，无论是建筑物、外墙线槽敷设，还是建筑群的电缆架空等操作，都需要这些工具。

(5) 信息网络布线的专用设备

信息网络布线需要一些连接同轴电缆、双绞线的专用设备，如剥线钳、压线钳、打线工具和电缆测试器等，通常将这些工具放置在一个多功能工具箱中便于安装和检测。因为信息网络的综合布线最终还是要落实到电缆、配线架和信息插座模块，所以这些才是严格意义上的综合布线必备工具。

(6) 光缆施工设备

光缆施工过程一般需要如下工具：光缆牵引设备、光纤剥线钳、光纤固化加热炉、光纤接头压接钳、光纤切割器、光纤熔接机、光纤研磨盘、组合光纤工具以及各种类型、各种接头的光纤跳线等。

(7) 其他工具

最好准备 1～2 台带网络接口的便携式计算机，并预装网络测试的若干软件。

6.4.2 综合布线工程实训中的注意事宜

综合布线工程实训中需要注意以下几点：

(1) 仔细认真、注意安全；

(2) 及时检查，现场督导；

(3) 注重细节，严格管理；

(4) 协调进程、提高效率；

(5) 全面测试，保证质量。

布线工程施工结束时涉及的主要工作包括：

(1) 清理现场，保持现场清洁、美观；

(2) 对墙洞、竖井等交接处要进行封堵；

(3) 汇总各种剩余材料集中放置，并登记还可使用的数量；

(4) 总结，主要内容包括开工报告、施工报告、测试报告、使用报告及工程验收报告。

6.4.3 工作区子系统安装技术

1. 工作区子系统的安装要求

《综合布线系统工程设计规范》GB 50311—2016 第 7 章安装工艺内容中，对工作区提出了具体要求。安装在地面上的接线盒应防水和抗压，安装在墙面或柱面的信息插座底盒、多用户信息插座盒及集合点配线箱体的底部离地面的高度宜为 300mm。每个工作区至少应配置 1 个 220V 交流电源插座，电源插座应选用带保护接地的单相电源插座，保护接地与零线应严格分开。

2. 信息点安装位置

教学楼、学生公寓、实验楼、住宅楼等不需要进行二次区域分割的共组区，信息插座宜设计在非承重的隔墙上并在应用设备附近。

写字楼等需要用户入住进行二次分割和装修的区域，宜在四周墙面或在中间的立柱上设置信息插座，要考虑二次隔断和装修时扩展的方便和美观性。大厅、展厅、商业收银区在设备安装区域的地面宜设置足够的信息插座。墙面插座底盒的下缘距离地面高度为 300mm，地面插座的底盒低于地表面。

学生公寓等信息点密集场所，宜在隔墙两面对称设置。

银行营业大厅的对公区、对私区和 ATM 自助区信息点的设置要考虑隐蔽性和安全性。特别是离行式 ATM 机的信息插座不能暴露在客户区。

指纹考勤机、门禁系统信息插座的高度宜参考设备的安装高度设置。

3. 底盒安装

网络信息插座的底盒按照使用材料一般分为金属底盒和塑料底盒；按照安装方式一般分为暗装底盒和明装底盒；按照配套面板规格分为 86 系列和 120 系列，其中应用最多的墙面安装 86 系列面板，配套的底盒有明装和暗装两种。

明装底盒经常在改扩建布线工程墙面明装方式时使用，一般为白色塑料盒，外表美观，表面光滑，外形尺寸比面板稍小一些，为长 84mm，宽 84mm，深 36mm，底板上有 2 个直径 6mm 的安装孔，用于将底座固定在墙面，正面有 2 个螺孔，用于固定面板，侧面预留有上下进线孔，如图 6-38 所示。

暗装底盒一般在新建项目和装饰工程中使用，常见的有金属和塑料两种。塑料底盒一般为白色，一次注塑成型，表面比较粗糙，外形尺寸比面板小一些，常见尺寸为长 80mm、宽 80mm、深 50mm，多面预留有进线孔，底板上有 2 个安装孔，用于将底座固定在墙面，正面有 2 个螺孔，用于固定面板，如图 6-39 所示。金属底盒一般一次中压成型，表面进行电镀处理，避免生锈，尺寸与塑料底盒基本相同，如图 6-40 所示。暗装底盒只能安装在墙面或者装饰隔断内，安装面板后就隐蔽起来了，不允许把暗装底盒明装在墙面上。

图 6-38　明装信息插座的底盒

图 6-39　暗装信息插座的塑料底盒

图 6-40　暗装信息插座的金属底盒

暗装底盒一般随土建施工时安装，直接与穿线管端头连接固定在建筑物墙内或者立柱内，外沿低于墙面 10mm，底盒下缘距离地面高度为 300mm 或者按照施工图纸规定高度安装。底盒安装好后必须用钉子或者水泥砂浆固定在墙内，如图 6-41 所示。

地面安装插座的盖板必须具有防水、抗压和防尘功能，一般选用 120 系列金属面板。配套的底盒宜选用金属底盒，常见规格为长 100mm，宽 100mm，中间有 2 个固定面板的螺丝孔，多个面都预留有进线孔，如图 6-42 所示。地面金属底盒安装后一般低于地面 10～20mm，注意这里的地面是指装修后的地面。

图 6-41　墙面暗装的底盒

图 6-42　地面暗装的底盒、信息插座

在扩建改建和装饰工程安装插座面板时，为了美观尽量采用暗装底盒，必要时在墙面或地面进行开槽安装，如图 6-43 所示。

各种底盒安装时，一般按照下面步骤：

步骤 1：目视检查产品的外观是否合格，特别要检查底盒上的螺栓孔是否正常，只要其中有一个螺栓孔损坏就坚决不能使用。

步骤 2：根据进线方向和位置打掉底盒预设的进线挡板。

步骤 3：首先使用专门的管槽接头把管槽与底盒连接起来，这种专用接头的关口有圆弧，既方便穿线，又能保护线缆不会被划伤或者损坏，然后用螺栓或者水泥砂浆固定底盒。

步骤 4：暗装底盒一般在土建过程中进行，因此在底盒安装完毕后必须进行成品保护，特别是固定面板的螺栓孔，一般做法是在底盒螺栓孔和管口塞纸团，也有用胶带纸保护螺栓孔的做法。底盒至此安装完毕。

4. 模块安装

网络数据模块和电话语音模块的安装方法完全相同，一般按照下列步骤：

步骤 1：准备材料和工具。在每天开工前一次领取半天工作需要的全部材料和工具，主要包括信息模块、标记材料、剪线工具、压线工具、工作小凳等，将它们装入一个工具箱(包)，不要在施工现场随地乱放。

步骤 2：清理和标记。这道工序非常重要，有可能底盒穿线较长时间后才开始安装模块，因此安装前首先清理底盒内堆积的水泥砂浆或者垃圾，然后将双绞线端头从底盒内轻轻取出，清理表面的灰尘重新做编号标记，标记位置距离管口约 60～80mm，做好新标记后才能取消原来的标记。

步骤 3：整理线缆，剪掉多余线头。剪掉预留多余线头是必须的，因为在穿线施工中双绞线端头进行了捆扎或者缠绕，管口预留也比较长，双绞线的内部结构可能已经扭曲，一般在安装模块前都要整理线缆并剪掉多余的长度，只需留出 100～120mm 长度用于压接模块或者检修。

步骤 4：剥线。首先使用专业剥线器剥掉双绞线的外皮，剥掉的外皮长度为 15mm，特别注意不要损伤线芯和线芯绝缘层。

步骤 5：压线。按照模块结构将 8 芯线分开，逐一压接在模块中。压接方法必须正确，一次压接成功。

步骤 6：模块卡接。模块压接完成后，将模块卡接在面板接口中，然后立即安装面板。如果压接模块后不能及时安装面板，必须对模块进行保护，一般做法是在模块上套一个塑料袋，避免土建墙面施工污染。模块的卡接安装如图 6-44 所示。

图 6-43　装修墙面的暗装底盒

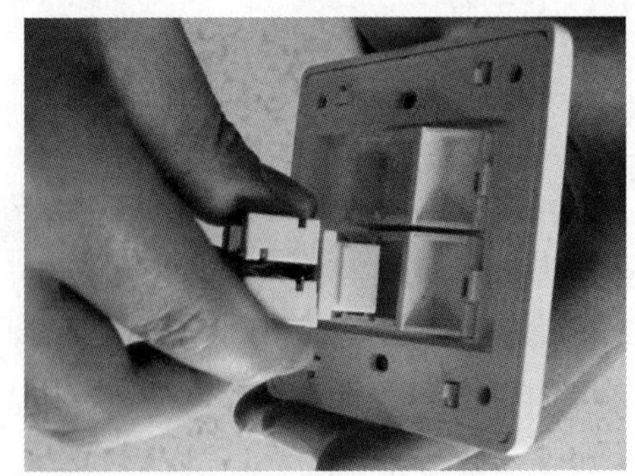

图 6-44　模块卡接在面板中

5. 面板安装

面板安装是信息插座施工最后一个工序，一般应该在端接模块后立即进行，以保护模块。如果双口面板上有网络和电话插口标记时，按照标记口位置安装；如果双口面板上没有标记时，宜将网络模块安装在左边，电话模块安装在右边，并且在面板表面做好标记。

6. 网络插座安装实训项目

(1) 实训目的

通过信息插座的安装，熟练掌握工作区信息点的施工方法和操作技巧。

(2) 实训步骤

步骤 1：设计实训工作区子系统。

3～4 人组成一个实训组，选举负责人，每人设计一个工作区子系统方案，并且绘制施工图，集体讨论后由负责人选定一种方案进行实施。

步骤 2：列出材料清单和领取材料。

步骤 3：列出工具清单和领取工具。

步骤 4：安装底盒。

按照设计图纸规定位置用 M6×16mm 螺栓把明装底盒固定在实训仿真墙面上。

步骤 5：底盒穿线，端接模块。

步骤 6：安装面板。

步骤 7：标记。

完成的插座如图 6-45 所示。

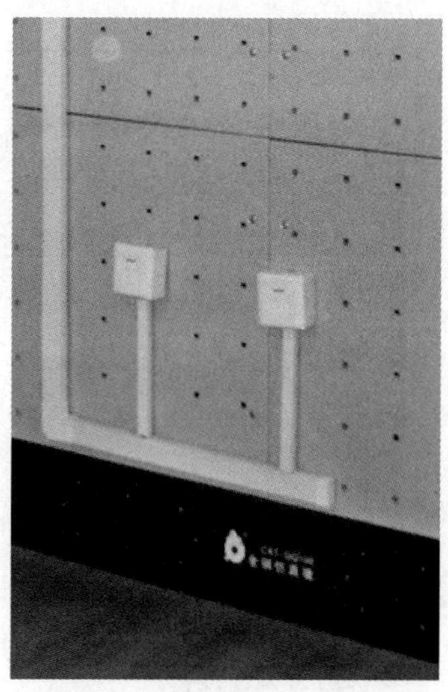

图 6-45　实训仿真墙面上的网络插座

6.4.4　水平子系统安装技术

1. 水平子系统的安装要求

《综合布线系统工程设计规范》GB 50311—2016 第 7 章安装工艺内容中，对水平子系统布线提出了具体要求。水平子系统线缆宜采用在吊顶、墙体内穿管或设置金属密封线槽及开放式(电缆桥架，吊挂环等)敷设。当缆线在地面布放时，应根据环境条件选用地板下线槽、网络地板、高架(活动)地板布线等安装方式。

2. 水平子系统的暗埋缆线施工方法

水平子系统暗埋缆线施工程序：土建配管→穿钢丝→安装底盒→穿线→标记→压接模块→标记。

墙内暗埋的金属或 PVC 管一般使用 ϕ16 或 ϕ20 的穿线管。ϕ16 管内最多穿两条 4 对双绞线，ϕ20 管内最多穿三条 4 对双绞线。

综合布线在拐弯处一定要做大拐弯变换。金属管转弯部位一般使用专门的弯管器成型，拐弯半径比较大，能够满足双绞线对曲率半径的要求。在钢管现场截断和安装施工中，必须清理干净断面出现的毛刺，保持断面光滑，两根钢管对接时必须保持接口整齐，没有错位，焊接时不要焊透管壁，避免在管内形成焊渣。金属管内的毛刺、错口、焊渣、垃圾等都会影响穿线质量。

墙内暗埋塑料布线管时，要特别注意拐弯处的曲率半径。布线管大拐弯连接处不宜使用市场上购买的成品 90°弯头。由于塑料件注塑脱模原因导致无法生产大拐弯的 PVC 塑料弯头，宜用弯管器现场制作大拐弯的弯头，这样既保证了缆线的曲率半径，又方便轻松拉线，保护线缆外皮结构。按照 GB 50311—2016 的规定，非屏蔽双绞线布线管的拐弯曲率半径不小于电缆外径的 4 倍，若电缆外径按照 6mm 计算，则 ϕ20 的 PVC 管拐弯半径必须大于 24mm，如图 6-46 所示。

3. 水平子系统的明装分支线槽施工方法

水平子系统明装分支线槽的布线施工程序：安装底盒→固定线槽→布线→安装线槽盖板→线缆压接模块→标记。

墙面明装布线时宜采用 PVC 线槽，拐弯处曲率半径容易保证。如图 6-47 所示，宽度 20mm 的 PVC 线槽、单根直径 6mm 的 4 对双绞线在线槽中的最大弯曲情况，布线最大曲率半径值为 45mm(直径 90mm)，布线弯曲半径与双绞线外径的最大倍数为 45/6=7.5 倍。

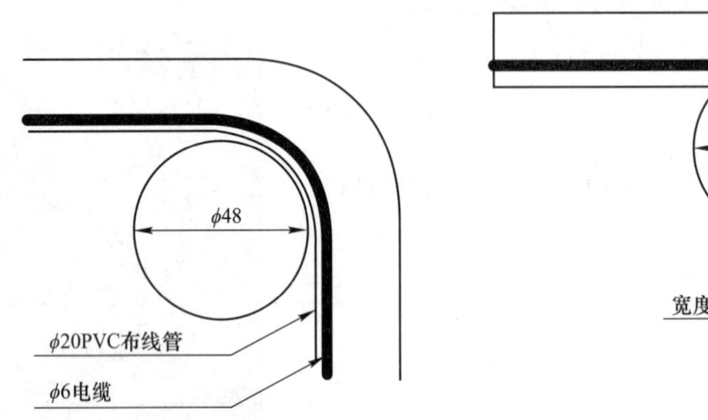

图 6-46　PVC 布线管弯曲半径的计算　　图 6-47　PVC 线槽内的线缆与曲率半径关系

安装线槽时，首先在墙面测量并且标出适当的位置。水平安装的线槽与地面或楼板以 1m 为基准平行，垂直安装的线槽与地面或楼板垂直，没有可见的偏差。

拐弯处宜使用 90°弯头与三通连接器，线槽端头安装专门的堵头。

线槽布线时，先将缆线布放在线槽中，边布线边装盖板，在拐弯处保持缆线有比较大的拐弯半径。安装完成盖板后，不要再拉线，如果拉线力量过大会改变线缆拐弯处曲率半径。

两根对接线槽之间的缝隙必须小于 1mm。盖板接缝宜与线槽接缝错开。

4. 水平子系统的主线槽施工方法

水平子系统主线槽布线施工一般在楼道墙面或者楼道吊顶上进行，程序如下：画线确定位置→安装线槽支撑架(吊竿)→安装线槽→放线→安装线槽盖板→线缆压接模块→标记。

水平子系统在楼道墙面宜选择常用的尺寸比较大的标准规格塑料线槽，具体截面尺寸按照需要容纳双绞线的数量计算，例如 600mm×100mm×150mm 白色 PVC 线槽。

如果房间信息点布线管出口在楼道高度偏差太大时，宜将线槽安装在管出口的下边，将双绞线通过弯头引入线槽，这样施工方便，外形美观，如图 6-48 所示。

在楼道墙面安装金属线槽时，安装方法也是首先根据各个房间信息点出线管口在楼道的高度，确定楼道线槽安装高度并且画线，之后按照每米安装 2～3 个 L 形支架或者三角型支架。支架安装完毕后，用螺栓将线槽固定在支架上，并且在线槽对应的房间信息点出线管口处开孔，如图 6-49 所示。

在楼板吊装线槽时，首先确定线槽安装高度和位置，并且安装膨胀螺栓和吊杆，其次安装挂板和线槽，同时将线槽固定在挂板上，最后在线槽开孔和布线。

缆线引入线槽时，必须穿保护管，并且保持比较大的曲率半径。

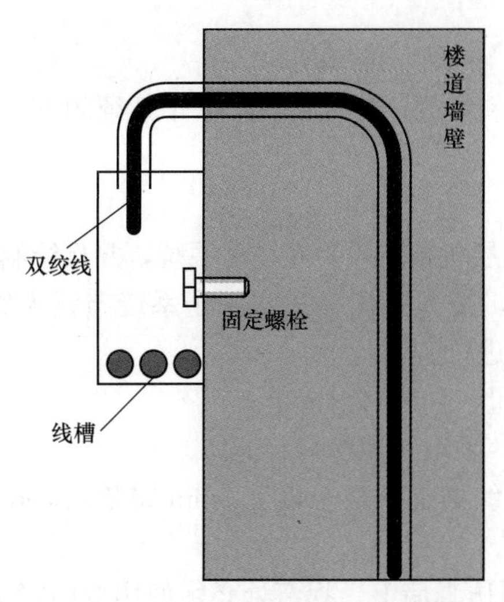

图 6-48　主线槽的楼道墙面安装示意图 1

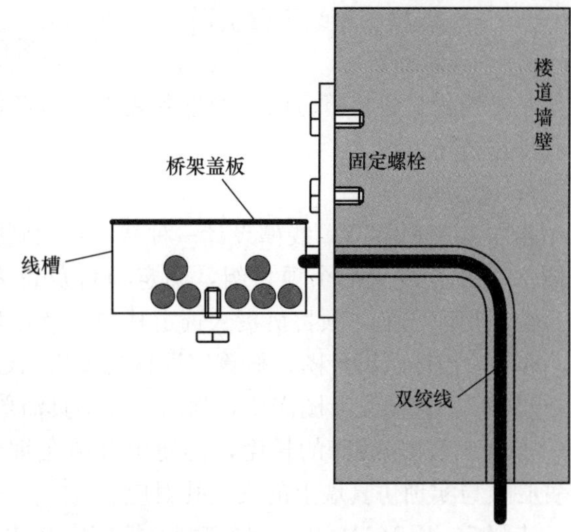

图 6-49　主线槽的楼道墙面安装示意图 2

5. PVC 线管的布线工程实训

(1) 实训目的

掌握工程材料核算方法；通过明装线管和穿线安装，熟练掌握水平子系统的施工方法和操作技巧。

(2) 实训步骤

步骤 1：设计一个从信息点到楼层机柜的水平子系统 PVC 线管布线方案，并且绘制施工图。3～4 人成立一个项目组，确定项目负责人；每人提出一种水平子系统布线方案，并且绘制相应图纸，项目负责人选定其中一个方案进行实训。

步骤 2：按照设计图，核算实训材料规格和数量，制作材料清单。

步骤 3：按照设计图需要，列出实训工具清单，领取实训材料和工具。

步骤 4：在需要的位置安装布线管支撑卡，然后安装 PVC 管。在两根 PVC 管连接处使用管接头，拐弯处必须使用拐弯器制作大拐弯的弯头连接。

步骤 5：边布管边穿线。

步骤 6：布管和穿线后，必须做好线缆标记。

仿真墙面的 PVC 线管如图 6-50 所示。

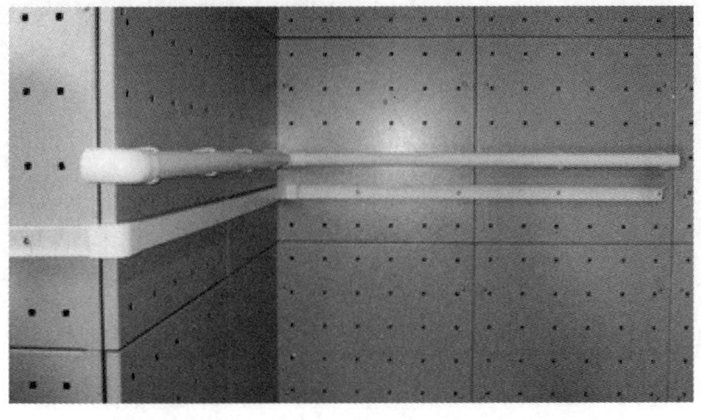

图 6-50　仿真墙面的 PVC 线管、线槽

6. PVC 线槽的布线工程实训

(1) 实训目的

掌握工程材料核算方法；通过明装线槽的安装和穿线，熟练掌握水平子系统的施工方法和操作技巧。

(2) 实训步骤

步骤 1：使用 PVC 线槽设计一种从信息点到楼层机柜的水平布线子系统，并且绘制施工图。3～4 人成立一个项目组，确定项目负责人，每人提出一种水平子系统布线方案，并且绘制相应图纸，项目负责人选定其中一个方案进行实训。

步骤 2：按照设计图，核算实训材料规格和数量，列出材料清单。

步骤 3：按照设计图需要，列出实训工具清单，领取实训材料和工具。

步骤 4：测量线槽的长度，再使用电钻在每个线槽上开两个以上 8mm 安装孔，孔的位置必须与实训仿真墙上的安装孔对应。

步骤 5：用 M6×16mm 螺钉把线槽固定在实训仿真墙上。拐弯处必须使用专门接头，例如阴角、阳角、弯头、三通等。

步骤 6：在线槽里布线，边布线边装盖板。

步骤 7：布线和盖板后，必须做好线缆标记。

PVC 线槽的布线实训如图 6-51 所示。

图 6-51　PVC 线槽的开孔、安装、盖板

7. 金属线槽的布线工程实训

(1) 实训目的

掌握工程材料核算方法；掌握金属线槽、支架、弯头、三通的安装方法及布线操作技巧。

(2) 实训步骤

步骤 1：使用金属线槽设计一个从信息点到楼层机柜的水平布线子系统，并且绘制施工图。3～4 人成立一个项目组，确定项目负责人，每人提出一种水平子系统布线方案，并且绘制相应图纸，项目负责人选定其中一个方案进行实训。

步骤 2：按照设计图，核算实训材料规格和数量，编写材料清单。

步骤 3：按照设计图需要，列出实训工具清单，领取实训材料和工具。

步骤 4：线槽支架安装。用 M6×16mm 螺钉把线槽的支架固定在实训仿真墙顶。

步骤 5：线槽部件组装和安装。用 M6×16mm 螺栓把线槽固定在三角支架上。线槽之间的连接、转弯必须使用专用部件。

步骤 6：在线槽内布线，边布线边安装盖板。

金属线槽的安装如图 6-52 所示。

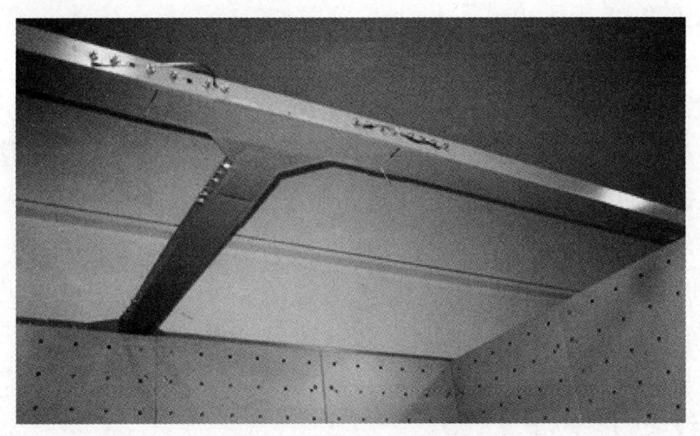

图 6-52　金属线槽的安装

6.4.5　垂直干线子系统安装技术

1. 垂直干线子系统的安装要求

国家标准《综合布线系统工程设计规范》GB 50311—2016 第 7 章安装工艺内容中，对垂直子系统提出了具体要求。垂直子系统的垂直通道穿过楼板时宜采用电缆竖井方式，也可以采用电缆孔、管槽的方式，电缆竖井的位置应上、下对齐。

2. 垂直干线子系统的线缆选择

根据建筑物的结构特点以及应用系统的类型，决定干线线缆的类型。干线子系统设计常用以下 6 种线缆：

(1) 4 对双绞线电缆(UTP 或 STP)；

(2) 100Ω 大对数对绞电缆(UTP 或 STP)；

(3) 62.5μm/125μm 多模光缆；

(4) 50μm/125μm 多模光缆；

(5) 8.3μm/125μm 单模光缆；

(6) 75Ω 有线电视同轴电缆。

目前一般针对语音信号传输采用 3 或 5 类大对数对绞电缆(25 对、50 对、100 对等规格)，针对数据和图像信号传输采用光缆，针对有线电视信号传输采用 75Ω 同轴电缆。要注意的是，由于大对数线缆内的导线对数多，很容易造成相互间的干扰，因此很难制造 50 对以上的超 5 类以上的大对数对绞电缆，为此高速网络干线系统通常以光缆作为主干线缆。

3. 垂直干线子系统的布线通道选择

垂直线缆的布线路由的选择主要依据建筑的结构以及建筑物内预埋的管道而定。

目前垂直型的干线布线采用电缆孔和电缆井两种方法。

对于单层平面建筑物水平型干线布线路主要有金属管道和电缆托架两种方法。

4. 垂直子系统的线缆绑扎

垂直敷设线缆时，应对线缆进行绑扎。对绞电缆、光缆及其他信号电缆应根据缆线的类别、数量、缆径、缆线芯数分束绑扎，绑扎间距不宜大于 1.5m，间距应均匀，防止线缆因重量产生拉力造成线缆变形，不宜绑扎过紧或使缆线受到挤压。在绑扎缆线的时候特别注意的是应该按照楼层进行分组绑扎管理。

5. 垂直子系统的线缆施工方式

垂直干线是建筑物的主要线缆，它为从设备间到每个楼层配线间之间传输信号提供通路。大多数建筑物都是向高空发展，因此多采用垂直型的布线方式，但是也有一些建筑物是横向发展，如飞机场候机厅、工厂仓库等建筑，这时也会采用水平型的主干布线方式，因此垂直干线子系统的布线方式有垂直型也有水平型或是两者的综合，主要根据建筑的结构而定。

在新的建筑物中，通常利用竖井通道敷设垂直干线。在竖井中敷设施工垂直干线一般有两种方式：向下垂放电缆和向上牵引电缆。相比较而言，向下垂放比向上牵引容易。

(1) 向下垂放线缆的一般步骤

步骤 1：把线缆卷轴运到最顶层。

步骤 2：在离配线间电缆井(孔洞处)3～4m 处安装线缆卷轴，并从卷轴顶部馈线。

步骤 3：在线缆卷轴处安排所需的布线施工人员(人数视卷轴尺寸及线缆质量而定)，另外，每层楼上要有一个工人，以便引寻下垂的线缆。

步骤 4：旋转卷轴，将线缆从卷轴上拉出。

步骤 5：将拉出的线缆引导进竖井中的孔洞。在此之前，先在孔洞中安放一个塑料的套状保护物，以防止孔洞不光滑的边缘擦破线缆的外皮。

步骤 6：慢慢地从卷轴放缆并进入孔洞向下垂放，注意速度不要过快。

步骤 7：继续放线，直到下一层布线人员将线缆引到下一个孔洞。

步骤 8：按前面的步骤继续慢慢地放线，并将线缆引入各层的孔洞，直至线缆到达指定楼层进入横向通道。

(2) 向上牵引线缆的一般步骤

步骤 1：按照线缆的质量，选定绞车型号，并按绞车制造厂家的说明书进行操作。将绞车置于顶层，先往绞车中穿一条拉绳。

步骤 2：启动绞车，并往下垂放拉绳(确认此拉绳的强度能保护牵引线缆)，直到安放线缆的底层。

步骤 3：如果缆上有一个拉眼，则将拉绳连接到此拉眼上。

步骤 4：启动绞车，慢慢地将线缆通过各层的电缆孔向上牵引。

步骤 5：线缆的头端到达顶层时，停止绞车。

步骤 6：在地板电缆孔边沿上用夹具将线缆固定。

步骤 7：当所有连接制作好之后，从绞车上释放线缆的头端。

6. PVC 线槽/线管布线实训

(1) 实训目的

掌握工程材料核算方法；通过线槽/线管的明装和穿线等操作，熟练掌握垂直子系统的施工方法。

(2) 分组实训程序

① 各组根据规划和设计好的布线路径准备好实训材料、工具，从货架上取下以下材

料：ϕ40PVC 线管、PVC 线槽、直接头、三通、管卡、M6 螺栓、锯弓等材料和工具备用。

② 根据设计的布线路径在仿真墙面的垂直方向每隔 500～600mm 安装 1 个管卡。

③ 在拐弯处用 90°弯头连接，安装 PVC 线槽。两根 PVC 线槽之间用直接连接，三根线槽之间用三通连接。同时根据需要在线槽上开直径为 8mm 的孔，用 M6 螺栓固定，在槽内安装 4 对 UTP 网线。

在拐弯处用 90°弯头连接，安装 PVC 管。两根 PVC 管之间用直接头连接，三根管之间用三通连接。同时在 PVC 管内穿 4 对 UTP 网线。

④ 机柜内必须预留网线 1.5m。

⑤ 单组 PVC 槽管布线路径如图 6-53 所示。

⑥ 多组 PVC 槽管布线路径如图 6-54 所示。

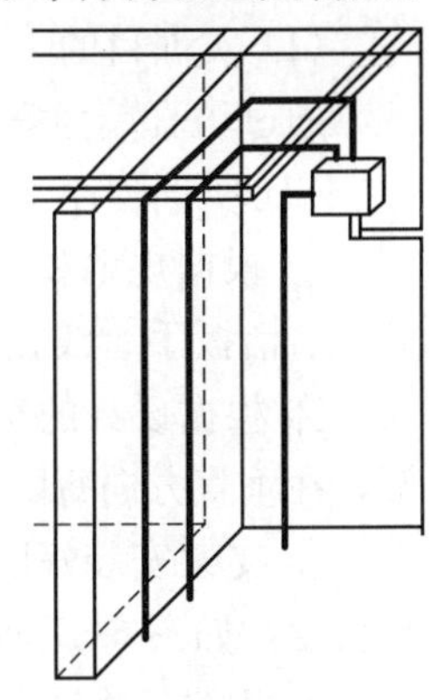

图 6-53　垂直布线系统——单组 PVC 槽管安装示意图

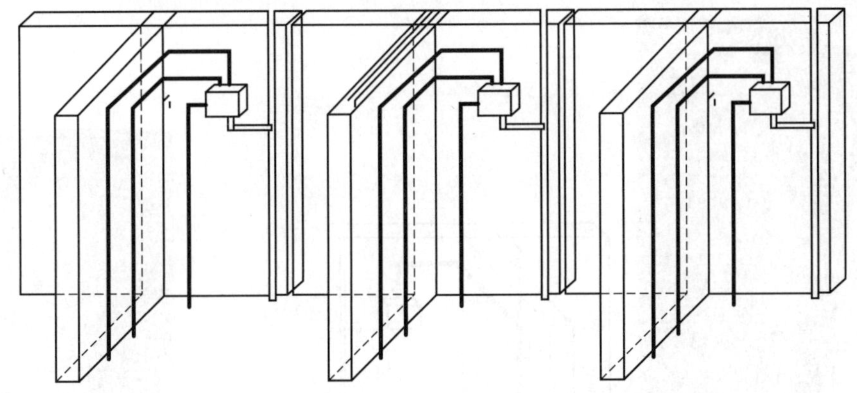

图 6-54　垂直布线系统——多组 PVC 槽管安装示意图

(3) 实训步骤

步骤 1：设计一个使用 PVC 线槽/线管从楼层配线间至设备间的垂直子系统。3 或 4 人成立一个项目组，选举项目负责人，每人设计一种垂直子系统布线方案，并且绘制图纸。项目负责人选定一个设计方案进行实训。

步骤 2：按照设计图，核算实训材料规格和数量，列出材料清单。

步骤 3：按照设计图需要，列出实训工具清单，领取实训材料和工具。

步骤 4：PVC 线槽安装方法如图 6-55 所示。PVC 管卡安装方法如图 6-56 所示。

步骤 5：明装布线实训时，边布管边穿线。

图 6-55　线槽安装图

图 6-56　管卡安装图

7. 钢缆扎线实训

(1) 实训目的

通过仿真墙面安装钢缆，熟练掌握垂直子系统的施工方法。

(2) 实训程序

① 根据规划和设计好的布线路径准备实验材料和工具，从货架上取下支架、钢缆、U形卡、活扳手、线扎、M6螺栓、钢锯等材料和工具备用。

② 根据设计的布线路径在墙面安装支架，在水平方向每隔500～600mm安装1个支架，在垂直方向每隔1000mm安装1个支架。

③ 支架安装好以后，根据需要的长度用钢锯裁好合适长度的钢缆，必须预留两端绑扎长度，如图6-57所示。

④ 用线扎将线缆绑扎在钢缆上，间距500mm左右。在垂直方向均匀分布线缆的重量。绑扎时不能太紧，以免破坏网线的绞绕节距，也不能太松，避免线缆的重量将线缆拉伸。

⑤ 单组钢缆绑扎布线示意如图6-58所示。

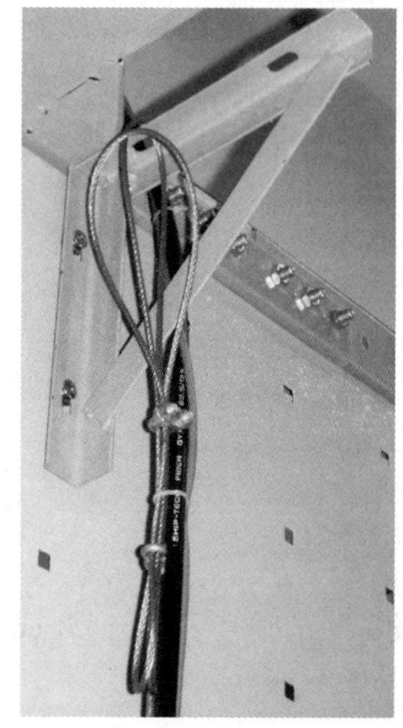

图6-57　钢缆扎线

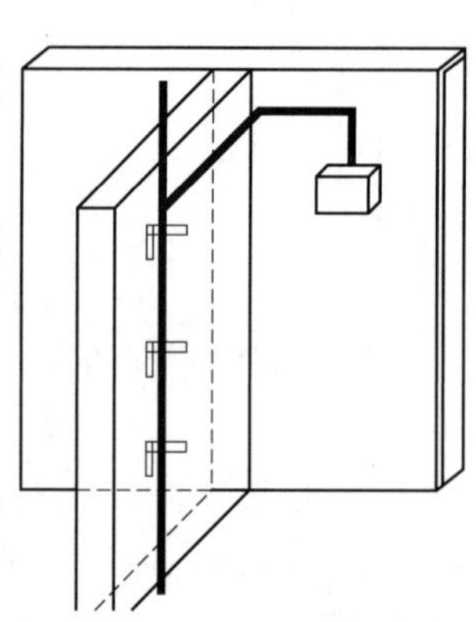

图6-58　垂直布线系统——单组钢缆绑扎布线示意图

⑥ 多组钢缆绑扎布线示意如图6-59所示。

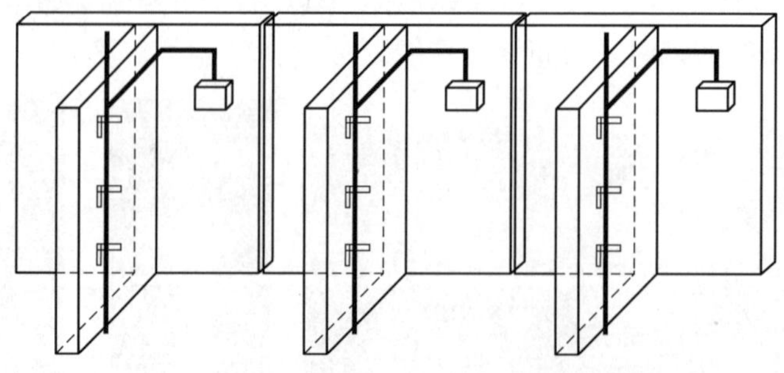

图6-59　垂直布线系统实验——多组钢缆绑扎布线示意图

(3) 实训步骤

步骤 1：规划和设计布线路径，确定在仿真墙安装支架和钢缆的位置和数量。

步骤 2：计算和准备实训材料和工具。

步骤 3：安装和绑扎缆线。

6.4.6　设备间子系统安装技术

1. 设备间子系统的安装要求

国家标准《综合布线系统工程设计规范》GB 50311—2016 第 7 章安装工艺内容中，对设备间的设置提出了具体要求，每幢建筑物内应至少设置 1 个设备间，如果电话交换机与计算机网络核心设备分别安装在不同的场地或根据安全需要可设置两个或两个以上设备间，以满足不同业务的设备安装管理需要。

2. 设备间机柜的安装要求

如果一个设备间以 $10m^2$ 计算，大约能安装 5 个 19 寸(63.3cm)机柜。在机柜中安装大对数电话电缆采用 110 卡接式配线架，主干数据线缆采用模块式配线架，大约能支持总量 6000 个信息点所需要(其中电话和数据信息点各占 50%)的建筑物配线设备安装空间。

设备间内机柜的安装要求见表 6-1。

机柜的安装要求　　表 6-1

项目	机柜安装要求
安装位置	机柜应离墙 1m，便于安装施工。所有安装螺栓不得松动，保护橡皮垫应安装牢固
底座	安装应牢固，应按设计图的防震要求进行施工
安放	安放应竖直，柜面水平，垂直偏差≤1‰，水平偏差≤3mm，机柜之间缝隙≤1mm
表面	完整，无损伤，螺栓坚固，每平方米表面凹凸度应<1mm
接线	接线应符合设计要求，接线端子各种标记应齐全，保持良好
配线设备	接地体、导线截面、颜色应符合设计要求
接地	应设置接地端子，并良好连至楼宇的接地汇流排
线缆预留	对于固定安装的机柜，在机柜内不应有预留线长，预留线应预留在可以隐蔽的地方，长度在 1～1.5m。对于可移动的机柜，连入机柜的全部线缆在连入机柜的入口处，应至少预留 1m，同时各种线缆的预留长度相互之间的差别应不超过 0.5m
布线	机柜内走线应全部固定，并要求横平竖直

3. 电源的安装要求

设备间供电由大楼的市政供电进入设备间的专用配电柜。设备间设置网络设备专用的 UPS。在墙面上安装工作插座，其他房间根据设备的数量安装相应的维修插座。

楼层配线间的电源一般由设备间的 UPS 直接馈线，安装在网络机柜的旁边，安装 220V(三孔)电源插座。

4. 通信跳线架的安装

通信跳线架多用于语音布线系统，一般采用 110 型，完成上级程控电话交换机过来的干线与桌面终端的语音信息点配线之间的链接和跳接管理，其安装步骤如下。

步骤 1：取出 110 跳线架和附带的螺栓。

步骤 2：利用十字螺钉旋具把 110 跳线架用螺栓直接固定在网络机柜的立柱上。

步骤 3：理线。将所有线缆按照设计好的编号顺序按照横平竖直的原则整齐放置在配线架凹槽内，尽量不要交叉，要求整齐、美观。

步骤 4：把每条线缆按照线对顺序压入跳线架齿形槽中。

步骤 5：把 4 对或 5 对连接块用专用工具垂直压接在 110 跳线架上，完成端接。

5. 网络配线架的安装

在机柜内部安装配线架前，首先要进行设备位置规划或按照图纸的规定，统一考虑机柜内部的跳线架、配线架、理线环、交换机等设备的安装位置，置放顺序以方便识别以及减少配线架与交换机之间的跳线为准。

配线架通常采用进入机柜就近端接原则。采用地面出线方式时，一般缆线从机柜底部穿入机柜内部，配线架宜安装在机柜下部，采用桥架出线方式时，一般缆线从机柜顶部穿入机柜内部，配线架宜安装在机柜上部，采用线缆从侧面穿入机柜内部时，配线架宜安装在机柜中部。

配线架安装在网络机柜立柱左右对应的螺丝孔中，水平误差不大于 2mm，不允许左右孔错位安装，其安装步骤如下。

步骤 1：检查配线架和配件的完整。

步骤 2：用专用螺栓将配线架直接固定在机柜设计位置的立柱上。

步骤 3：端接线缆，打线，理线。

步骤 4：做好标记，安装标签条。

6. 交换机的安装

交换机安装前首先检查产品外观保证完整，开箱检查产品手册和保存配套资料。一般包括交换机，2 个角钢支架，4 个橡皮脚垫和 4 个螺栓，1 根电源线，1 根管理电缆。然后准备安装交换机，一般步骤如下。

步骤 1：从包装箱内取出交换机设备。

步骤 2：给交换机安装两个支架，注意固定角钢的安装方向如图 6-60 所示。

步骤 3：将交换机放在机柜中提前设计好的位置，用螺钉固定在机柜立柱上，如图 6-61 所示。一般交换机上下要留一些空间用于空气流通和设备散热。

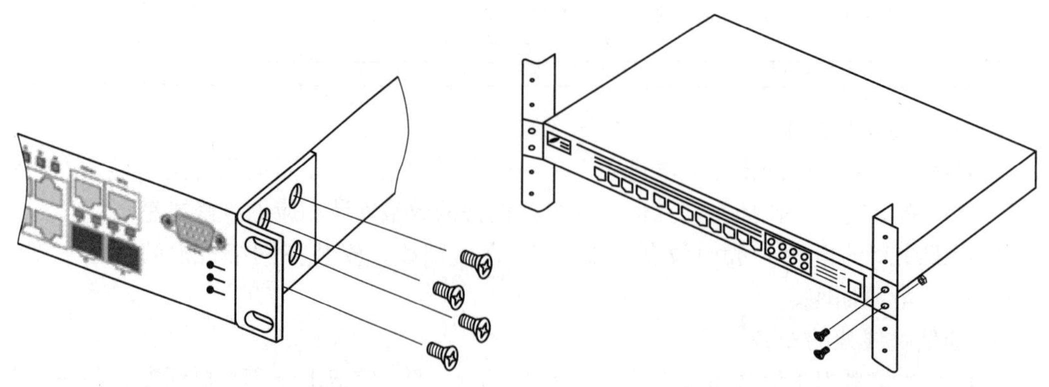

图 6-60　固定角钢的安装　　　　图 6-61　交换机固定在机柜立柱

步骤 4：将交换机外壳接地，将电源线插在交换机后面的电源接口。

完成上面四步操作后就可以打开交换机电源了，开启状态下查看交换机是否出现抖动现象，如果出现需检查脚垫高低或机柜上的固定螺栓松紧情况。

7. 理线环的安装步骤

步骤 1：取出理线环和所带的配件螺钉包。

步骤 2：将理线环安装在网络机柜的立柱上。

（注意：在机柜内设备之间的安装距离至少留 1 个单元的空间，便于设备的散热。）

8. 设备间防静电措施

为了防止静电对设备带来的危害，并更好地利用布线空间，应在中央机房等关键的房间内安装高架防静电地板。

防静电地板有钢结构和木结构两大类，要求既能提供防火、防水和防静电功能，又要轻、薄并具有较高的耐压强度和环境适应性，且有微孔通风。

防静电吊顶板上面的通风道应留有足够余地以作为机房敷设线槽、线缆的空间。

在设备间装修敷设抗静电地板安装时，同时安装静电泄放干线通道至接地网。

中央机房、设备间的高架防静电地板的安装注意事项：

（1）用水冲洗或拖湿清洁地面，必须能感到地面完全干了以后才可施工。

（2）画地板网格线和线缆管槽路径标识线，这是确保地板横平竖直的必要步骤。先将每个支架的位置正确标注在地面坐标上，之后马上将地板下面几种线槽线缆的出口、安放方向、距离等标注在地板上面，并准确地画出定位螺栓的孔位，而不能急于安放支架。

（3）敷设的线槽都是金属壳锁闭和开启的，并同时安装接地引线，然后布放线缆。

（4）支架及线槽系统的接地保护对于网络系统的安全至关重要。特别注意连接在地板支架上的接地铜带，作为防静电地板的接地保护。一定要等到所有支架安放完成后再统一校准支架高度。

9. 立式机柜的安装实训

（1）实训目的

通过对立式机柜的安装，熟练掌握机柜的布置原则和安装与使用方法。

（2）实训步骤

步骤 1：2～3 人组成一个项目组，选举项目负责人，每人设计一种立式机柜安装方案，并且绘制图纸，项目负责人选定 1 种设计方案。

步骤 2：列出实训材料清单。

步骤 3：列出实训工具清单，领取实训材料和工具。

步骤 4：实际测量尺寸，确定立式机柜安装位置。

立式机柜在管理间、设备间或机房的位置必须考虑远离配电箱，四周保证有 1m 的通道和检修空间。

步骤 5：准备好需要安装的设备——立式网络机柜，将机柜就位；然后将机柜底部的定位螺栓向下旋转，将 4 个轱辘悬空，保证机柜不能转动。如图 6-62 所示。

步骤 6：机柜安装完毕后，练习机柜门板的拆卸和重新安装。

10. 壁挂式机柜的安装实训

壁挂式机柜一般安装在墙面，高度在 1.8m 以上，必须避开电源线路。安装前，现场用纸板比对机柜上的安装孔，做一个样板，按照样板孔的位置在墙面开孔，安装 M10～

M12mm 膨胀螺栓 4 个，然后将机柜安装在墙面，引入电源。

（1）实训目的

通过综合布线实训仿真墙上壁挂式机柜的安装，熟悉机柜的布置原则和安装方法及使用要求。

（2）实训步骤

步骤 1：2～3 人组成一个项目组，选举项目负责人，每人设计一种壁挂式机柜安装方案，并且绘制图纸。项目负责人选定 1 种设计方案进行实训。

步骤 2：列出实训材料清单。

步骤 3：列出实训工具清单，领取实训材料和工具。

步骤 4：确定壁挂式机柜在实训仿真墙上的安装位置，如图 6-63 所示。

图 6-62　机柜安装示意图

图 6-63　壁挂式机柜安装示意图

步骤 5：准备好需要安装的设备——壁挂式网络机柜，使用实训专用螺栓，在设计好的位置安装壁挂式网络机柜，螺栓安装牢固。

步骤 6：安装完毕后，做好设备编号。

6.4.7　管理子系统安装技术

管理子系统是综合布线系统的线路中枢，该区域往往安装了大量的线缆、管理部件及跳线，为了方便日后线路的管理，管理子系统的线缆、管理部件及跳线都必须做好标记，以标明位置、用途等信息。完整的标记应包含以下的信息：建筑物名称、位置、区号、起始点和功能。

综合布线系统一般常用 3 种管理标记：电缆标记、场标记和插入标记，其中插入标记用途最广。

1. 电缆标记

电缆标记主要用来标明电缆来源和去处。在电缆连接设备之前，其始端和终端都要做好电缆标记。电缆标记由背面为不干胶的白色材料制成，可以直接贴到各条电缆表面，其规格尺寸和形状根据需要而定，例如 1 根电缆从三楼的 311 房间的第一个计算机网络信息点拉到楼层配线间，则该电缆的两端应标记上“311-D1”的标记，其中“D”标识数据信息点。

2. 场标记

场标记又称区域标记，一般用于设备间、配线间和二级交接间（子配线间）的配线架，以区别配线架连接线缆的来源，也是由背面为不干胶的不同颜色材料制成，可贴在配线架醒目的平整表面。

3. 插入标记

插入标记是硬纸片，可以插入到 1.27cm×20.32cm 的透明塑料夹里，这些塑料夹可安装在两个 110 配线架或两根 BIX 安装条之间，每个插入标记都用颜色来标明端接于设备间和配线间的连接电缆源发地。对于插入标记的色标使用方法，综合布线系统有较为统一的规定，见表 6-2。

综合布线色标场的规定　　表 6-2

色别	设备间	配线间	二层交换机
蓝	设备间至工作区或用户终端线路	楼层配线间至工作区的水平线路	
橙	网络接线、多路复用器引来的线路	来自配线架多路复用器的输出线路	
绿	来自电信局的输入中继线或网络交换接口的设备侧线路		
黄	交换机的用户引出线或辅助装置的连接线路		
灰		至二级交接间的连接电缆	
紫	来自系统公共设备(如程控交换机或网络设备)连接线路	来自系统公共设备(如程控交换机或网络设备)连接线路	来自系统公共设备(如程控交换机或网络设备)连接线路
白	干线电缆和建筑群间连接电缆	来自设备间干线电缆的端接点	来自设备间干线电缆的点到点端接

6.4.8　进线间和建筑群子系统安装技术

1. 建筑群子系统的安装要求

国家标准《综合布线系统工程设计规范》GB 50311—2016 第 7 章安装工艺内容中第 6.5.3 款规定：建筑群之间的线缆宜采用地下管道或电缆沟敷设方式。

2. 建筑群子系统的布线距离的计算

建筑群子系统的布线距离通过两栋建筑物之间的实际走线距离来确定。一般在每个室外接线井里预留 1m 的线缆端接余量。

3. 建筑群子系统的架空布线方法

架空布线安装法要求用电杆将线缆在建筑物之间悬空架设，一般先架设钢丝绳，然后再于钢丝绳上挂放线缆。架空布线使用的主要材料和配件有：缆线、钢缆、固定螺栓、固定拉攀、预留架、U 形卡、挂钩、标识管等，在架设安装时需要使用滑车、安全带等辅助工具。架空线缆敷设时，一般步骤如下。

步骤 1：电杆以 30～50m 的间隔距离为宜。

步骤 2：根据线缆的质量选择钢丝绳，一般选 8 芯钢丝绳。

步骤 3：接好钢丝绳。

步骤 4：架设线缆。

步骤 5：每隔 0.5m 架一个挂钩。

4. 进线间的线缆安装

建筑群线缆入室通常穿过建筑物外墙的 U 形钢管保护套，然后向下（或向上）延伸，从电缆孔进入建筑物内部。建筑物到最近的电线杆相距应小于 30cm。建筑物的电缆入口可以穿墙电缆孔或管道，电缆入口的孔径一般为 5cm。

弱电线缆与电力电缆之间的间距应遵守当地城管等部门的有关法规。

6.4.9 综合布线系统总体安装技术

1. 实训目的

熟悉和掌握综合布线系统工程的总体安装与组网操作。

2. 实训项目

(1) 水平子系统的搭建；

(2) 垂直子系统的搭建；

(3) 工作区子系统搭建；

(4) 设备间子系统搭建；

(5) 管理间子系统搭建；

(6) 网络搭建与交换调试。

3. 综合布线系统搭建参考图

系统搭建参考如图 6-64 所示。

4. 综合布线系统搭建原理概述

如图 6-65 所示，工作区 A 与工作区 B 形成的实训区 1 内的信息点经水平子系统与垂直子系统汇聚到工作区 C 与工作区 D 形成的实训区 2 内的机柜 2；同理，工作区 C 与工作区 D 形成的实训区 2 内的信息点经水平子系统与垂直子系统汇聚到工作区 A 与工作区 B 形成的实训区 1 内的机柜 1；机柜 1 与机柜 2 分别通过光缆到中心机柜，完成系统的搭建。系统搭建链路说明图如图 6-65 所示。

5. 系统实训说明

(1) 工作区 A、工作区 B、工作区 C 及工作区 D 各自安装 2 个 RJ45 信息点；

(2) 工作区 A 与工作区 D 的信息点汇聚到各自机柜，其水平子系统与垂直子系统都通过线槽布设，在水平子系统内存在线缆共用水平线槽；

(3) 工作区 B 与工作区 C 的信息点汇聚到各自机柜，其水平子系统与垂直子系统都通过线管布设，线缆布放先后通过线管、线槽、线管，在水平子系统内存在线缆共用水平线管；

(4) 机柜 1 与机柜 2 通过线槽分别布设 1 条主干光缆到中心机柜，主干光缆为室外 4 芯多模光缆，共需完成 8 条光缆链路的熔接；

(5) 机柜 1、2 内完成配线架的安装与端接、光纤熔接、光纤熔接盒安装、光纤盘纤及固定、接入层交换机及光纤模块的安装与连接；

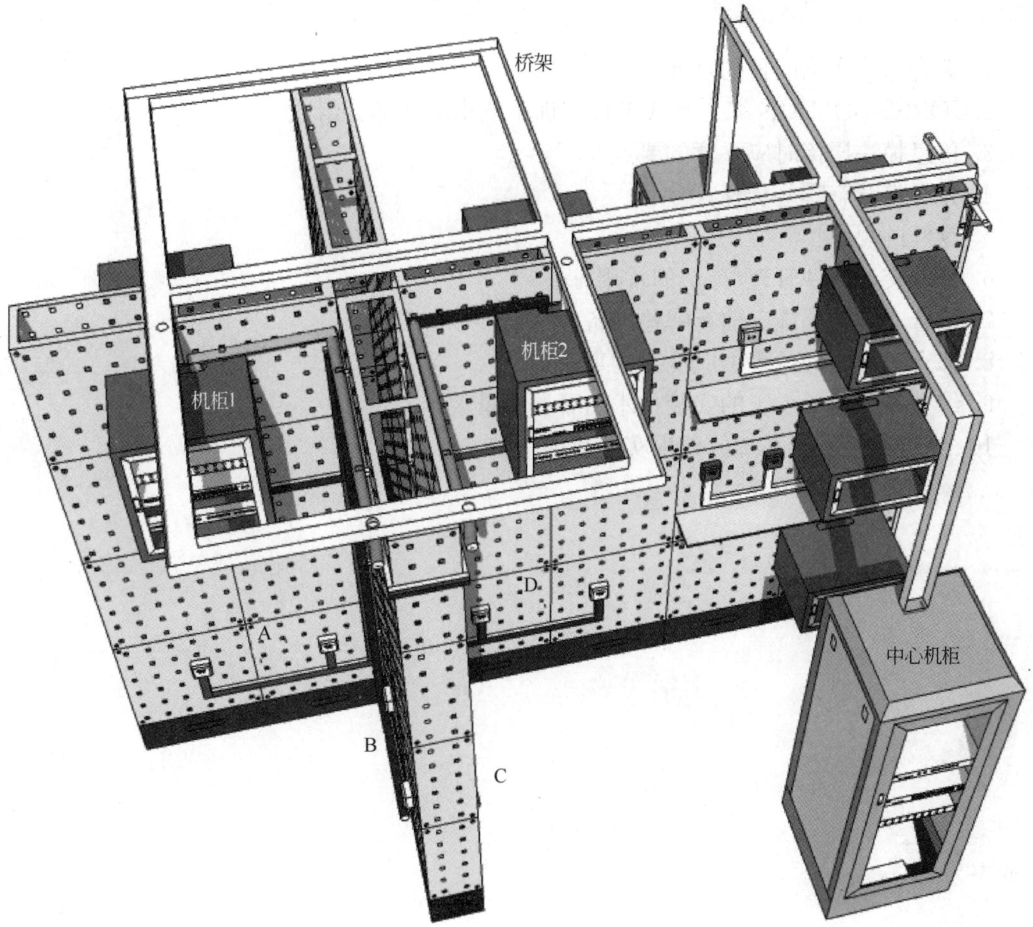

图 6-64　系统搭建参考图

（6）中心机柜内完成光纤熔接、光纤熔接盒的安装、光纤盘纤及固定、核心层交换机、防火墙、路由器的安装；

（7）完成网络设备的简单组网搭建；

（8）所有铜缆链路布放长度均不得少于 10m，多余部分可相应盘放在机柜内；

（9）完成铜缆链路的永久链路测试或信道链路测试及光纤链路的测试；

（10）各链路测试合格后进行三层交换机、核心交换机、防火墙及路由器的路由交换及安全调试；

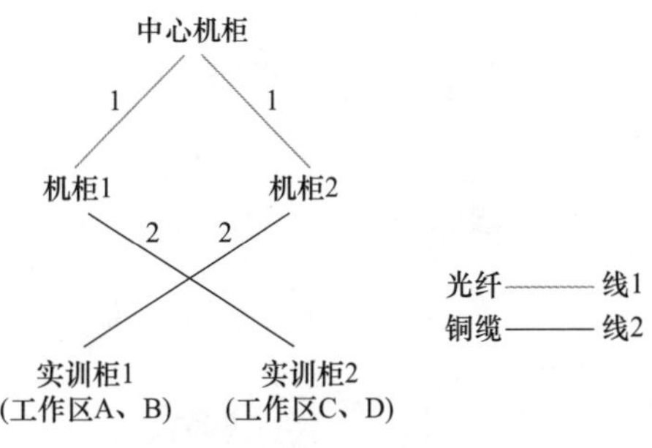

图 6-65　系统搭建链路说明图

（11）进行相关网络性能测试，主要包括：组网测试、以太网链路流量分析、IP 测试、VLAN 测试、网络管理、端口扫描及病毒检测等。

复习思考题

1. 综合布线实训的目的是什么？
2. CORSS-DOMAIN 综合布线工程实训系统由哪几部分组成？
3. 信息模块压接时应注意的要点？
4. 光纤接续有哪些步骤？
5. 盘纤的规则？
6. 光纤交连部件管理/标记的常用方法？
7. 综合布线工程施工前有哪些准备？
8. 综合布线实训过程中应注意的事宜？
9. 综合布线各子系统的安装技术由哪些标准要求？
10. 综合布线各子系统的各项实训目的是什么？

第 7 章　系 统 测 试

7.1　综合布线测试技术概述

综合布线系统的通信链路是否符合设计要求，是否满足当前或将来网络传输性能的要求，只有通过测试才能回答上述问题。

综合布线工程的竣工验收也必须经过严格的传输链路参数测试，它是鉴定综合布线工程建设各环节质量的手段；测试资料也必须作为验收文件存档。

1. 测试的类型

综合布线系统的测试按照测试要求的不同，一般分为验证测试、鉴定测试和认证测试三个类型，这些测试都是使用专用仪器的客观检验，其中认证测试按照测试参数的严格程度又被分为元件级测试、链路级测试和应用级测试；如果按照测试对象或工程阶段的不同，一般分为选型测试、进场测试、监理测试/随工测试、验收测试/第三方测试、诊断测试、维护性测试等。

（1）验证测试

验证测试的目的主要是监督线缆、接插件质量和安装工艺，一般是边施工边测试，及时发现并纠正所出现的问题，不至于等到工程完成时才发现问题而积重难返，防止耗费不必要的人力、物力和财力。

验证测试一般不需要使用复杂的检测设备，只要能检测接线图和线缆长度的测试仪即可。在工程中，线序错误、开路、短路、反接、线对交叉、链路超长等一类的问题占整个工程安装质量问题的 80%，而这些问题在施工的当期通过一系列的重新端接、调换线缆、修正布线路由等措施就能较容易地解决；而对于光缆链路则只要能检查极性和通断即可。

（2）鉴定测试

鉴定测试的目的主要是检查链路支持应用的能力，测试内容和方法较为简单，属于非标准检验。比如，测试链路是否支持某个应用和带宽要求、能否支持 10M/100M/1000M 网络通信，则属于鉴定测试；只测试光纤的通断、极性、衰减值或接收功率而不依据标准值去判定“通过/失败”，也属于鉴定测试；随工测试、监理测试、开通测试、升级前的评估测试、日常维护和故障诊断测试等都可以用到鉴定测试，可以减少大量的停工返工时间，并避免资金的浪费。

（3）认证测试

认证测试是按照某一标准，对综合布线系统的设计方案、产品选材、安装方法、电气特性、传输性能以及施工质量进行的全面检验，是评价综合布线工程质量的科学手段。认证测试与鉴定测试最明显的区别就是测试的参数多而全面，而且一定要在比较标准极限值后给出“通过/失败”判定结果。例如，依照标准对光纤的衰减值和长度进行“通过/失败”测试属于认证测试。认证测试是项目验收工作中的最重要项目，其测试结论也是验收报告中必备的内容。本章论述的测试技术主要针对认证测试。

实际工程中，综合布线系统的初期性能(建网阶段)不仅取决于综合布线方案设计和所选的器材的质量，同时也取决于施工工艺。后期性能(用网阶段)则取决于交付使用后的定期测试、变更后测试、预防性测试、升级前评估测试等质保措施的实施。认证测试是真正能衡量链路质量的测试手段，在建网和管网、用网的整个过程中，即综合布线全生命周期中都会被经常使用。例如，一个 CAT6A 系统，计划使用期限是 25 年以上，验收测试全部合格，但实际上测试报告是伪造的，系统交付使用后先期运行 10M/100M/1000M 为非常优秀，但在第三年的时候准备部分链路升级启用 10G 服务器连接(10G 的电口比光口价格便宜 40%)，结果发现全部服务器都无法实现接入，经过再次认证测试发现链路只能达到 CAT5e 的标准——可见这是一个伪 CAT6A 系统。

认证测试也不等同于工程验收。验收是建设单位对综合布线工程的认可，检查确认工程建设质量是否符合设计要求和有关验收标准；而认证测试是由专家组、独立的第三方测试机构以及建设单位、承建方共同进行的对工程建设水平的评价，一般先由建设单位向鉴定小组客观地反映使用情况，然后再由鉴定小组组织人员对系统进行全面的考查，通过认证测试，写出鉴定书，提交上级主管部门进行备案。

2. 测试注意事宜

综合布线测试人员应注意以下几点：

(1) 选定测试仪

认真阅读仪器的说明书，掌握正确的操作方法。

(2) 熟悉工程

熟悉待测综合布线工程系统图、施工图，了解该项目的用途以及设计要求、测试标准、测试方式、电缆类型等，并根据这些情况正确设置测试仪的挡位。

(3) 判定出错原因

在测试过程发现故障时及时判断原因予以纠正并重新进行测试。

(4) 测试报告输出与整理

通常测试仪会自动生成对被测线缆、链路或信道的测试报告，有的测试仪还可以生成总结摘要报告。这些报告可以输入到计算机，然后进行存档、打印报表。认证测试是十分严格的过程，不允许对测试结果进行修改，必须从测试仪直接送往打印机输出。

7.2 系统的测试认证标准与测试模型

7.2.1 测试认证标准和测试内容

1. 认证标准

验证测试和鉴定测试均不需要标准支持，但若要测试和验收综合布线的产品质量和工程质量，就必须有一个公认的标准。与布线设计标准一样，国际上制定布线测试标准的组织主要有国际标准化委员会 ISO/IEC、欧洲标准化委员会 CENELEC 和北美的工业技术标准化委员会 ANSI/TIA/EIA。其中，1995 年 10 月美国通信工业协会/电子工业协会 TIA/EIA 发布的技术白皮书《现场测试非屏蔽双绞电缆布线系统传输性能技术规范》TSB—67

比较全面地规定了非屏蔽双绞电缆布线的现场测试内容、方法以及对测试仪器的细节要求；1999年11月ANSI/TIA/EIA又推出了《100Ω 4对增强5类布线传输性能规范》ANSI/TIA/EIA 568—A5，这个现场测试标准被称为ANSI/TIA/EIA 568—A5—2000；2002年6月ANSI/TIA/EIA发布了支持6类(CAT6)布线标准的ANSI/TIA/EIA 568—B；2014年11月推出了有关6A类布线的测试标准《Balanced Twisted-Pair Telecommunications Cabling and Components Standard，Addendum 2：Alternative Test Methodology for Category 6A Patch Cords》ANSI/TIA/EIA568-C. 2-2；2016年7月推出了8类布线测试标准《Balanced Twisted-Pair Telecommunications Cabling and Components Standard，Addendum 1：Specifications for 100Ω Category 8 Cabling》ANSI/TIA/EIA 568-C. 2-1。ISO/IEC在1995年5月推出《Generic cabling for Customer Premises》ISO/IEC11801—1995，将布线系统分为A～E级，分别对应ANSI/TIA/EIA568标准中的1、2、3、5和6类布线器材，并提出相应的系统测试指标要求；2017年11月推出了《Generic cabling for customer premises-General requirements》ISO/IEC 11801—2017，增加了有关8类(ClassⅠ/Ⅱ)布线的测试要求；2018年4月又推出了《Generic cabling for Customer Premises：Part1～6》ISO/IEC 11801—2018，增加有关OM5多模光纤的测试要求。我国有关综合布线系统测试的规范主要是依据《综合布线系统工程验收规范》GB/T 50312，使用的术语和相关要求与ISO/IEC 11801相符，最新版本是2016版，自2017年4月1日实施。

本节所指的认证测试是针对水平配线电缆的检测，因为这段电缆是综合布线各个子系统中用线量最大、生命周期最长、建设质量要求最高的部位，几乎所有国内外认证标准的制定都主要是针对这一段线缆。

2. 测试内容

《现场测试非屏蔽双绞线电缆布线系统传输性能技术规范》TSB—67规范包括以下内容：

(1) 定义测试链路、通道连接结构；

(2) 定义应测试的传输参数；

(3) 为每一种链路结构定义测试参数标准值；

(4) 测试报告最少需应包含的项目；

(5) 定义现场测试仪的技术和精度要求；

(6) 现场测试仪的测试结果与实验室设备测试结果的比较。

《6类线缆标准》ANSI/TIA/EIA 568—B包括B.1、B.2和B.3三大部分。B.1为商用建筑物电信布线标准总则，包括布线子系统定义、安装实践、链路/信道测试模型及指标；B.2为平衡双绞线部分，包含了组件规范、传输性能、系统模型以及与用户验证布线系统的测量程序相关的内容；B.3为光纤布线部分，包括光纤线缆、光纤连接件、跳线和现场测试仪的规格要求。光纤链路的测试将在下一节详解。

7.2.2 测试模型

测试模型是指被测试的布线连接架构形式。根据我国的《综合布线系统工程验收规范》GB/T 50312—2016，结合《现场测试非屏蔽双绞线电缆布线系统传输性能技术规范》TSB—67测试标准，归纳出如下认证测试模型。

1. 元件级测试模型

元件级测试模型比较简单，基本上就是电缆、跳线、模块三种。单个的水晶头一般不作为独立元件进行检测。对于光缆，则主要是光纤、连接件、分光器等，耦合器有时会用于间接的认证测试(比对)。

2. 基本链路(Basic Link，BL)模型

基本链路模型又称为承包商连接方式，用以测量所安装的固定布线链路性能。

基本链路模型的架构形式如图 7-1 所示，包括最长 90m 的固定安装的水平电缆 F、水平电缆两端的接插件(一端为工作区信息插座模块，另一端为楼层配线架模块)和两条与现场测试仪相连的 2m 测试仪专用跳线 G、E，电缆总计长度为不大于 94m。

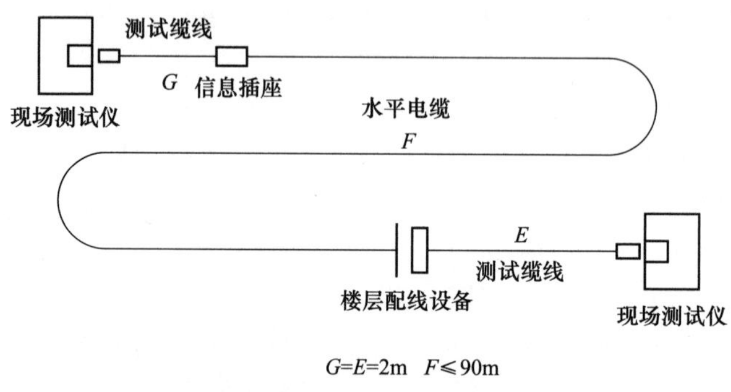

图 7-1 基本链路模型

模型中所有的连线、连接点都会对测试结果产生影响。由于基本链路定义中包含了专用测试跳线的参数，在高速链路中这根跳线的质量会影响链路的测试结果，而实际测试时人们多使用自制的配线架跳线代替经过严格检验专用跳线使得测试质量无法保障，故新标准中已将此模型放弃。

3. 信道(Channel，CH)模型

信道模型又称为用户连接方式，用以保证包括用户终端连接线在内的整体通道的性能，这也正是用户所关心的实际工作信道。信道模型如图 7-2 所示。

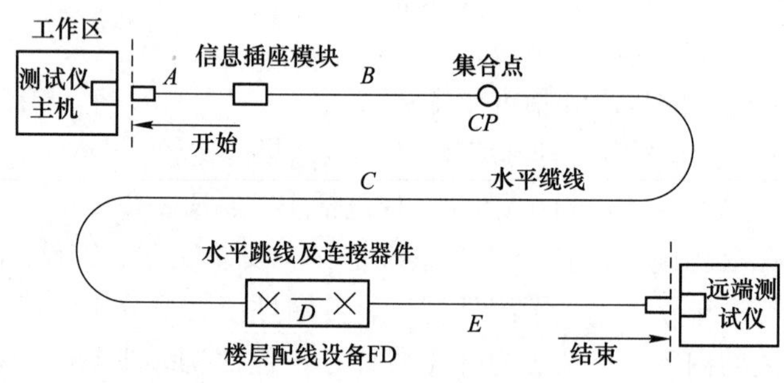

图 7-2 信道模型

信道是指从网络设备连接线 E 到工作区用户终端连接线 A 的端到端连接，它还包括了最长为 90m 的固定安装的水平电缆 $C+B$、水平电缆两端的接插件(一端为工作区信息插座模块，另一端为楼层配线架模块)、一个靠近工作区的可选的集合点连接器 CP、最长为 2m 的位于楼层配线架上的连接跳线 D，$A+D+E$(软跳线)最大长度为 10m，信道总计最长不大于 100m。

4. 永久链路(Permanent Link，PL)模型

永久链路又称固定链路，在国际标准化组织 ISO/IEC 制定的电缆增强 5 类、6 类标准及 TIA/EIA568B 新测试定义中都增加了永久链路测试方法，它将作为目前工程验收普遍应用的承包商连接方式代替基本链路模型。

永久链路是由最长为 90m 的水平电缆 $G+H$、水平电缆两端的接插件(一端为工作区信息插座模块，另一端为楼层配线架模块)和链路可选的集合点连接器 CP 组成，电缆总长度不大于 90m，如图 7-3 所示，不包括基本链路的两端各 2m 测试电缆。

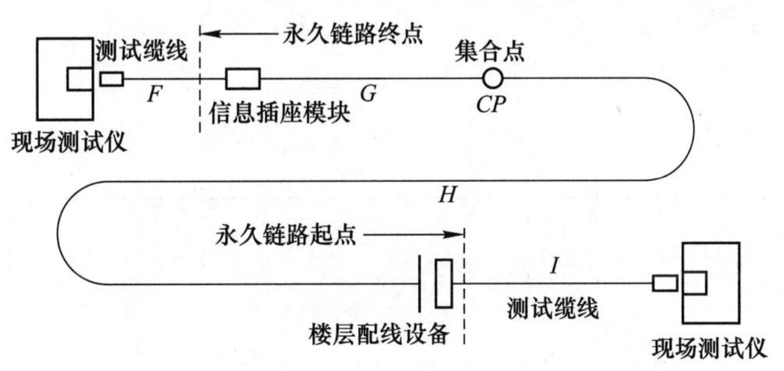

图 7-3 永久链路模型

在永久链路测试中，测试仪能够自动扣除测试设备连线 F、I 在测试过程中带来的误差。

在信道模型和永久链路模型中都包含了一个中间转接点，标准中测试参数的相关技术指标限值也都是针对含有中间转接点的，然而在实际工程中绝大部分水平布线没有转接点，少 1 个连接点的测试结果当然更容易通过。因此，为了得到尽可能准确的测试，在工程验收中应严格检查那些测试数据接近极限值的被测点的建设质量。

无论是哪种测试模型的测试报告都是为了认证该综合布线的质量是否达到设计要求，三者只是测试的范围和定义不一样，就好比基本链路是要测试一座带有测试引桥的大桥能否承受 100km/h 的速度，而信道不光要测试大桥主体，还要加上引桥后整条道路能否承受 100km/h 的速度，永久链路测试则只是指出大桥主体存在的缺陷。在测试中选用什么样的测试模型，要根据用户的需要和实际情况决定。一般工程验收测试时建议选择基本链路方式或永久链路方式进行，因为测试过程一旦包括用户自备电缆，相应的测试参数将降低要求。

7.3 测 试 参 数

7.3.1 电缆认证测试参数

第一个综合布线系统工程检测的国家标准《建筑与建筑群综合布线系统工程验收规范》GB/T 50312—2000 规定了 D 级(5 类)及其以下类别布线系统的测试方法和内容，测试参数共有五个。2007 年修订后的国家标准《综合布线系统工程验收规范》GB 50312—2007，增加了 5e 类和 6 类布线系统的测试方法和内容，测试参数增加到 14 个。最新修订的《综合布线系统工程验收规范》GB/T 50312—2016，对从 A 级到 FA 级(7A 类)的各级布线系统的测试方法和内容做出了规定，其中 FA 级规定测试参数达到 17 个，可选

测试参数 4 个。根据最新版国家标准，综合布线系统的工程测试内容见表 7-1，有关 8 类布线的测试项目一并列入。

各等级电缆布线系统工程电气性能测试内容　　表 7-1

等级 参数	A 级 (CAT 1)	C 级 (CAT 3)	D 级 (CAT 5)	E 级 (CAT 6)	E_A 级 (CAT 6A)	F 级 (CAT 7)	F_A 级 (CAT 7A)	Ⅰ/Ⅱ级 (CAT 8)**
连接图	√	√	√	√	√	√	√	√
长度	√	√	√	√	√	√	√	√
衰减	√							
近端串扰 (NEXT)	√	√	√	√	√	√	√	√
传播时延 (PD)	√	√	√	√	√	√	√	√
传播时延偏差	√	√	√	√	√	√	√	√
直流环路电阻	√	√	√	√	√	√	√	√
插入损耗 (IL)		√	√	√	√	√	√	√
回波损耗 (RL)		√	√	√	√	√	√	√
近端串扰功率和 (PSNEXT)			√	√	√	√	√	√
衰减近端串扰比 (ACRN)			√	√	√	√	√	
衰减近端串扰 比功率和 (PSACRN)			√	√	√	√	√	
衰减远端串扰比 (ACRF)			√	√	√	√	√	√
衰减远端串扰比 功率和 (PSACRF)			√	√	√	√	√	√
外部近端串扰功率和 (PSAACRN)					√		√	√
外部衰减远端串 扰比功率和 (PSAACRF)					√		√	√

续表

参数 \ 等级	A 级 (CAT 1)	C 级 (CAT 3)	D 级 (CAT 5)	E 级 (CAT 6)	E_A 级 (CAT 6A)	F 级 (CAT 7)	F_A 级 (CAT 7A)	Ⅰ/Ⅱ级 (CAT 8)**
横向转换损耗 (TCL)			√*	√*	√*	√*	√*	√
两端等效横向转换转移损耗 (ELTCTL)			√*	√*	√*	√*	√*	√
耦合衰减 (CA)			√*	√*	√*	√*	√*	√
线对内不平衡电阻			√*	√*	√*	√*	√*	√
屏蔽层连通性						√	√	√

注：* 为可选测试项。
** 为 TIA568 规定的测试项。《综合布线系统工程验收规范》GB/T 50312—2016 未包括Ⅰ/Ⅱ级(8 类)布线的测试内容。

对各级布线系统要求测试的一般项目介绍如下。

1. 接线图/线序图(Wire Map)

接线图是用来检验每根电缆两端的八条芯线与接线端子实际连接是否正确，并对安装连通性进行的检查。测试仪能显示出电缆端接的正确性。

2. 长度(Length)

基本链路的最大长度是 94m，信道的最大长度是 100m，永久链路的最大长度是 90m。它们可通过丈量电缆的外皮长度确定，也可从每对芯线的电气测量中得出。

一条电缆的四对双绞线由于绞距不同使得实际长度略有差异。

测量电气长度是基于计算信号传输反射回波时间原理和电缆的额定传播速度(*NVP*)值来实现的。所谓额定传播速度是指信号在该电缆中传输速度与真空中光的传输速度比值的百分数。测量额定传播速度的方法有时域反射法(TDR)和电容法两种，前者是最常用的方法，它通过测量信号在链路上的往返延迟时间，然后与该电缆的额定传播速度值进行计算就可得出链路的电气长度。

为了保证长度测量的精度，进行此项测试前需对被测线缆的 *NVP* 值进行校核。校核的方法是使用一段该标号标准长度如 300m 的电缆来调整测试仪器，使长度读数等于 300m，则测试仪就会自动校正该标号电缆的 *NVP* 值。该值随不同类型不同绞距的线缆而异，通常范围为 60%～80%。长度的计算公式如下：

$$L=12T \cdot NVP \cdot C \tag{7-1}$$

式中　L——电缆长度，m；

T——信号传送与接收之间的时间差，s；

C——真空状态下的光速(3×10^8m/s)。

如果长度超过标准规定的最大限值，不仅链路上的信号损耗增大，而且产生计算机网络信号碰撞延迟，网络流量下降，信号传递效率降低等软故障。

3. 直流环路电阻(Resistance)

任何导线都存在电阻，直流环路电阻是指一对双绞导线的线电阻之和。当信号在双绞线中传输时，会消耗一部分能量且在导体中转变为热量。直流环路电阻的测量原理是将每对双绞线远端短路在近端取数，其值应与电缆中导体的长度和直径相符合。

标准规定 100Ω 非屏蔽双绞电缆直流环路电阻不大于 19.2Ω/100m，150Ω 屏蔽双绞电缆直流环路电阻不大于 12Ω/100m。

4. 特性阻抗(Impedance)

特性阻抗是电缆对高频信号所呈现的阻抗，与导线上的分布电感和分布电容有关，所谓 100ΩUTP 中的 100Ω 就是指该电缆的标称特性阻抗值。正常情况下，整条电缆在测试频率范围内的测量值不超过标称值的 15％都算合格。

线上任一点的特性阻抗不连续、不匹配都会导致链路信号反射和信号畸变，它们会产生信号全反射，在网络上造成信号碰撞或帧破损。使用测试仪器上的 TDR(时域反射)技术可以很快进行特性阻抗故障点的定位，如果沿电缆发出的脉冲信号没有反射说明特性阻抗均匀，否则利用脉冲信号返回的时间可以计算出不连续点的距离，反射脉冲的幅度可以告知不匹配的程度。

5. 衰减(Attenuation)

衰减又称插入损耗，是对信号能量沿链路传输损耗的量度，取决于双绞线的分布电阻、分布电容、分布电感等分布参数和信号频率，并随频率和线缆长度的增加而增大，用 dB 表示。信号衰减增大到一定程度，将会引起链路传输的信息不可靠，例如网络速度下降、间歇地找不到服务器等。引起衰减的原因还有集肤效应、特性阻抗不匹配、连接点接触电阻变大以及温度升高等因素。

在选定的某一频率上，不同连接方式的衰减允许极限值如表 7-2 所示。这个表是在 20℃时给出的允许值，随着温度的增加，衰减值还会增加。具体来说，3 类电缆在温度每增加 1℃时衰减增加 1.5％，4 类和 5 类电缆在温度每增加 1℃时衰减增加 0.4％，超 5 类以上等级电缆的温度系数也可照此估算；当电缆安装在金属管道内时，链路的衰减增加 2％～3％。《现场测试非屏蔽双绞线电缆布线系统传输性能技术规范》TSB——67 规定，在其他温度下测得的衰减值按式(7-2)换算到 20℃时的相应值再与表 7-2 比较。

$$A_{20}=\frac{A_{\mathrm{T}}}{1+K_t(T-20)} \tag{7-2}$$

式中 A_{20}——修正到 20℃的衰减值，dB；

T——测量环境温度，℃；

A_T——测量出的衰减值，dB；

K_t——电缆温度系数，1/℃。

不同连接方式下允许的最大插入损耗 表 7-2

频率（MHz）	C 级（dB）		D 级（dB）		E 级（dB）		F 级（dB）	
	信道	永久链路	信道	永久链路	信道	永久链路	信道	永久链路
1	4.2	4.0	4.0	4.0	4.0	4.0	4.0	4.0
16	14.4	12.2	9.1	7.7	8.3	7.1	8.1	6.9

续表

频率（MHz）	C级（dB）		D级（dB）		E级（dB）		F级（dB）	
	信道	永久链路	信道	永久链路	信道	永久链路	信道	永久链路
100			24.0	20.4	21.7	18.5	20.8	17.7
250					35.9	30.7	33.8	28.8
600							54.6	46.6

现场测试仪器可以同时测量已安装的同一根电缆内所有线对的衰减值，通过将其中的最大衰减值与衰减标准值比较后，给出这项指标通过或未通过的结论。

6. 近端串音(NEXT)

串音又译串扰，是高速信号在双绞线上传输时，由于分布电感和电容的存在，在邻近线对中感应到的信号，是电缆中一个线对中的信号在传输时耦合(辐射)到其他线对中的能量损失度量。从一个发送信号的线对(比如 1、2 线对)泄漏到相邻线对(比如 3、6 线对)的这种串音被认为是给相邻线对附加的噪声，因为它会干扰相邻线对中信号的传输。串音分为近端串音(Near End Crosstalk，NEXT)和远端串音(Far End Crosstalk，FEXT)两种，NEXT 是 UTP 电缆中最重要的一个参数。

串音的单位是 dB，定义为导致串音的发送信号功率与同端相邻线对接收到的串音功率之比。NEXT 值越大，表明串音越低，链路性能越好。图 7-4 表明双绞电缆基本链路的近端串音(NEXT)与频率的关系，可见随着信号频率的增大链路近端串音性能变差。

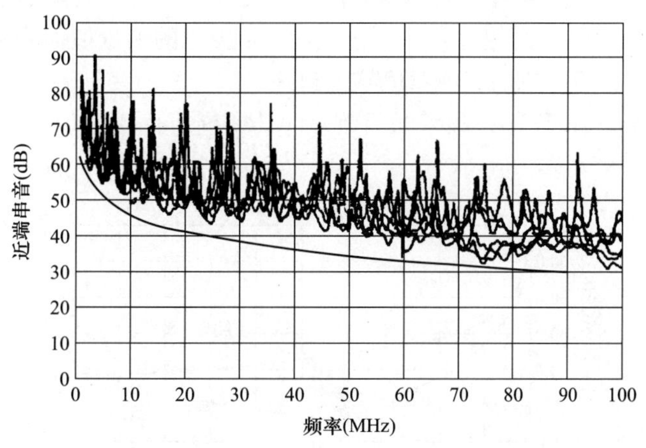

图 7-4　近端串音与频率的关系

施工的质量问题会对近端串音产生较大影响(如端接处开绞过长)。

测试报告给出的曲线表明一条电缆的各对双绞线的近端串音损耗不同。

对于双绞电缆链路，近端串音是一个关键的性能指标，也是最难精确测量的指标，尤其是随着信号频率的增加其测量难度就更大。《现场测试非屏蔽双绞线电缆布线系统传输性能技术规范》TSB——67 中要求 5 类电缆链路必须在 1～100MHz 的频率范围内测试；3 类链路是 1～16MHz；4 类链路是 1～20MHz。

不同连接方式下最小近端串音损耗一览表，如表 7-3 所示。

最小近端串音损耗一览表 **表 7-3**

频率（MHz）	C级（dB）		D级（dB）		E级（dB）		F级（dB）	
	信道	永久链路	信道	永久链路	信道	永久链路	信道	永久链路
1	39.1	40.1	60.0	60.0	65.0	65.0	65.0	65.0
16	19.4	21.1	43.6	45.2	53.2	54.6	65.0	65.0
100			30.1	32.3	39.9	41.8	62.9	65.0
250					33.1	35.3	56.9	60.4
600							51.2	54.7

近端串音必须进行双向测试，因为一条链路的另一侧端接情况肯定不同，发送信号的线对对其同侧其他线对同样有可能造成串音，即测试报告中的 NEXT@Remote。一般情况下，一条链路两端的 NEXT 和 NEXT@Remote 值很可能是完全不同的。

另外应注意到，线对 i 对线对 j 的近端串音与线对 j 对线对 i 的近端串音不一定相同。现场测试仪应该能测试并报告出在该条电缆上哪两对线之间 NEXT 性能最差。与 5 类电缆相比，超 5 类布线技术在 NEXT 方面改进了 3dB。尽管超 5 类电缆的最高传输频率仍为 100MHz，但其新增了多个 5 类电缆不要求的测试参数，如后面介绍的 PSNEXT 等，以保证兼容千兆以太网。

7. 近端串音与衰减比(ACR)

ACR 是以 dB 表示的近端串音与以 dB 表示的衰减之差值，它表示了同一线对上信号强度与串音产生的噪声强度的相对大小，它不是一个独立的测量值而是衰减与近端串音的计算结果，ACR=NEXT－A，其绝对值越大越好。

衰减、近端串音、ACR 都是频率的函数，ACR 应在同一频率下进行运算，三者的关系如图 7-5 所示。

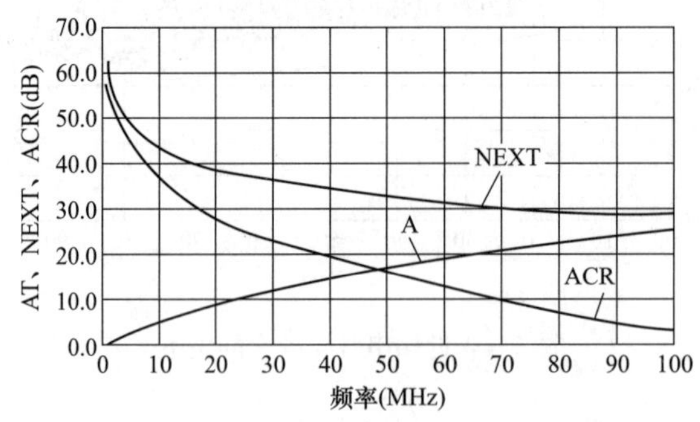

图 7-5　ACR、NEXT 和衰减 A 的关系

图 7-6 可以进一步说明 ACR 的计量意义，线对 2 上接收的信号功率 $P_{2收}$ 与串音功率 $P_{2串}$ 的关系：

$$\text{NEXT}-\text{A}=10\lg\frac{P_{2串}}{P_{1发}}-10\lg\frac{P_{2收}}{P_{2发}}=10\lg\left(\frac{P_{2串}}{P_{1发}}\cdot\frac{P_{2发}}{P_{2收}}\right)$$

其中 $P_{1发}=P_{2发}$ 时，ACR$=|10\log(P_{2串}/P_{2收})|$，希望其中 $P_{2收}>P_{2串}$。

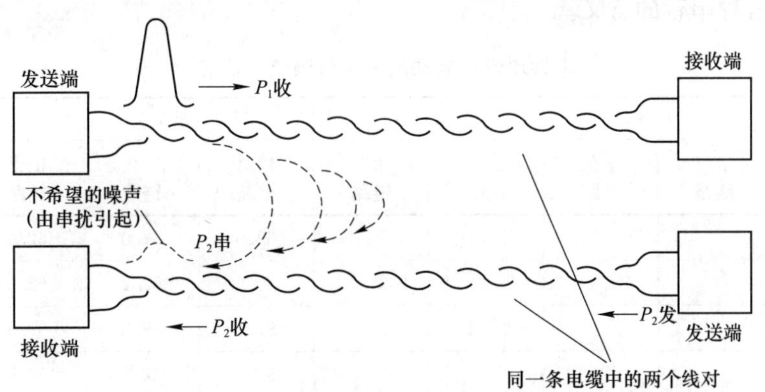

图 7-6 ACR 示意图

从图 7-5 可见，ACR 随频率升高而减小，确定不同等级电缆频带宽度的方法可以使用 ACR 的 3dB 频率点。例如在图 7-5 中 100MHz 频点，ACR=3dB，说明 $P_{2收}$ 已相对减小到 $P_{2串}$ 的 2 倍，可认为有用信号 $P_{2收}$ 即将与干扰噪声 $P_{2串}$ 相当，网络已不能正常工作，故界定该电缆的带宽为 100MHz。

8. 近端串音功率和(Power Sum NEXT，PSNEXT)

在宽带网络应用中不再是两对线收发信号，而是所有线对——四对线共同分担流量压力，此时线对上的串音加剧。超 5 类以上电缆需要加测这项累加的串音功率。近端串音功率和的值是电缆中三个线对发送信号时对被测线对产生的近端串音之和(如图 7-7 所示)，用功率的平方和的平方根值来计算。

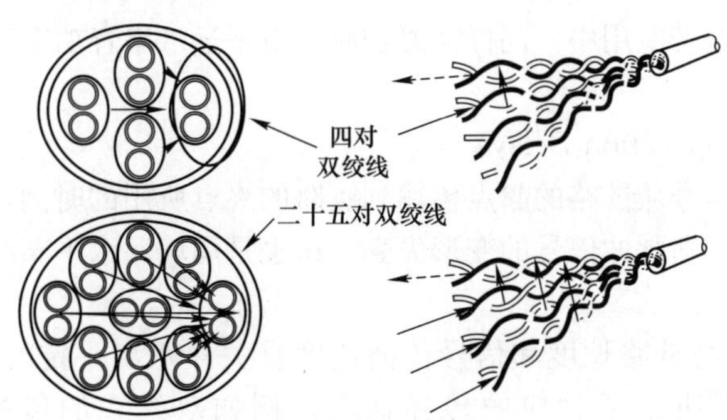

图 7-7 近端串音功率和

$$N_4=\sqrt{N_1^2+N_2^2+N_3^2} \tag{7-3}$$

式中 N_1、N_2、N_3——分别为线对 1、线对 2、线对 3 作用于线对 4 的近端串音功率值。

不同连接方式下的相邻线对近端串音功率和损耗限定值如表 7-4 所示。

9. 等电平远端串音(ELFEXT)

一个线对从近端发送信号，经传输在链路远端测量其他线对接收到的串音，称为远端串音(FEXT)。但是由于线路的衰减，会使远端点接收的串音信号过小，以致所测量的串音不是在整个链路上的真实串音影响。因此，测量到的远端串音值再加上线路的衰减值

（与线长有关）后，得到的就是所谓的等电平远端串音（Equal Level FEXT，ELFEXT）。图 7-8显示了各种串音的意义。

近端串音功率和的最小极限值一览表　　表 7-4

频率（MHz）	C级（dB）		D级（dB）		E级（dB）		F级（dB）	
	信道链路	永久链路	信道链路	永久链路	信道链路	永久链路	信道链路	永久链路
1			57.0	57.0	62.0	62.0	62.0	62.0
16			40.6	42.2	50.6	52.2	62.0	62.0
100			27.1	29.3	37.1	39.3	59.9	62.0
250					30.2	32.7	53.9	57.4
600							48.2	51.7

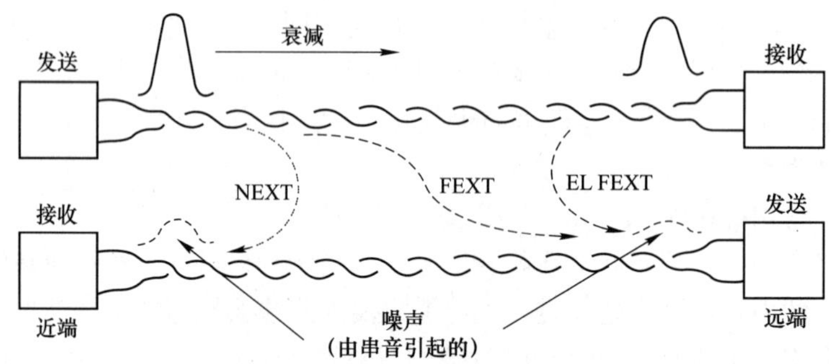

图 7-8　各种串音示意图

在超 5 类以上的宽带应用中，同样需要加测等电平远端串音功率和（PSELFEXT），在此不再赘述。

10. 传播时延（Propagation Delay）

传播时延代表了信号从链路的起点传输到链路的终点所用的时间，这一参数过大将导致传输信号相位漂移，即脉冲信号的变形失真。这也是局域网水平布线有长度限制的另一原因。

传播时延的大小与链路长度和信号传播速度有关，距离一定时不同种类和等级的电缆所用的介质材料决定了相应的传播速度，例如双绞线的传播时延约为 435ns/100m，同轴线的传播时延约为 500ns/100m。表 7-5 列出了关键频率点的 100m 电缆传播时延极限值。

传播时延极限值表　　表 7-5

频率（MHz）	C级（μs）		D级（μs）		E级（μs）		F级（μs）	
	信道	永久链路	信道	永久链路	信道	永久链路	信道	永久链路
1	0.580	0.521	0.580	0.521	0.580	0.521	0.580	0.521
16	0.553	0.496	0.553	0.496	0.553	0.496	0.553	0.496

续表

频率(MHz)	C 级(μs)		D 级(μs)		E 级(μs)		F 级(μs)	
	信道	永久链路	信道	永久链路	信道	永久链路	信道	永久链路
100			0.548	0.491	0.548	0.491	0.548	0.491
250					0.546	0.490	0.546	0.490
600							0.545	0.489

11. 时延偏差(Delay Skew)

信号从通道的一端传输到另一端，每一对线的传输时间都存在一定差别。一根电缆中最快线对与最慢线对信号传播延迟时间的差值称为时延偏差。电信号在四对双绞电缆传播的速度差异过大会影响信号的完整性而产生误码。例如千兆网使用四对线同时双工传输一组数据，在发射端拆成 4 组，在接收端再合成一组。如果线对之间的传播时间差很大，接收端就会丢失数据。6 类电缆标准以 100m 通道为基础，时延偏差与线对长度有关，以最长的一对为准计算其他线对与该线对的时间差异。线对间的时延偏差对于高速数据传输系统是十分重要的参数。

传播延迟和延迟偏差的关系如图 7-9 所示。

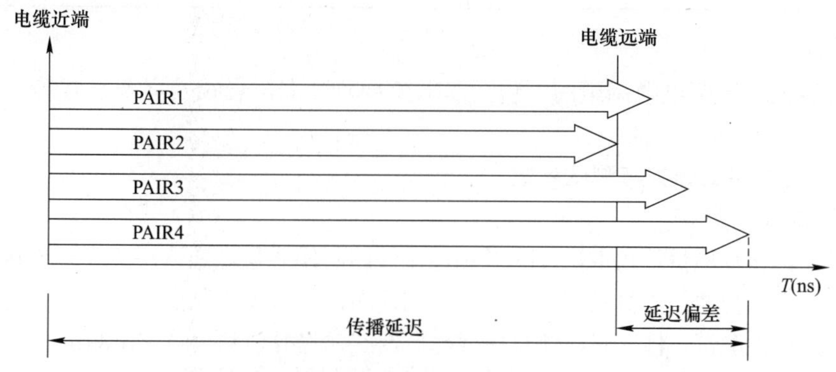

图 7-9　传播延迟和延迟偏差的关系

12. 回波损耗(Return Loss，RL)

回波损耗主要是指电缆与接插件连接处的阻抗突变(不匹配)导致的一部分信号能量的反射值。当沿着链路的阻抗发生变化时，比如接插件的阻抗与电缆的特性阻抗不一致(不连续)时，就会出现阻抗突变时的特有现象：信号到达此区域时必定消耗掉一部分能量来克服阻抗的偏移，由此会出现两个后果，一个是信号被损耗一部分，另一个则是少部分能量被反射回发送端。以 1000Base-T 以太网为例，每个线对都是双工通信——既担负发射信号的任务也担负接收信号的任务，也就是说 1、2 线对既向前传输信号，又接收对方端口发送过来的信号，同理 36、45、78 线对功能完全相同。因为信号的发射线对同时也是接收线对，那么由于阻抗突变后被反射回到发送端的能量对于接收信号就会成为一种干扰噪声，这将导致接收的信号失真，降低通信链路的传输性能。

回波损耗的定义为：回波损耗＝发送信号值/反射信号值。可以看出，回波损耗值越大则反射信号越小，这意味着链路中的电缆和相关连接硬件的阻抗一致性越好，传输信号失真小，在信道上的反射噪声也越小。因此，回波损耗测量值越大越好。

ANSI/TIA/EIA 和 ISO 标准中对布线材料的特性阻抗作了定义，常用的 UTP 特性阻抗为 100Ω，但不同厂商或同一厂商不同批次的产品都有在允许范围内的不同偏离值。因此在综合布线工程中，建议采购同一厂商同一批生产的双绞线电缆和接插件，以保证整条通信信道特性阻抗的匹配性，减少回波损耗和衰减。在施工过程中端接不规范、布放电缆时出现牵引用力过大或过度踩踏、挤压等都可能引起电缆特性阻抗变化，从而发生阻抗不匹配的现象，因此要文明施工，规范施工，以减少阻抗不匹配现象的发生。

表 7-6 列出了不同链路模型在关键频率点的最小回波损耗极限值。

关键频率点的最小回波损耗极限值表 表 7-6

频率（MHz）	C 级(dB)		D 级(dB)		E 级(dB)		F 级(dB)	
	信道	永久链路	信道	永久链路	信道	永久链路	信道	永久链路
1	15.0	15.0	17.0	19.0	19.0	21.0	19.0	21.0
16	15.0	15.0	17.0	19.0	18.0	20.0	18.0	20.0
100			10.0	12.0	12.0	14.0	12.0	14.0
250					8.0	10.0	8.0	10.0
600							8.0	10.0

13. 其他参数

其他参数是为屏蔽电缆制定的，包括非平衡衰减、耦合衰减及屏蔽衰减等，由于使用较少故在此不一一介绍。

7.3.2 光缆测试分类与测试参数

1. 光纤测试分类

光纤链路的传输质量不仅取决于光纤和连接件的制作质量，还取决于光纤连接安装水平及应用环境。由于光通信本身的特性，决定了光纤测试比双绞线测试难度更大。光纤测试的基本内容是连通性测试、性能参数测试(一级测试和二级测试)和故障定位测试。

光纤性能测试的准则主要依照《Optical Fiber Cabeing Components Stand》ANSI/TIA/EIA 568-C.3 标准，这些条款对光纤性能和光纤链路中的连接器和接续的损耗都有详细的规定。ANSI/TIA/EIA 568C 规定对于多模光纤，用 LED 光源对 850nm 和 1300nm 两个工作波长进行测试；对于单模光纤，用激光光源对 1310nm 和 1550nm 两个工作波长进行测试。

《Additional Guide lines for Field-Testing Length，Loss and polarity of Optical Fiber Cabling Systerns》TIA TSB140(2004 年 2 月批准)则对光纤定义了两个级别(Tier 1 和 Tier 2)的测试，即一级测试和二级测试。

（1）光纤一级测试(Tier 1)

一级测试主要测试光缆的衰减(插入损耗)、带宽、长度以及极性。

（2）光纤二级测试(Tier 2)

二级测试目前是选择性测试，在一级测试参数基础上增加了对每条光缆链路的反射能量追踪评估报告。

二级光纤测试需要使用光时域反射计(Optical Time-Domain Reflect Meter，OTDR)，并对链路中的各种“事件”进行评估。

2. 光纤测试参数

根据最新版《综合布线系统工程验收规范》GB/T 50312—2016 的规定，将光纤链路或信道的测试分为了两个等级。等级1需测试的内容有衰减、长度与极性，等级2需测试的内容包括等级1的全部内容，还要利用光时域反射器(OTDR)获得链路或信道中各点的衰减及反射波损耗曲线。

光纤的衰减是光缆传输链路或信道的基本测量参数。引起光纤链路衰减的具体原因主要有：

(1) 材料原因

光纤纯度不够和材料密度的变化太大。

(2) 光缆的弯曲程度

包括安装弯曲和产品制造弯曲问题，光缆对弯曲度非常敏感。

(3) 光缆熔接以及连接点的耦合损耗

由光纤端面不匹配、介质不匹配(如冷连接头介质)、间隙损耗、轴心不对准、角度不匹配和端面光洁度等原因造成。

(4) 不洁或连接质量不良

低损耗光缆的大敌是不洁净的连接。灰尘会阻碍光的传输，操作油污会影响光传输，不洁净光缆连接器可将污渍扩散至其他连接器。

光纤的衰减可以用衰减系数 α 来表示，单位是 dB/km。用公式表示如下：

$$\alpha = -10\lg \frac{P_I}{P_O} / L \tag{7-4}$$

式中 P_I——注入光纤的光功率，mW；

P_O——经过光纤传输后在光纤末端输出的光功率，mW；

L——光纤的长度，km。

不同类型的光缆在标称的波长，每千米的最大衰减值应小于表7-7的规定。

光纤衰减限值 表7-7

光纤类型	多模光纤		单模光纤				
	OM1～OM4		OS1		OS2		
波长(nm)	850	1300	1310	1550	1310	1383	1550
衰减(dB)	3.5	1.5	1.0	1.0	0.4	0.4	0.4

光缆信道或链路的测试有两种方式，一是直接测试整个信道或链路的总衰减；二是分段测试，然后取和，获得信道或链路总衰减。

光缆各级别布线信道，包括光纤接续点和光纤连接器在内，最大衰减要小于表7-8规定的数值。

分段测试时，光纤信道或链路的衰减按式(7-5)计算：

$$A_{ch,lk} = A_f + L_c + L_s \tag{7-5}$$

式中 $A_{ch,Lk}$——光纤信道或链路的衰减；

A_f——光纤的衰减，dB；

L_c——连接器的损耗，dB；

L_s——光纤接续点的损耗，dB。

光纤信道衰减限值　　表 7-8

光纤信道级别	信道衰减限值(dB)			
	多模光纤		单模光纤	
	850nm	1300nm	1310nm	1550nm
OF-300	2.55	1.95	1.80	1.80
OF-500	3.25	2.25	2.00	2.00
OF-2000	8.5	4.50	3.50	3.50

其中光纤衰减为

$$A_f=\alpha(\mathrm{dB/km})\times L(\mathrm{km}) \tag{7-6}$$

式中 α——光纤的标称单位衰减，dB/km；

L——光纤信道或链路的总长度，km。

连接器的损耗为

$$L_c=\alpha_c/\text{个}\times N_c \tag{7-7}$$

式中 α_c——单个连接器损耗；

N_c——信道或链路中连接器的数量。

光纤接续点的损耗为

$$L_s=\alpha_s/\text{个}\times N_s \tag{7-8}$$

式中 α_s——单个接续点的损耗；

N_s——信道或链路中接续点的数量。

光纤连接器和接续点的损耗要符合表 7-9 的限值。

光纤连接器和接续点损耗限值　　表 7-9

类别	多模光纤		单模光纤	
	平均值	最大值	平均值	最大值
熔接接续	0.15	0.3	0.15	0.3
机械接续	—	0.3	—	0.3
光纤连接器	0.65/0.5*		—	
	最大值 0.75**			

注：* 针对高要求工程，选 0.5dB。

** 针对采用预端接时含 MPO 转接部件。

7.4 测试仪器设备

7.4.1 测试设备概述

综合布线系统的测试分为验证级、鉴定级和认证级三个测试等级，适用于不同的工程验收阶段和验收要求。验证级测试要求最低，认证级要求最高。不同的测试等级一般采用不同的测试设备。认证测试设备的功能涵盖了验证测试和鉴定测试的全部要求，但是测试成本高，测试时间长。

验证级测试时只要求对链路的物理连通性和线序进行测试，对链路的物理参数和传输性能参数不做要求。双绞线具体的参数包括接线图、串绕线、线缆开路、短路和长度，而对于光缆来说只需要检查光缆的极性和连通情况即可。

鉴定级测试是在验证级测试的基础上，增加了对物理链路应用支持能力的测试，但是测试要求尚不到认证测试等级。双绞线鉴定级测试主要包括是否支持某个应用和带宽要求，例如VoIP 应用和链路是否支持 10Mb/s、100Mb/s、1000Mb/s 的传输带宽。对于光纤来说，只测试光纤的通断、极性、衰减值或接收功率，而不依据相关标准进行的测试，也属于鉴定级测试。

认证级测试，顾名思义，是对布线链路按照某个标准中规定的参数进行的质量检验，并且要求依据标准的极限值给出合格或者不合格的结果判定的测试。认证级测试相对于验证级测试更加严格，提出了全面而且具体的物理参数要求，并需要出具检测报告。认证级测试是验收测试中最重要的测试项目，也是真正衡量链路质量的测试手段，其测试报告也是验收报告中必备的内容。

测试设备伴随着布线等级的提高、检测项目的增多和测试标准的升级不断地发展和进步。以认证级测试设备为例，最初的综合布线系统(C 级)采用 CAT 3 线缆，只有阻抗、长度、近端串扰(NEXT)和衰减四个测试参数，频率上限仅 16MHz。而现在的 EA 级布线采用的 CAT 6A 线缆，测试参数近 20 个，频率上限达到 500MHz。以前只对单根线缆单独测试，检测线对间的相互影响；现在高等级的布线系统要对线束进行测试，检测线缆间的相互影响。这一切使得测试设备越来越复杂，越来越昂贵。

测试设备制造商的选择曾经是一个令人纠结的事情。但是形势的发展类似于计算机局域网。局域网曾经有以太网、令牌环网、令牌总线网、FDDI 和 ATM 等不同的网络，如今市场上只有高速以太网来服务用户了。在早期，有惠普(安捷伦)、罗杰施瓦兹、Microtest 和 Fluke（福禄克）等众多的网络测试设备制造商，现如今只有 Fluke 的产品可供用户选择了。

7.4.2　验证级测试设备

目前 Fluke 提供两款验证级的测试设备，分别是 IntelliTone™ Pro 200 LAN 和 Microscanner²。IntelliTone™ Pro 200 LAN 是一种既可测试单对线缆，也可测试四对线缆通断的测试设备，由示踪器/音频发生器和探针两部分组成，如图 7-10 所示。有关该设备的详细信息可扫描图 7-10 中的二维码获得。

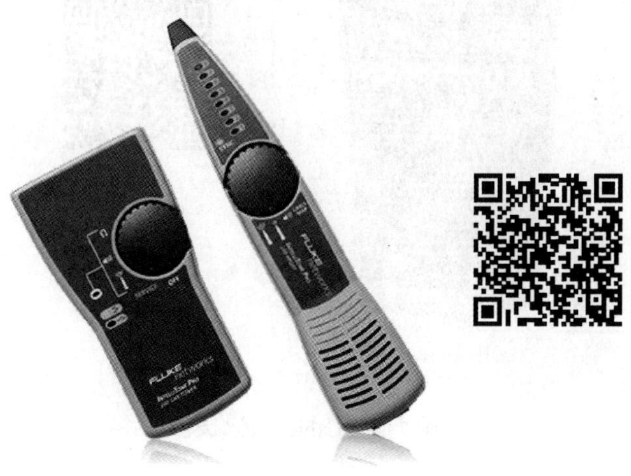

图 7-10　IntelliTone™ Pro 200 LAN 测试仪

Microscanner^2 有 LCD 显示屏，如图 7-11 所示，测试结果可以通过屏幕直观显示。有关该设备的详细信息可扫描图 7-11 中的二维码获得。

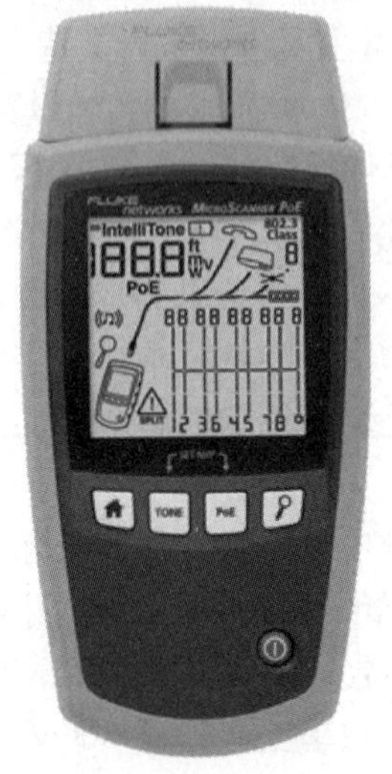

图 7-11　Microscanner^2 测试仪

7.4.3　鉴定级测试设备

Fluke 的 CableIQ 测试仪属于鉴定级测试设备，如图 7-12 所示。有关该设备的详细信息可扫描图 7-12 中的二维码获得。

图 7-12　CableIQ 测试仪

7.4.4　认证级测试设备

认证级测试设备是综合布线系统最高端的测试设备。

1994 年福禄克推出了基于全数字处理技术的电缆分析仪，由于使用了 DSP（数字信号处理，Digital Sighal Processing）芯片，故取名 DSP 电缆分析仪，测试精度为Ⅲ认证精度。这在当时是个划时代的产品。因为那时的电缆测试仪都是基于“扫频仪＋信号接收仪”原理设计的，使用模拟信号方式进行测试和分析。

进入 20 世纪 90 年代后期，随着 1GBase-T 的出现以及总线速度的提速，信号端口改为单线对双向全双工传输模式。这就带来单线对回波对自身线对传输特性的影响，故测试指标和功能增加了回波损耗(Return Loss)参数，且用回波损耗参数代替特性阻抗参数进行测试。

采用 DSP 技术后，不仅可以测量回波损耗，以满足千兆网络的性能要求，而且通过傅里叶变换很容易得到时域反射(TDR)曲线，可用于确定链路中阻抗不连续的点，进而获得短路、开路等位置。

由于基本链路测试模型的测量稳定性较差，后来在高等级的布线系统中被永久链路模型替代。为提高测试结果的稳定性，福禄克于 2002 年推出了专门的永久链路测试线(适配器)，如图 7-13 所示，取代了之前采用线缆厂商提供的测试用跳线。

图 7-13　永久链路测试线(适配器)

第一代的 DSP 系列电缆分析仪有 DSP-100 和 DSP-200，后来相继推出了 DSP4000 和 DSP4300 两种升级型号。对 DSP 系列分析仪的操作采用按键方式，在主机上设置了多个功能按键，类似于 2G 手机的操作。该系列测试仪于 2004 年退出了市场，取而代之是 DTX 系列电缆分析仪。

DTX 系列电缆分析仪的使用与 DSP 基本相同，除了测试速度比 DSP 更快以外，主要的变化是可以支持缆间串扰测试。这对于万兆以太网尤其重要。它的测试精度达到Ⅳ级认证精度。DTX 系列测试仪不仅测试精度高，而且测试速度快，深受工程技术人员的欢迎，并成为计量机构事实上的比对标准。由于用户的恋旧情绪，DTX 系列于 2015 年比计划延迟两年才退市。

当前 Fluke 提供的是 DSX 系列电缆分析仪，有 DSX-5000(如图 7-14 所示，图中左侧是测试主机，右侧是远端辅机）和 DSX-8000 两个型号，后者的测试带宽已达 2GHz，可以对 CAT 8 链路进行检测。

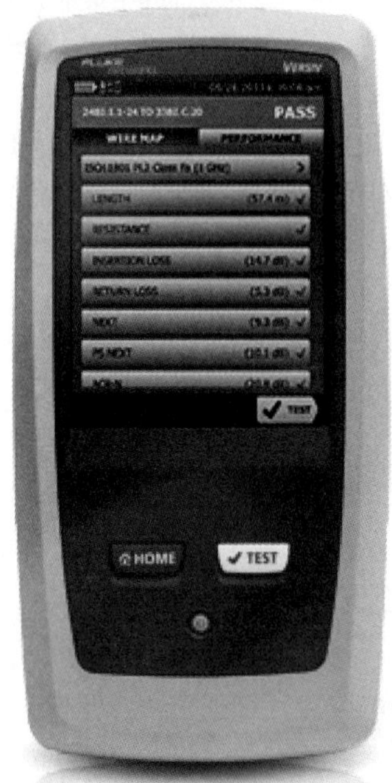

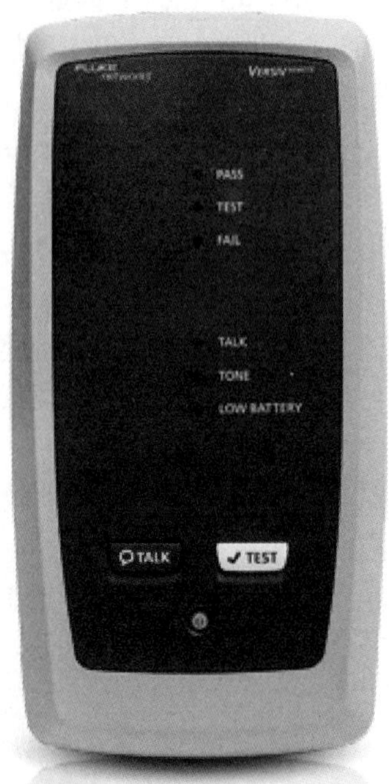

图 7-14　Fluke DSX-5000 认证测试仪

DSX 电缆分析仪除了测试速度更快，测试的物理带宽更宽外(DSX-5000 为 1000MHz，DSX-8000 为 2000MHz)，最主要的变化是引入了抗外来辐射干扰的测试能力，即所谓的平衡参数测试。平衡参数测试是 TIA 和 ISO 于 2010 年提出三个新测试指标：不平衡电阻、TCL 和 ELTCTL。不平衡电阻参数具有双重功能，除了可以直接引起双绞线的不平衡外，还可以引起 PoE 设备因为此参数超标而导致“48V 电源输送成功但信号传输能力下降或失败”的特殊现象。

此外，DSX 电缆分析仪将外部串扰测试方式设置为内置一体化测试，测试更加方便；还能对高速率数据传送要求避免的虚接地情况进行识别并定位故障的物理位置。DSX 电缆分析仪的检测精度达到新标准要求的 V/VI(2GHz)。

可以认为，DSX 系列电缆分析仪是迄今为止唯一满足标准要求的手持式现场测试仪。

7.5　认证测试的一般步骤与方法

本节以 Fluke DSX5000 认证测试仪为例，介绍铜缆和光纤的一般步骤与方法。

7.5.1　铜缆测试

双绞线测试模型分为信道、永久链路和 MPTL(Modular Plug Terminated Link)，另外还有特殊的外部串扰测试。

测试一般有以下步骤。

1. 测试前的设置

(1) 根据现场情况，对设备进行设置，选择正确的线缆类型，测试标准和插座类型。

设置界面如图 7-15 所示。设置完成后，按“保存”将设置保存下来。

（2）在基础参数设置完成后，开始测试前，还要进行参照设置。一般情况下参照设置需要一个永久链路适配器和一个信道适配器同时使用，界面如图 7-16 所示。按“测试”开始参照设置。

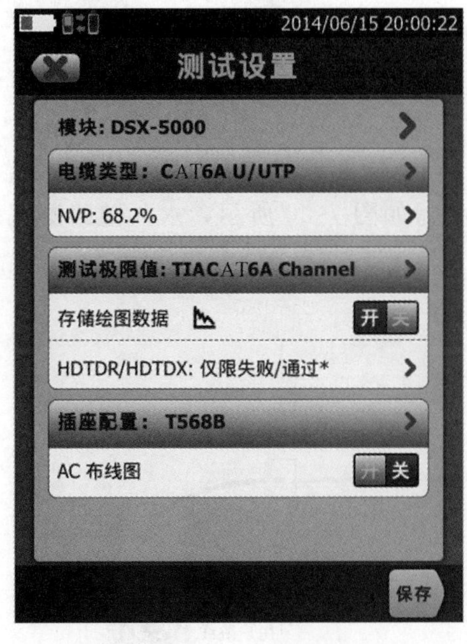

图 7-15　DSX-5000 测试设置界面

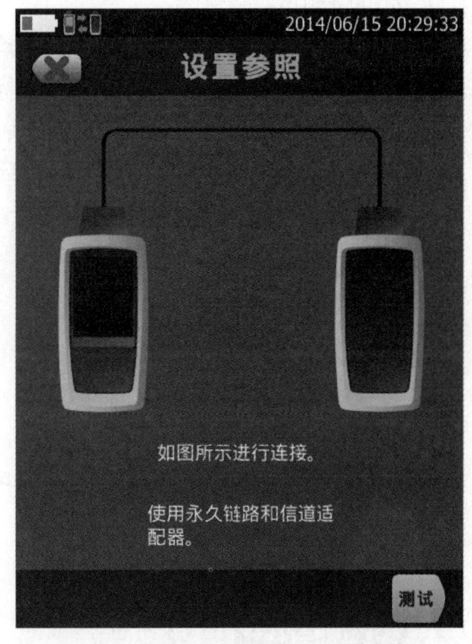

图 7-16　图形化参照设置界面

（3）设置完参照后，出现如图 7-17 所示界面，表示完成参照设置。更换成相同适配器（需要和选择的标准一致），就可以开始正常测试了。

图 7-17　参照设置完成

2. 信道测试

选择信道测试模型，测试仪设备使用信道适配器，并且选择信道测试标准。信道测试适配器如图 7-18所示，信道测试模型如图 7-19 所示。

图 7-18　通道测试适配器

3. 永久链路测试

选择永久链路测试模型，测试仪设备使用永久链路适配器，并且选择永久链路测试标准。永久链路适配器上所带的跳线，需要具备居中性特性，具备居中性的测试跳线可以很好地适配市面上绝大多数线缆厂家生产的产品，而不会产生无法兼容的现象。永久链路测试适配器如图 7-20 所示，永久链路测试模型如图 7-21 所示。

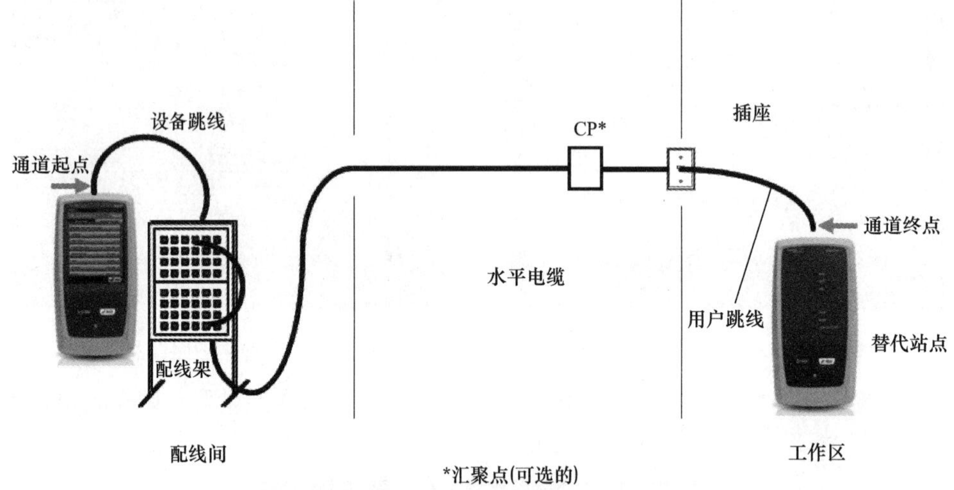

图 7-19　信道测试模型

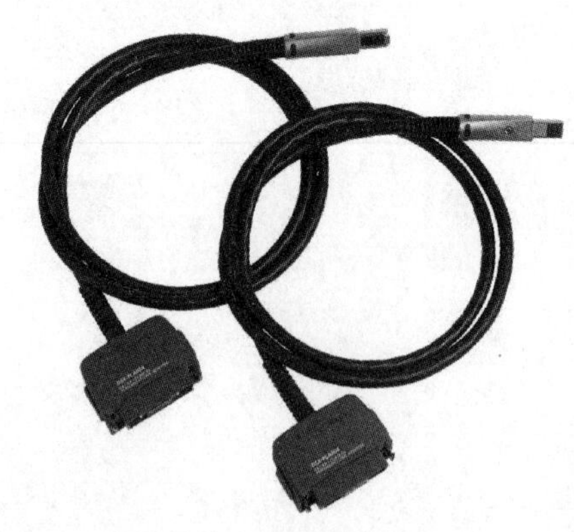

图 7-20　DSX 系列测试仪用永久链路适配器

4. MPTL 测试

有些情况下，连接这些类型的设备时不使用通用四连接器通道，尤其是那些位于顶棚空间中、不适宜安装面板的设备。相反，通信室仅配备一根跳线，永久链路通过插头端接至另一端，便于其直接插入设备内，无需使用设备缆线。这就是所谓的模块化插头端接链路(MPTL，Modular Plug Terminated Link)。测试设备一端使用跳线适配器(见图 7-22)，另一端使用永久链路，从而可认证 MPTL，测试模型如图 7-23 所示。

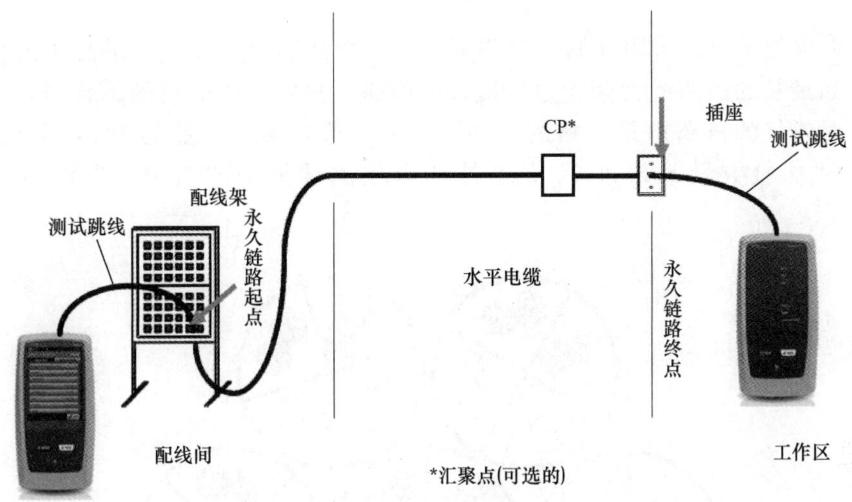

图 7-21　永久链路测试模型

图 7-22　跳线适配器

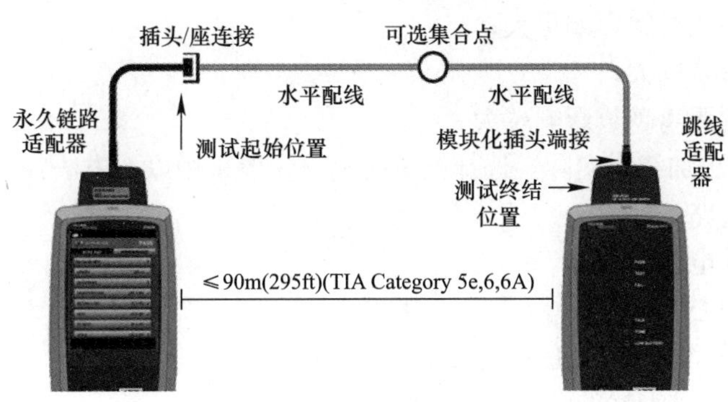

图 7-23　MPTL 链路测试模型

5. 外部串扰测试

对支持 10GBase-T 或者 6A 等级及以上的链路测试时，需要测试外部串扰。因为在这些标准里面，信号的物理带宽高达 500MHz，每个线对向外辐射电磁波的能力很强，特别是不同线缆的同色的线对之间，由于绞结率相同，干扰情况会更加严重。

外部串扰测试通常采用抽测，而非全测。一般会抽检工作条件最恶劣的线路进行测试，比如最长的链路或者捆扎数量最多的链路，只要这些链路测试合格，一般可认为其他相对较好的链路也是合格的。抽检比例一般是链路总数的 1%，不超过 5 条，严格的测试抽检数量不超过 10 条。外部串扰测试采用“六包一”测试模式，如图 7-24所示。

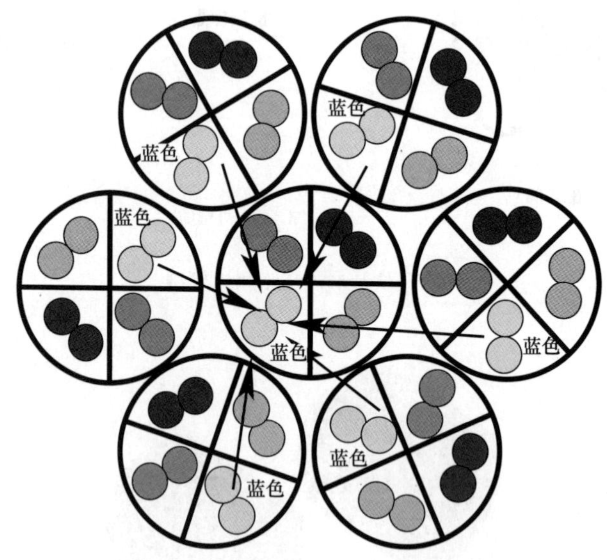

图 7-24　“六包一”测试模型

外部串扰测试结果具有以下普遍规律：

1）影响随着所传输信号频率的增加而增加；

2）链路中的距离越近影响越大；

3）绞结率相同的线对间影响更大；

4）绞结率越低影响越大；

5）链路间并行的距离越长影响越大。

为使抽检的链路更加符合实际，选择被干扰链路一般采用以下方法：

1）长度最长的链路；

2）在同一捆中的电缆；

3）靠近配线架中心的链路；

4）周围靠近（被检测链路）插座的链路。

按上述方法选择的被干扰的链路端口如图 7-25 所示。

ANEXT（外部近端串扰）和 AFEXT（外部远端串扰）测试模型如图 7-26 所示。

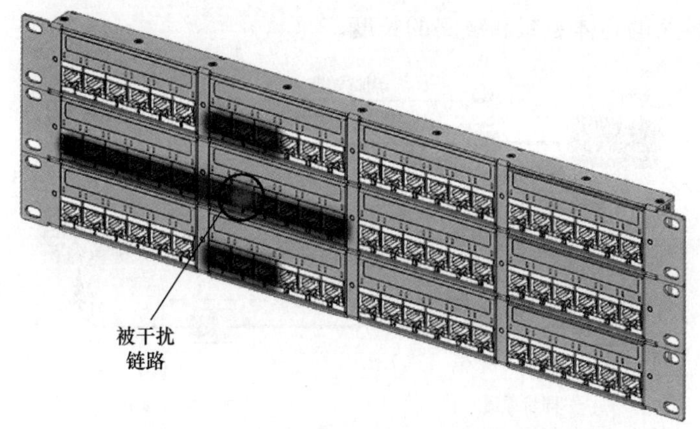

图 7-25　深色为干扰链路，被干扰链路已标注

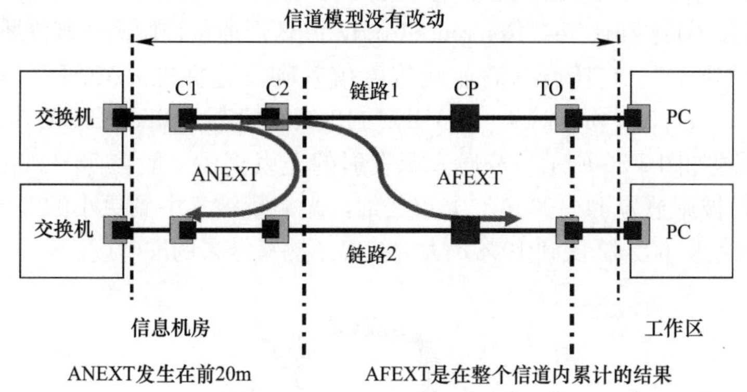

图 7-26　外部串扰测试模型

外部近端串扰功率和远端串扰功率和的测试方法分别如图 7-27 和图 7-28 所示。

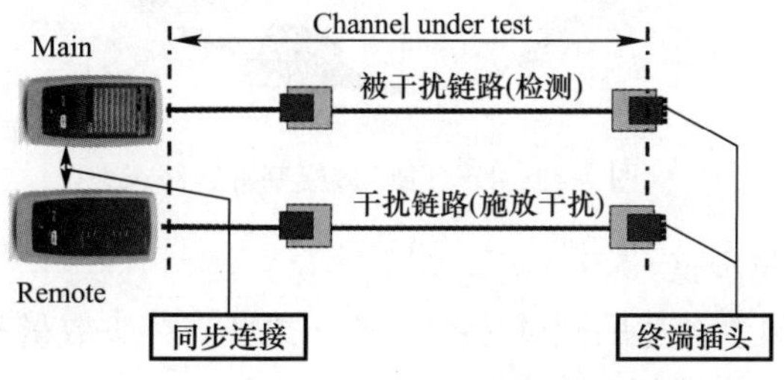

图 7-27　PS ANEXT 测试方法

7.5.2　光缆测试

光纤的测试有一级测试和二级测试。一级测试采用的是所谓经典的测试技术，二级测试则采用了更为复杂的光时域反射技术。测试技术和方法分别介绍如下。

1. 光纤一级测试

光纤一级测试是使用 OLTS(Optical Loss Test Set)光纤损耗测试装置或称 LSPM (Light Source And Power Meter)光源光功率计对光纤链路进行光功率测量的测试方式。

测试的指标包含链路的整体衰减和链路的长度。

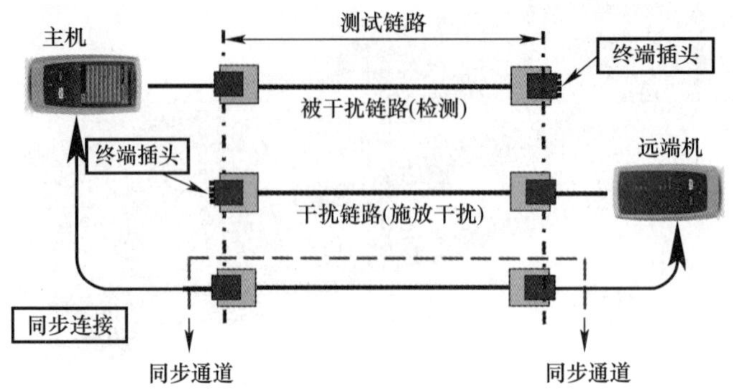

图 7-28　PS AACR-F 测试方法

值得一提的是，在多模光纤测试中，福禄克光纤测试设备采用了特制的光环形通量控制光源和 EF-TRC(Encircled Flux-Test Reference Cord，光环形通量控制测试基准跳线)参考跳线(图 7-29)，俗称“饼干”。它符合《商业建筑电信基础设施标准》ANSI/TIA-568.3-D 和《Generic cabling for customer premises》ISO/IEC 11801：2017，Edition3 以及其他的国标的规定。EF-TRC 的原理如图 7-30 所示。普通光源发射的光束直径一般在 75～90μm，经过 EF-TRC 后，光束直径被调整为 44～50μm。光束变细，光能量被集中到更小的范围，使得多模光纤的测试结果偏差从 60%降低到 10%，大大提高了测量结果的准确度。

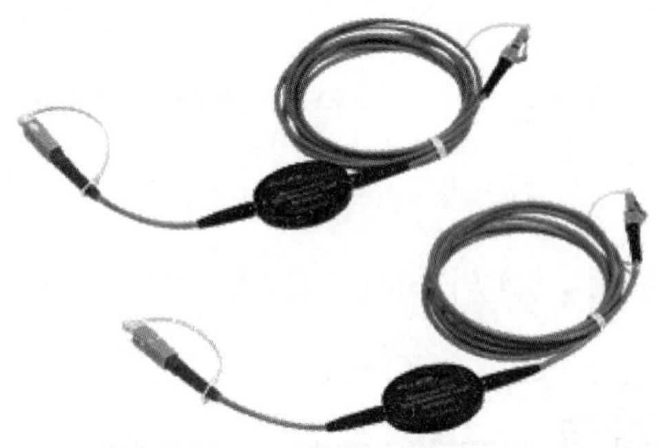

图 7-29　EF-TRC 多模基准跳线

光纤一级测试方法与步骤：

(1) 在测试主机上设置合适的测试标准、光纤类型、接头数量和耦合器数量，并根据链路模型选择测试方法，设置好线缆 ID 集。

(2) 光纤测试之前同样要进行设置基准的操作。

1) 一跳线法

所谓一跳线法，是指用一根测试基准跳线(参考跳线)完成对仪表的基准设置的方法。设置基准的操作连接如图 7-31 所示。使用一根短跳线连接光源[测试仪的输出端口(Output)]和光功率计(测试仪的输入端口(Input))，将测试值调零，完成基准设置。对一跳线法进行基准设置的详细操作方法和步骤介绍可扫描旁边的二维码获得。

一跳线基准设定

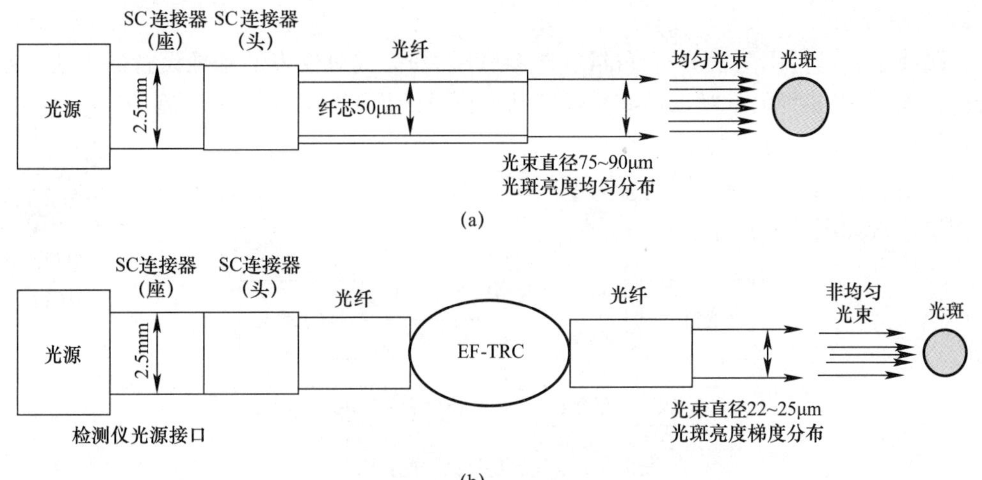

图 7-30　EF-TRC 对光束的调节

(a) 光源与普通跳线的连接及其光束特性；(b) 光源与 EF-TRC 连接及其光束特性

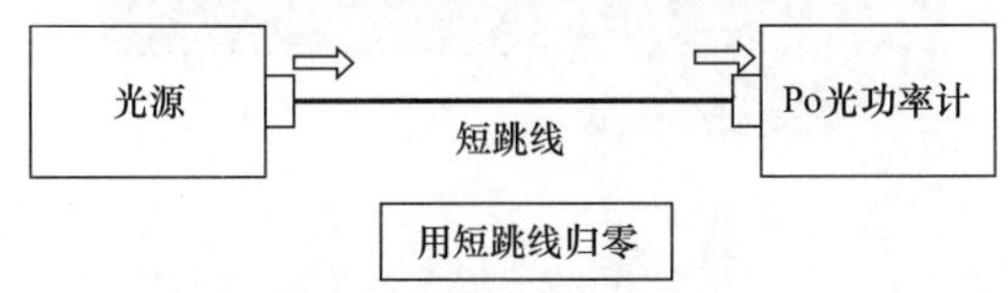

图 7-31　一跳线参考设置示意图

一跳线法适用于链路两端为标准的耦合器的光纤链路，亦即最常用的工程验收检测的链路类型，因为在一般的实际工程中，光纤链路的一端为光纤配线架，另一端为光纤信息插座(TO)(即水平链路)或是光纤配线架(即干线链路)。测试连接如图 7-32 所示。耦合器(又称法兰)包含于被测光纤链路内，归零设置时不使用耦合器。

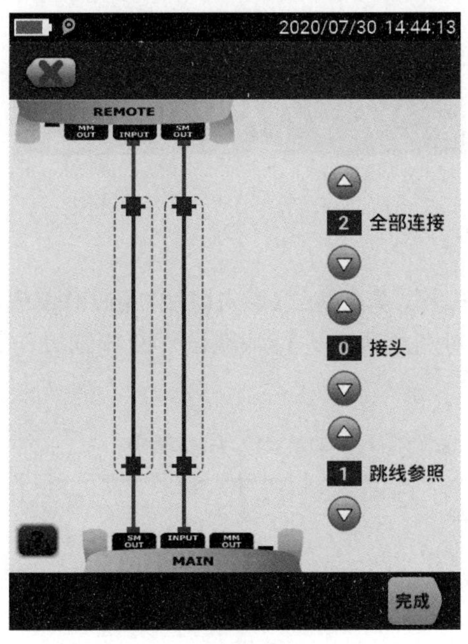

图 7-32　一跳线测试目标(虚线内)

2）二跳线法

二跳线法，是指用两根测试基准跳线(参考跳线)完成对仪表的基准设置的方法，基准设置连接如图 7-33 所示。对二跳线法进行基准设置的详细操作方法和步骤介绍可扫描旁边的二维码获得。

二跳线基准设定

二跳线法适用于一端为耦合器，另一端为跳线插头的光纤链路的测试。测试连接如图 7-34所示。

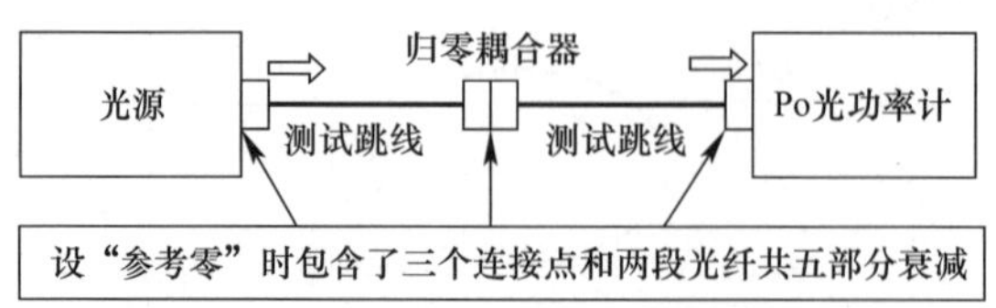

图 7-33　二跳线参考设置示意图

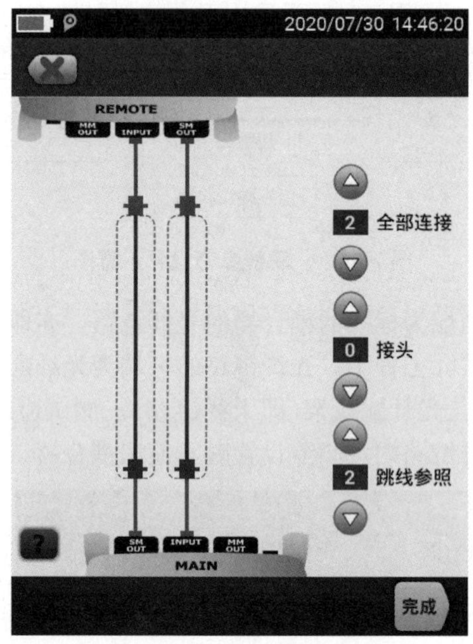

图 7-34　二跳线测试目标(虚线内)

3)三跳线

三跳线法，是指用三根测试基准跳线(参考跳线)完成对仪表的基准设置的方法，基准设置连接如图 7-35 所示。对三跳线法进行基准设置的详细操作方法和步骤介绍可扫描旁边的二维码获得。

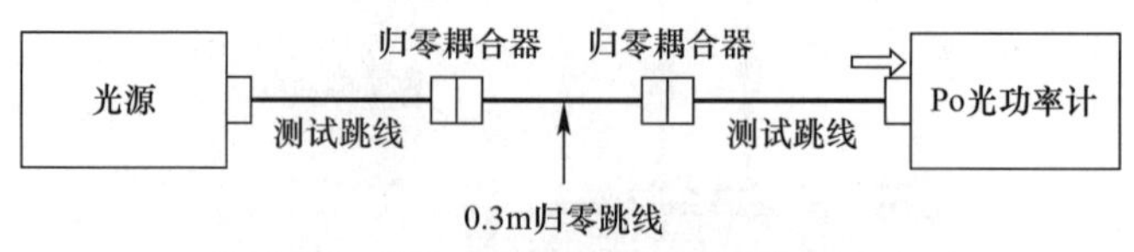

图 7-35　三跳线参考设置示意图

三跳线基准设定

三跳线法适用于两端均为跳线插头的光纤链路，测试连接如图 7-36 所示。

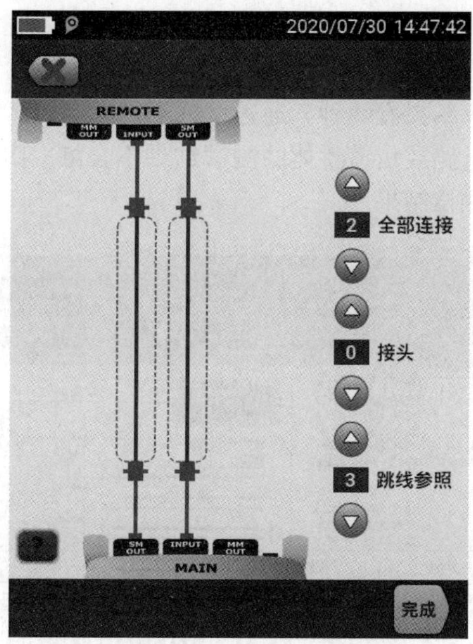

图 7-36　三跳线测试目标(虚线内)

(3) 测试前对光连接的插头、插座进行清洁处理，防止由于接头污浊带来的额外损耗。

(4) 使用归零后的测试设备分别接入光纤链路的两端进行衰减测试，并保存测试结果。

2. 光纤 OTDR 测试

有时会出现高速光纤链路虽然通过了光纤一级测试，投入使用后仍然出现了传输误码的问题。这是因为整体链路损耗的检测可能是合格，但是链路中的某个连接器的损耗过高，便造成了该现象。这时就需要使用 OTDR(Optical Time Domain Reflectometer，光时域反射仪)测试，对光纤链路中的事件进行详细分析。在光纤一级测试的基础上增加高精度的 OTDR 测试，就是所谓的光纤二级测试，即

光线二级测试 = 光纤一级测试 + HD OTDR 测试 + 事件判断

OTDR 测试前要对前置光纤和后置光纤进行归零操作。

自动 OTDR：需要快速对光纤链路事件进行评估的时候使用自动 OTDR，只需要简单地设置光纤类型等几个参数就可以开始测试。

手动 OTDR：需要对 OTDR 测试原理有一定的了解，按照需求进行个性化设定门限值、测试时间、脉冲宽度等指标。

实时 OTDR：实时 OTDR 测试方式会不断刷新链路状态，以供使用者对链路变化进行观察。此种方式使用较少。

注意，OTDR 测试是单端测试，而且对光能量非常敏感，所以严禁对端接入光纤模块或者其他光信号收发设备，否则会造成测试设备的损坏。

7.6　测试结果分析与处理

本节仅对认证测试的结果做分析，并就失败结果的产生原因做解释。

7.6.1　铜缆测试结果分析与处理

使用认证测试设备对链路或信道进行测试，所有规定的测试参数及其结果均会在测试主机的显示屏上显示出来，结果有两种，通过(PASS)和失败(FAIL)。只要有一个参数的数据显示失败，则表明该链路或信道整体的测试结果不合格。图 7-37 和图 7-38 给出了一个认证测试仪产生的典型测试结果。

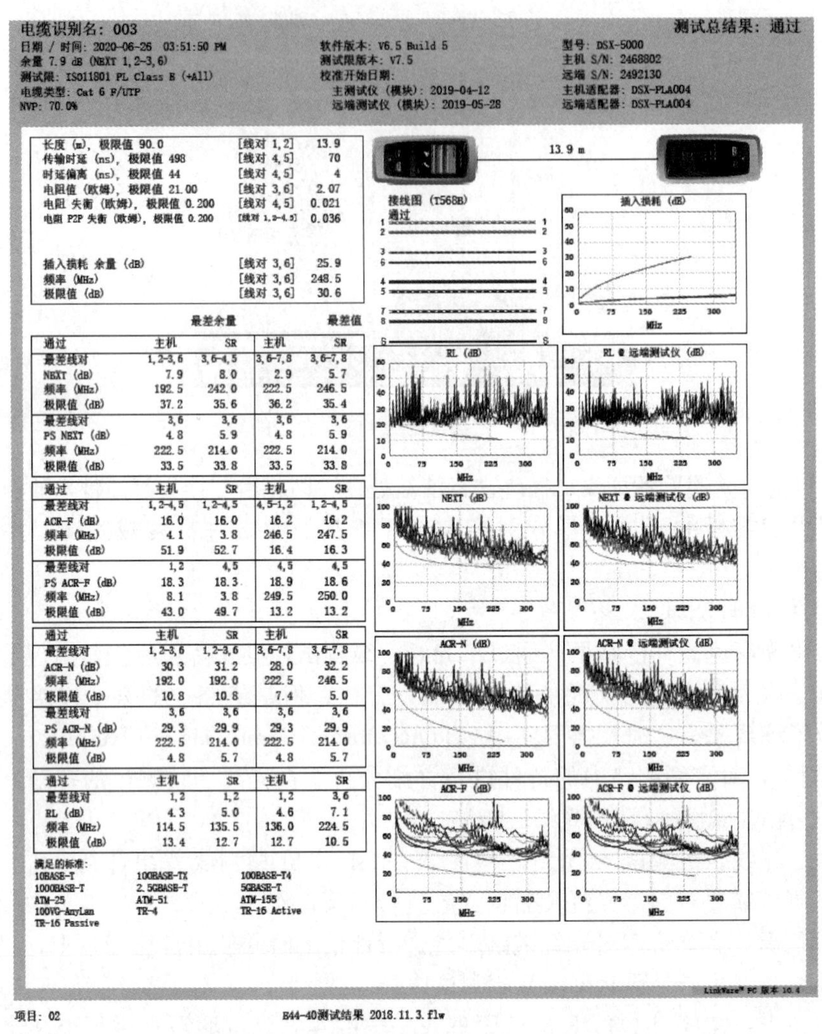

电缆识别名：003　　测试总结果：通过

日期 / 时间：2020-06-26　03:51:50 PM
余量 7.9 dB (NEXT 1,2-3,6)
测试限：ISO11801 PL Class E (+All)
电缆类型：Cat 6 F/UTP
NVP：70.0%

软件版本：V6.5 Build 5
测试限版本：V7.5
校准开始日期：
主测试仪（模块）：2019-04-12
远端测试仪（模块）：2019-05-28

型号：DSX-5000
主机 S/N：2468802
远端 S/N：2492130
主机适配器：DSX-PLA004
远端适配器：DSX-PLA004

长度（m），极限值 90.0	[线对 1,2]	13.9
传输时延（ns），极限值 498	[线对 4,5]	70
时延偏离（ns），极限值 44	[线对 4,5]	4
电阻值（欧姆），极限值 21.00	[线对 3,6]	2.07
电阻 失衡（欧姆），极限值 0.200	[线对 4,5]	0.021
电阻 P2P 失衡（欧姆），极限值 0.200	[线对 1,2-4,5]	0.036
插入损耗 余量（dB）	[线对 3,6]	25.9
频率（MHz）	[线对 3,6]	248.5
极限值（dB）	[线对 3,6]	30.6

最差余量　　最差值

通过	主机	SR	主机	SR
最差线对	1,2-3,6	3,6-4,5	3,6-7,8	3,6-7,8
NEXT (dB)	7.9	8.0	2.9	5.7
频率（MHz）	192.5	242.0	222.5	246.5
极限值（dB）	37.2	35.6	36.2	35.4
最差线对	3,6	3,6	3,6	3,6
PS NEXT (dB)	4.8	5.9	4.8	5.9
频率（MHz）	222.5	214.0	222.5	214.0
极限值（dB）	33.5	33.8	33.5	33.8

通过	主机	SR	主机	SR
最差线对	1,2-4,5	1,2-4,5	4,5-1,2	1,2-4,5
ACR-F (dB)	16.0	16.0	16.2	16.2
频率（MHz）	4.1	3.8	246.5	247.5
极限值（dB）	51.9	52.7	16.4	16.3
最差线对	1,2	4,5	4,5	4,5
PS ACR-F (dB)	18.3	18.3	18.9	18.6
频率（MHz）	8.1	3.8	249.5	250.0
极限值（dB）	43.0	49.7	13.2	13.2

通过	主机	SR	主机	SR
最差线对	1,2-3,6	1,2-3,6	3,6-7,8	3,6-7,8
ACR-N (dB)	30.3	31.2	28.0	32.2
频率（MHz）	192.0	192.0	222.5	246.5
极限值（dB）	10.8	10.8	7.4	5.0
最差线对	3,6	3,6	3,6	3,6
PS ACR-N (dB)	29.3	29.9	29.3	29.9
频率（MHz）	222.5	214.0	222.5	214.0
极限值（dB）	4.8	5.7	4.8	5.7

通过	主机	SR	主机	SR
最差线对	1,2	1,2	1,2	3,6
RL (dB)	4.3	5.0	4.6	7.1
频率（MHz）	114.5	135.5	136.0	224.5
极限值（dB）	13.4	12.7	12.7	10.5

满足的标准：

10BASE-T	100BASE-TX	100BASE-T4
1000BASE-T	2.5GBASE-T	5GBASE-T
ATM-25	ATM-51	ATM-155
100VG-AnyLan	TR-4	TR-16 Active
TR-16 Passive		

项目：02　　B44-40测试结果 2018.11.3.flw

图 7-37　双绞线检测报告 PDF 版(第 1 页)

1. 接线图

接线图测试项目反映线序及连接状态。线序错误有多种情况，一般只与施工人员操作不当有关，与线缆和其他部件质量无关。连接状态错误有开路、短路和交叉等情况，并给出开路或短路的位置，图 7-39 为开路错误状态图，图 7-40 为短路错误状态图。图 7-41 所示错误为线对交叉或反接，通常是一端的插座按 T568A 接续，而另一端的插座按 T568B 接续，这在布线工程中是不被允许的。图 7-42 为线对串扰错误，看似线序正确，但线对间发生绕线，会使串扰相关参数劣化。

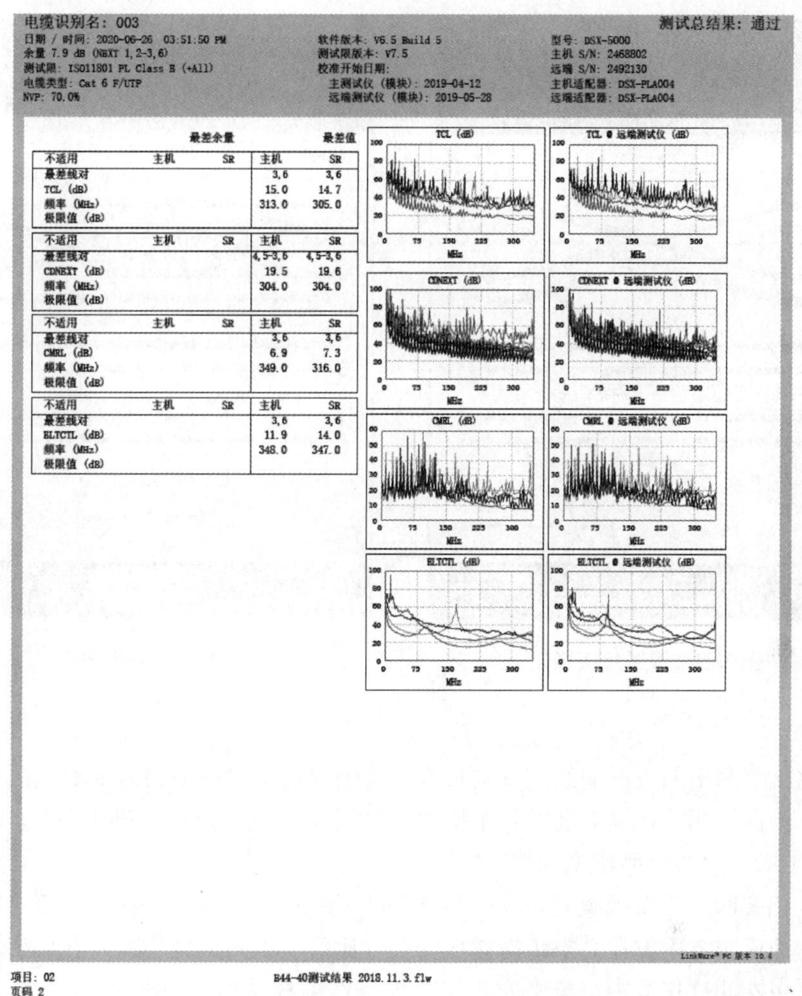

电缆识别名：003　　　　测试总结果：通过

日期 / 时间：2020-06-26 03:51:50 PM
余量 7.9 dB (NEXT 1,2-3,6)
测试限：ISO11801 PL Class E (+All)
电缆类型：Cat 6 F/UTP
NVP：70.0%

软件版本：V6.5 Build 5
测试限版本：V7.5
校准开始日期：
主测试仪（模块）：2019-04-12
远端测试仪（模块）：2019-05-28

型号：DSX-5000
主机 S/N：2468802
远端 S/N：2492130
主机适配器：DSX-PLA004
远端适配器：DSX-PLA004

	最差余量		最差值	
不适用	主机	SR	主机	SR
最差线对			3,6	3,6
TCL (dB)			15.0	14.7
频率 (MHz)			313.0	305.0
极限值 (dB)				
不适用	主机	SR	主机	SR
最差线对			4,5-3,6	4,5-3,6
CDNEXT (dB)			19.5	19.6
频率 (MHz)			304.0	304.0
极限值 (dB)				
不适用	主机	SR	主机	SR
最差线对			3,6	3,6
CMRL (dB)			6.9	7.3
频率 (MHz)			349.0	316.0
极限值 (dB)				
不适用	主机	SR	主机	SR
最差线对			3,6	3,6
ELTCTL (dB)			11.9	14.0
频率 (MHz)			348.0	347.0
极限值 (dB)				

LinkWare™ PC 版本 10.4

项目：02　　　　E44-40测试结果 2018.11.3.flw
页码 2

图 7-38　双绞线检测报告 PDF 版(第 2 页)

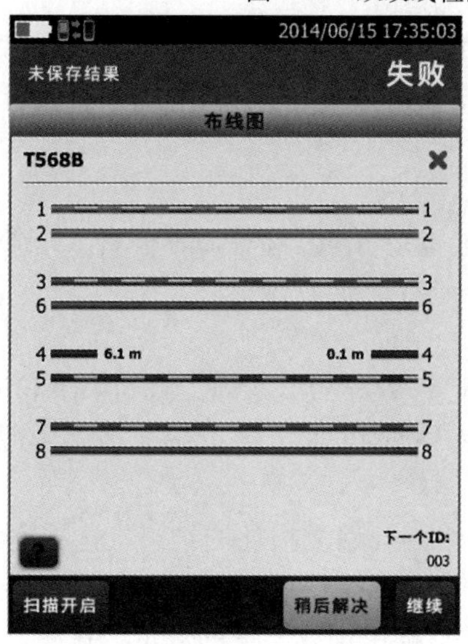

图 7-39　线缆有开路错误

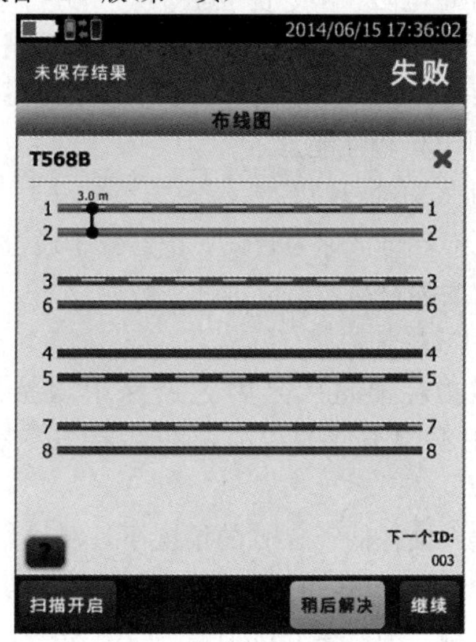

图 7-40　线缆短路错误

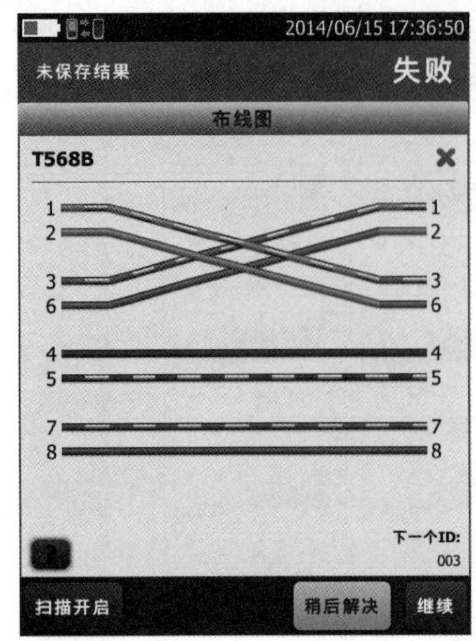

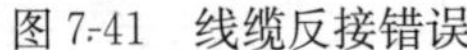
图 7-41　线缆反接错误

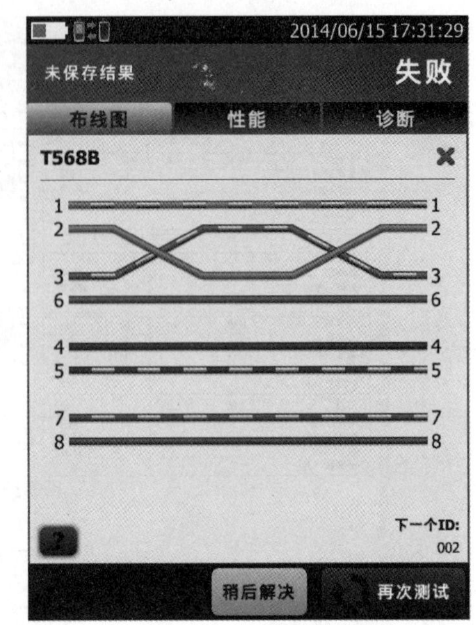

图 7-42　线缆串绕错误

2. 长度

线缆测试仪测出的长度为线缆真实长度，由于双绞结构的原因，导致真测长度比线缆长度略长。为此，测试标准对此进行了折中，可以在原规定指标基础上放宽 10%(信道测试模型为 110m，永久链路模型为 99m)。

与长度相关的另一个因素是 NVP(Nominal Velocity of Propagation)值。它是信号在电缆中传输速度与电磁波在真空传播速度的百分比值。不同类型的线缆 NVP 值是不同的，这个值也可以在测试仪器中自定义或者使用 30m 线缆样品测试得出。

3. 环路电阻和不平衡电阻

这个参数未通过一般是线缆制造商采用了不合格材质的线缆导致，比如铜包铁、铜包铝材质的网线等。线缆制造商的生产工艺不合格也会导致不平衡电阻参数不合格，影响线缆 PoE 供电传输性能。

4. 插入损耗/衰减

插入损耗也被称为衰减。该参数未通过一般也是由于线缆材质不合格。线缆长度过长也会导致插损过高，造成测试失败。

5. 回波损耗

回波损耗值超标是因为链路中阻抗匹配失衡导致，常见的原因有不正确的安装，混用不同类型的线缆，线缆在安装过程中的扭曲、弯折等损伤，或者电缆进水等。

在插入损耗低于 3dB 的情况下，测试结果中不计回波损耗的结果。这被称为 3dB 原则。因为链路较短，有效信号功率很强，即使回波损耗高一些，对实际的数据传输也没有太大的影响。为此在 ISO/IEC 和 ANSI/TIA 的标准中都有相关的规定，在测试结果中会显示一个 i(information)，此为仅作参考的意思。

6. 近端串扰和近端串扰功率和

这两个参数如果未通过测试，多半是与链路终端模块的端接有关，比如双绞线开绞距离过长，其次与线对的绞结工艺有关。

测试近端串扰和近端串扰功率和时有 4dB 原则：在插入损耗低于 4dB 的情况下，测试结果中忽略 NEXT(近端串扰)的测试结果。其原因同样是因为在较短的链路中，哪怕 NEXT 比标准稍低，但是对有用信号的传输不会造成过多影响。但是只有 ISO/IEC 标准是认可 4dB 原则的，TIA 标准仍然对 NEXT 有严格的要求。

7. ACR-N、PS ACR-N、ACR-F 和 PS ACR-F

这四个参数是通过近端串扰参数和插入损耗参数计算得到的值，近似于信噪比的概念。这四个参数不合格，往往意味着近端串扰或插入损耗参数不合格。

8. TCL 和 ELTCTL

这两个参数反应线缆抗外来干扰的能力，和施工关系不大，更多的是反应线缆本身质量。如果这两个参数不合格，意味着线缆抗外部干扰能力较弱。

如果检测的某些项目不合格，Fluke DSX 系列认证测试仪内置了两个错误排查工具，HDTDX 和 HDTDR。

HDTDX(High Definition Time Domain Crosstalk，高分辨率时域串扰观察)可以查看链路上不同位置的 NEXT 值。合格的连接器的 NEXT 正常曲线一般不会超过链路总和的 35%，理想情况下 NEXT 值的波动不超过 10%，但即使超过了 10%，若超过该值的事件(位置)不多于 4 个，仍被认为是合格的。图 7-43 所示的被测链路连接器 NEXT 占比过大，是 NEXT 项检测失败的主要原因。

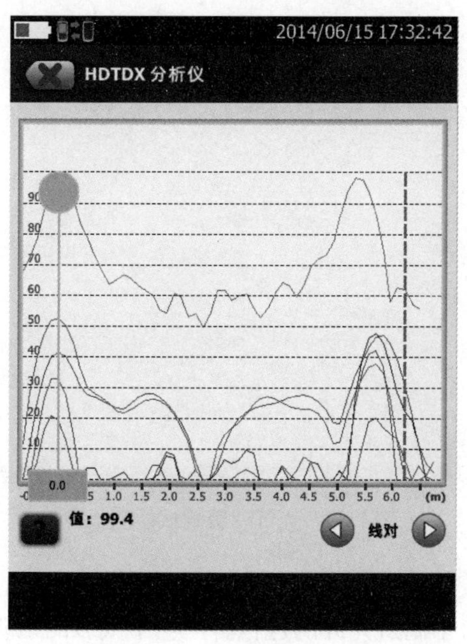

图 7-43　HDTDX 图形

HDTDR(High Definition Time Domain Reflection，高分辨率时域反射观察)是查看阻抗匹配失衡的故障排查工具。相关联的测试参数是回波损耗，50MHz 以下的回波损耗不合格一般是电缆本身存在质量问题，理想情况下电缆中的事件不超过 0.8%范围，但即使超过了 0.8%，若超过该值的事件不多于 4 个，仍被认为是合格的。

7.6.2　光缆测试结果分析与处理

1. 光纤一级测试

光纤一级测试主要测试光纤的衰减、长度和极性，测试报告的样式如图 7-44 所示。

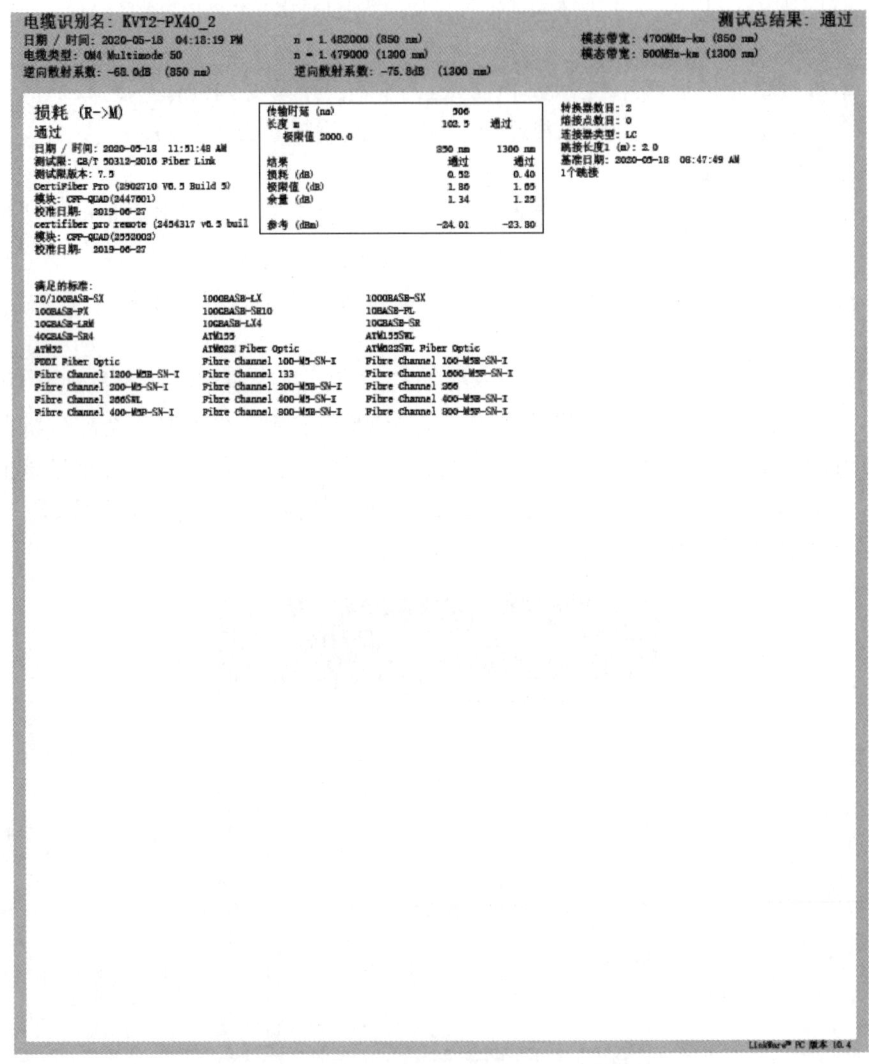

电缆识别名：KVT2-PX40_2　　　　测试总结果：通过

日期 / 时间：2020-05-18 04:18:19 PM　　n = 1.482000 (850 nm)　　模态带宽：4700MHz-km (850 nm)
电缆类型：OM4 Multimode 50　　n = 1.479000 (1300 nm)　　模态带宽：500MHz-km (1300 nm)
逆向散射系数：-68.0dB (850 nm)　　逆向散射系数：-75.8dB (1300 nm)

损耗 (R->M)
通过
日期 / 时间：2020-05-18 11:51:48 AM
测试限：GB/T 50312-2016 Fiber Link
测试限版本：7.5
CertiFiber Pro (2902710 V6.5 Build 5)
模块：CFP-QUAD(2447601)
校准日期：2019-06-27
certifiber pro remote (2454317 v6.5 buil
模块：CFP-QUAD(2552002)
校准日期：2019-06-27

传输时延 (ns)	506	
长度 m	102.5	通过
极限值 2000.0		
	850 nm	1300 nm
结果	通过	通过
损耗 (dB)	0.52	0.40
极限值 (dB)	1.86	1.65
余量 (dB)	1.34	1.25
参考 (dBm)	-24.01	-23.80

转换器数目：2
熔接点数目：0
连接器类型：LC
跳接长度1 (m)：2.0
基准日期：2020-05-18 08:47:49 AM
1个跳接

满足的标准：

10/100BASE-SX	1000BASE-LX	1000BASE-SX
100BASE-FX	100GBASE-SR10	10BASE-FL
10GBASE-LRM	10GBASE-LX4	10GBASE-SR
40GBASE-SR4	ATM155	ATM155SWL
ATM52	ATM622 Fiber Optic	ATM622SWL Fiber Optic
FDDI Fiber Optic	Fibre Channel 100-M5-SN-I	Fibre Channel 100-M5E-SN-I
Fibre Channel 1200-M5E-SN-I	Fibre Channel 133	Fibre Channel 1600-M5F-SN-I
Fibre Channel 200-M5-SN-I	Fibre Channel 200-M5E-SN-I	Fibre Channel 266
Fibre Channel 266SWL	Fibre Channel 400-M5-SN-I	Fibre Channel 400-M5E-SN-I
Fibre Channel 400-M5F-SN-I	Fibre Channel 800-M5E-SN-I	Fibre Channel 800-M5F-SN-I

LinkWare PC 版本 10.4

图 7-44　光纤一级测试检测报告

光纤的衰减过大有以下原因：

1）光纤材料原因：由于制造光纤的过程中产生了太多的杂质。

2）光纤安装不当：安装时过度弯曲，导致宏弯损耗。

3）熔接质量较差：使用了质量较差的熔接机或者操作不当，导致光衰过高。

4）光纤端面不洁：施工时没有注意成品保护导致光纤端面污损。

2. 光纤 OTDR 测试

光纤 OTDR 测试报告可以与光纤一级测试检测结果合并在一个报告中，报告样式如图 7-45 所示。

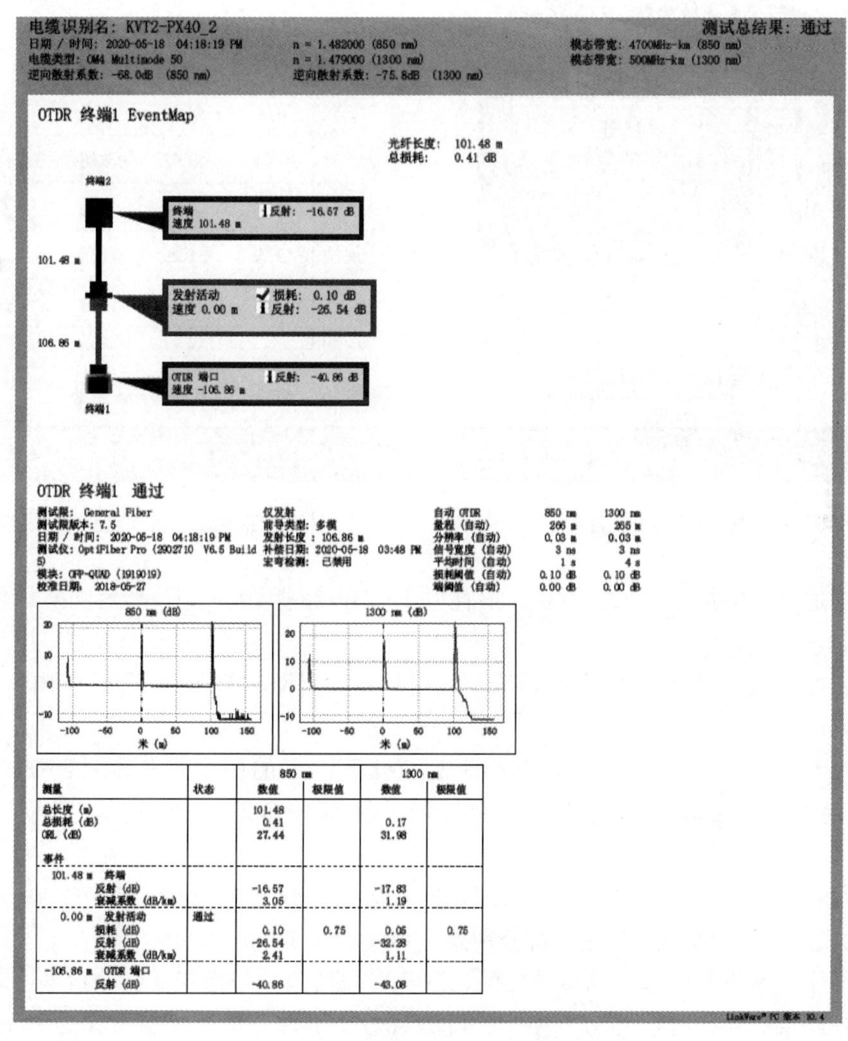

电缆识别名：KVT2-PX40_2　　测试总结果：通过

日期 / 时间：2020-05-18 04:18:19 PM　　n = 1.482000 (850 nm)　　模态带宽：4700MHz-km (850 nm)

电缆类型：OM4 Multimode 50　　n = 1.479000 (1300 nm)　　模态带宽：500MHz-km (1300 nm)

逆向散射系数：-68.0dB (850 nm)　　逆向散射系数：-75.8dB (1300 nm)

OTDR 终端1 EventMap

光纤长度：101.48 m

总损耗：0.41 dB

OTDR 终端1　通过

测试限：General Fiber

测试限版本：7.5

日期 / 时间：2020-05-18 04:18:19 PM

测试仪：OptiFiber Pro (2902710 V6.5 Build 5)

模块：OFP-QUAD (1919019)

校准日期：2018-05-27

仅发射

前导类型：多模

发射长度：106.86 m

补偿日期：2020-05-18 03:48 PM

宏弯检测：已禁用

自动 OTDR	850 nm	1300 nm
量程（自动）	266 m	255 m
分辨率（自动）	0.03 m	0.03 m
信号宽度（自动）	3 ns	3 ns
平均时间（自动）	1 s	4 s
损耗阈值（自动）	0.10 dB	0.10 dB
端阈值（自动）	0.00 dB	0.00 dB

测量	状态	850 nm 数值	850 nm 极限值	1300 nm 数值	1300 nm 极限值
总长度 (m)		101.48			
总损耗 (dB)		0.41		0.17	
ORL (dB)		27.44		31.98	
事件					
101.48 m 终端					
反射 (dB)		-16.57		-17.83	
衰减系数 (dB/km)		3.05		1.19	
0.00 m 发射活动	通过				
损耗 (dB)		0.10	0.75	0.06	0.75
反射 (dB)		-26.54		-32.28	
衰减系数 (dB/km)		2.41		1.11	
-106.86 m OTDR 端口					
反射 (dB)		-40.86		-43.08	

LinkWare™ PC 版本 10.4

图 7-45　光纤 OTDR 测试检测报告

3. 事件图解读

选择事件图(Event Map)，Fluke 认证测试仪会显示简洁的直线结构图，易懂易用。如果被测的链路测试失败，屏幕上会以红色标志警示，并给出故障点位置。在图 7-46 中，显示有两处故障点，分别是熔接点不合格(带“×”圆点，160.07m 处)和连接点不合格(带“×”方块，51.24m 处)。

4. 事件表解读

选择事件表，Fluke 认证测试仪会将所有测试结果以表的形式显示出来，如图 7-47 所示。表中的事件表解读如下。

端点：指链路的远端(312.5m 处)，反射值－33.89dB，不考察。

末尾：仅指被测链路的末端(211.4m)，损耗 0.04dB，反射－49.47dB。

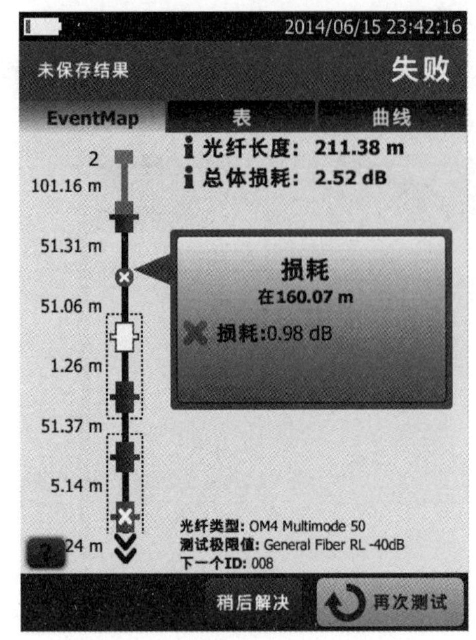

图 7-46　OTDR 事件图

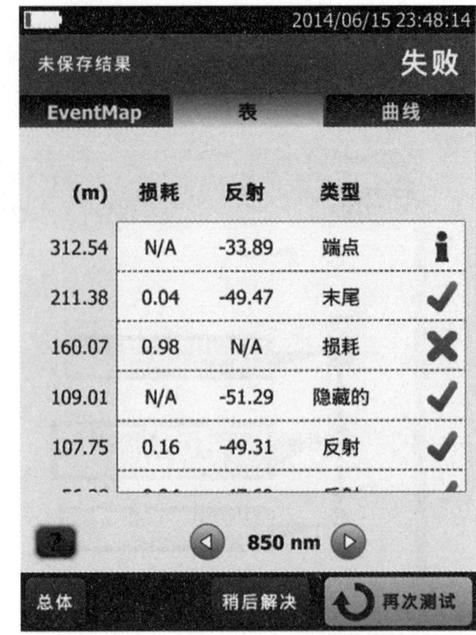

图 7-47　事件表

损耗：通常是熔接点(160.07m)，损耗 0.98dB，超标(0.75dB)，无反射，是一个熔接点或弯曲过度点。

反射：通常是一个连接器(107.75m)，损耗 0.16dB(含隐藏点损耗在内)，反射－49.31dB。

有一个概念叫作衰减死区，距离小于衰减死区范围的两个损耗事件将被合并看作是一个损耗事件。衰减死区越小，说明仪器的测试分辨能力越细致，定位故障能力越强。

隐藏地：通常是短跳线(109m)。该处是一根 1.25m 的短跳线(109.01－107.75m)，总损耗(两端合计)0.16dB，两端反射分别是－49.31dB 和－51.29dB。

还有一个非常重要的指标叫事件死区(又叫事件盲区)，是指仪器能分辨两个紧邻反射事件的最短距离。靠得过近的两个接头(事件)且短于事件死区时将被看作是一个事件(例如一根短跳线的两个连接器将被看作是一个连接器)。这种现象中后一个无法被清晰测试“事件”就叫隐藏事件。

衰减测试需要彻底分开两个彼此靠近的事件才能清晰测试，而事件死区不用完全分开就能清晰地测试，所以衰减死区总是比事件死区长。

整体：被测链路的起讫点是 0～211.38m，103.35～0m 是发射补偿光纤，211.28～312.54m 是接收补偿光纤。

补偿光纤的作用：

1)“看清”0m 处链路首端的损耗和反射值，仪器测试口有测试盲区，需要避开。

2) 看清 211.28m 处链路末端的损耗和反射值，末端是“空气”，损耗和反射值会超大，此非真实值，故用接收补偿光纤仿真测试末端的质量。

点击事件可以逐个查看每个事件(损耗，反射率，线段衰减系数)，如图 7-48

所示。

5. OTDR 曲线图解读

OTDR 曲线如图 7-49 所示。OTDR 曲线总体趋势是左高右低，总高差就是这根光纤链路的总损耗值，图中的每个尖峰代表一个“机械”连接器，尖峰前后的“高差”(左高右低)表示此连接器的损耗值。优质的连接器几乎看不出左右高差。连接器的损耗多是由端面脏污造成，少数由劣质连接器引起。尖峰的高度代表反射能量的强弱，太强的反射会造成误码率增加。

每个“无尖峰跌落”代表一个熔接点或者是光纤弯曲过度点，跌落的高度就是熔接点的损耗值。

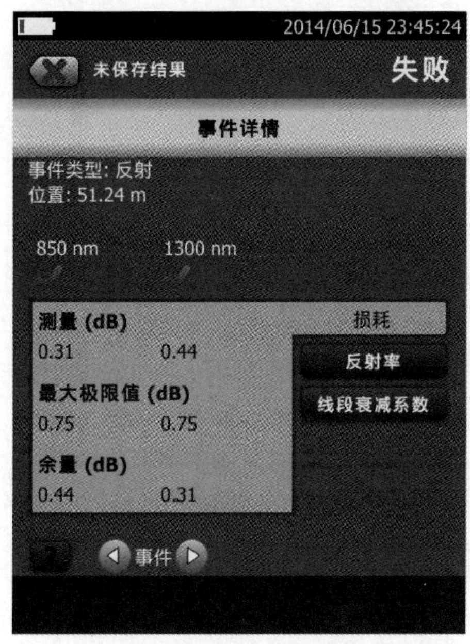

图 7-48　事件详情

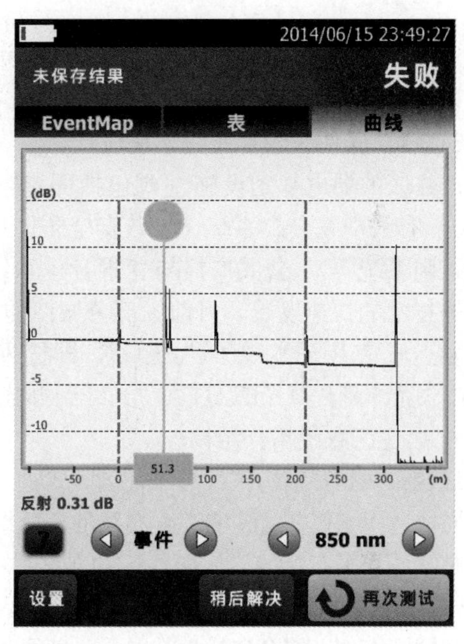

图 7-49　OTDR 曲线图

复习思考题

1. 简述电缆链路验证测试的目的和做法。
2. 电缆链路认证测试的重要性何在?
3. 说明基本链路、通道链路和永久链路三者之间的差别。
4. 电缆传输链路认证测试的主要指标有哪些? 每项指标的物理意义在哪里? 哪几项是针对宽带布线系统的?
5. 认证测试报告的权威性何在? 每份报告是针对一项工程还是针对一个信息点?
6. 光纤传输链路主要测试哪几项参数?
7. 什么叫瑞利背向散射损耗? 如何减小瑞利散射损耗的影响?
8. 什么叫菲涅尔反射损耗? 如何定位并消除菲涅尔反射损耗的影响?

第 8 章　综合布线技术的工程应用

本章选择综合布线技术应用最典型的居住园区、办公商业建筑以及信息点最集中的数据中心的建设为例，具体说明了各自的工程设计要点，以供读者在通晓了综合布线技术各个环节之后了解其系统构建。

8.1　居住区综合布线

8.1.1　居住区综合布线系统设计

居住区的弱电基础设施主要包括固定电话接入网、计算机局域网（有线宽带和无线 WiFi）、有线电视分配系统、公共安全防护系统（可视对讲系统、视频监控系统、门禁系统与道闸系统等）、公共广播与背景音乐系统和建筑设备管理系统等。随着数字化技术和光传输技术的快速发展，目前大部分城镇的居住区都实现了“三网合一”和信息传输的 IP 化，发达城市甚至实现了“三 G”，即固网千兆接入、千兆 WiFi 和千兆蜂窝移动通信(5G)。“光纤到户（FTTH)”、“光纤到办公室（FTTO)”等应用日益普遍。

1. 居住区布线拓扑结构

综合布线拓扑结构往往与居住区建筑的规模和组网方式密切相关。前面各章介绍的基本原理同样适用于住宅。住宅综合布线的拓扑结构仍然采用星型拓扑结构，但其干线子系统的线缆是室外水平布置的，从居住区的布线中心(CD)开始，先连接到各单体建筑物的分中心(BD)，再分接到各单体建筑物的楼层配线间(FD)，最后布线到每户配线箱(DD)。在住宅小区或校园网络中，综合布线拓扑结构一般可以有两级或三级交换节点，但不宜多于三级。

(1) 别墅型

在每栋别墅内的楼梯旁设置一个家居配线箱，把来自居住区布线中心的配线架(CD)的干线子系统线缆直接引入家居配线箱(DD)，在其箱内端接各种信息插座的连接线缆。若在别墅内组建局域网，可在家居配线箱放置一台网络互联设备，接线方式见图 8-1。

(2) 单元楼型

针对多层住宅楼，可在每栋住宅楼的中间单元设置一个楼道配线箱(FD)。楼道配线箱安装在楼梯入口墙上，放置配线架和网络互联设备，将水平子系统线缆端接到各单元每户配线箱(DD)。单元楼型布线拓扑结构如图 8-2 所示。

单元楼型家居配线箱接线如图 8-3 所示。

(3) 塔楼型

塔楼一般都有地下室，可在地下室设置一个楼道配线箱(FD)，放置配线架和网络互联设备，将水平子系统线缆端接到每户配线箱(DD)。塔楼型布线拓扑结构类似图 8-2 中的 1 个单元。

含有智能家居控制系统的塔楼型家居配线箱接线如图 8-4 所示。

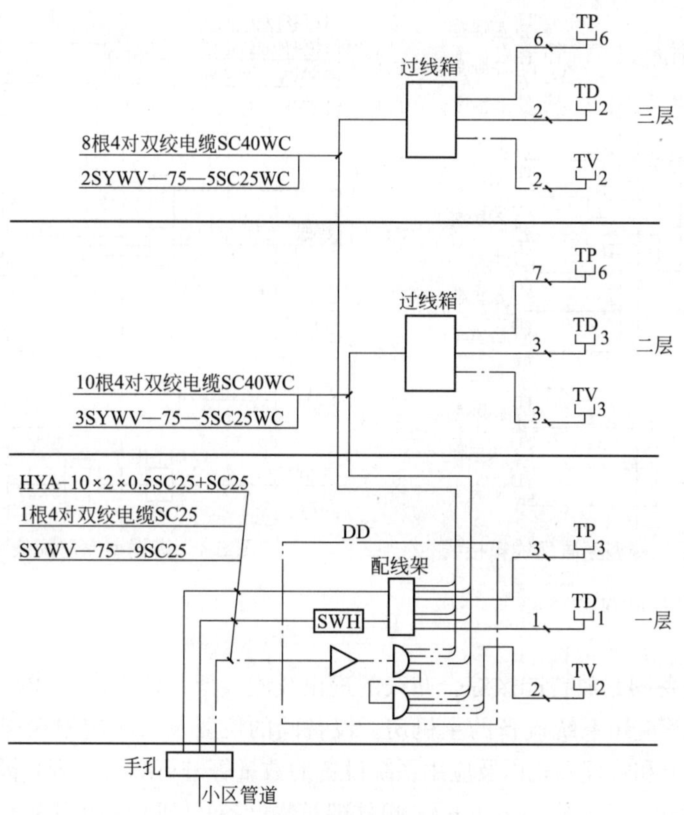

图 8-1　别墅型家居配线箱接线

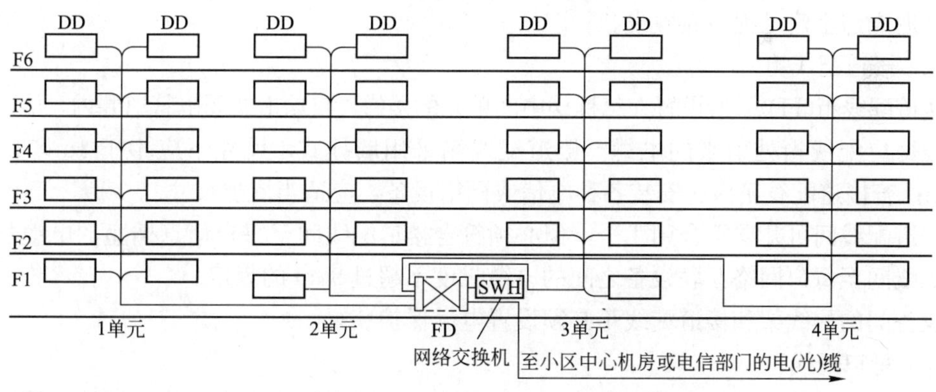

图 8-2　单元楼型布线拓扑结构

在居住区布线拓扑设计时，应注意以下特点：

(1) 6 类铜缆是 250MHz 宽带链路，在高层住宅布线时距离可灵活掌握，从楼道配线箱里的配线架到住户信息插座的双绞线长度可适当延长超过 90m，但最长不得超过 99m。

(2) 计算机网络前期开通率一般为 15％。楼道配线箱里的网络交换机可选用堆叠式，端口数可由居住区开通用户数来确定，随着用户的增加而陆续变更网络交换机的端口数。

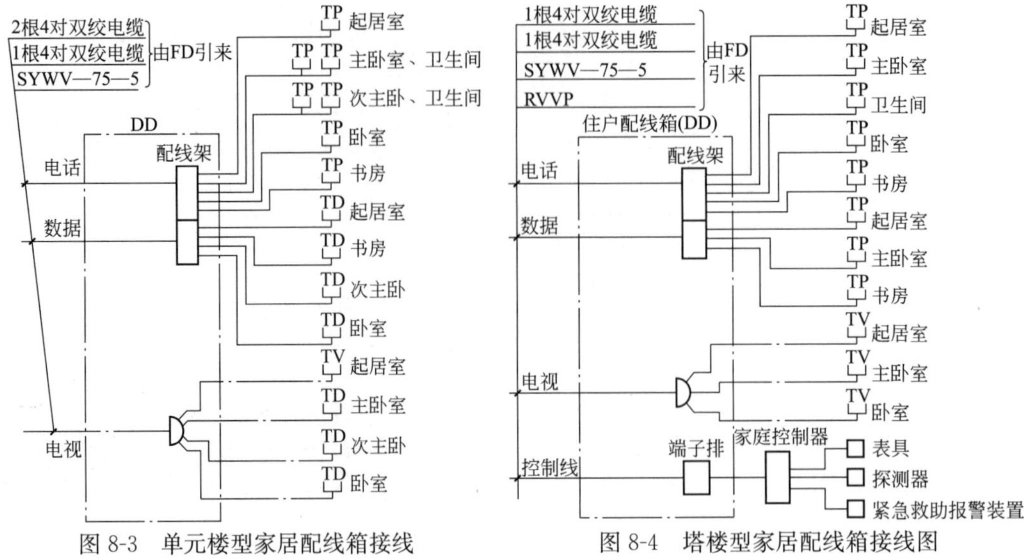

图 8-3　单元楼型家居配线箱接线　　图 8-4　塔楼型家居配线箱接线图

2. 居住区设备间配置

(1) 设备间

居住区的设备间是放置园区综合布线的进出线配线架、外来电信线路接口设备以及模拟、数据、图像等应用系统设备的主机房。设备间的位置及大小应根据居住区建筑物的结构、综合布线规模和管理方式以及应用系统设备的数量等进行综合规划。园区综合布线专用设备间(CD)的使用面积不应小于 40m²；单体建筑物设备间(BD)的使用面积不应小于 10m²。

设备间设计应符合《计算机场地通用规范》GB/T 2887—2011 的有关规定。室内外的预埋管道应与土建工程一起敷设。

(2) 楼道配线箱

楼道配线箱(FD)一般设置在每栋楼中间单元的楼梯入口墙上或弱电管道井内，能覆盖端接全楼每户配线箱处引来的电缆。楼道配线箱采用墙挂式，尺寸不应小于 1m×1.5m×0.45m。若楼道配线箱内还安装各种电信或网络设备，应适当增加尺寸。

楼道配线间可几层楼合用 1 个，但必须符合楼道配线间至每户信息插座的电缆长度或楼道配线间至每户网络互联设备之间的电缆长度不超过 90m 的规定。

设备间的配线架和楼道配线箱必须设置电气保护装置。

(3) 每户配线箱

在家居配线箱(DD)内，可安装模拟/数据接口端子板以及电视信号分配器，统一管理家庭的模拟、数据和电视等设备。箱内还能安装弱电接线端子排，作为家庭安全防范系统、自动抄表系统的转接点，实现家庭与居住区管理部门联网。

家居配线箱应能接入户内所有终端设置的电缆，并具备交叉连接功能，以及留有适当的接线端子排余量，便于应用系统管理部门利用每户配线箱进行连接、迁移、增加和变更。

3. 建筑物内综合布线的敷设方式

(1) 考虑到住宅内信息化设备的使用特点、住宅的建筑结构形式以及住宅的综合布线工程造价，住宅楼内综合布线应采用暗埋配线管敷设方式。

(2) 暗配管网和配线线缆的容量应满足终端设备的需要，楼层之间的配管应备有维修余量，每户宜备用 1 根引入管。

(3) 户室内线缆应穿管到每个信息插座。

(4) 在改、扩建工程中，暗管敷设有困难时，楼内配线电缆可利用明线槽、挂镜线、踢脚板等设施布放。

4. 园区综合布线的敷设方式

(1) 在大型居住园区，综合布线应采用地下管道敷设方式。当敷设地下管道有困难时，也可采用直埋、电线杆等敷设方式。

(2) 地下配线管网应按终期容量设计，并应有 1～3 个备用管井。

(3) 对改、扩建的住宅楼，布线线缆宜采用与该地区原有敷设方式相一致的方式。

5. 住宅室内综合布线基本配置

住宅室内综合布线的基本配置原则是适应基本信息应用需要，提供电话、数据和电视等布线服务。

(1) 每户引入电话、数据和电视等应用的线缆。

(2) 每户的卧室、书房、起居室、餐厅等均应设置 1 个 RJ45 电缆插座和 1 个电视电缆插座；主卫生间还应设置 RJ-11 电话电缆插座。

(3) 每户弱电配线箱(DD)至该户每个信息插座或电视插座各敷设 1 根 4 对双绞电缆或 1 根 75Ω 同轴电缆。

(4) 弱电配线箱的箱体宜一次暗装到位，满足远期的应用需要。

6. 住宅室内综合布线综合配置

住宅室内综合布线的综合配置原则是适应较高水平信息应用需要，提供语音、数据家居自动化和视频等多媒体布线服务。

(1) 每户可引入电话、数据和电视等应用的线缆，必要时也可设置 2 芯光缆。

(2) 每户的卧室、书房、起居室、餐厅等均应设置不少于 1 个数据电缆插座或光缆插座、1 个电话电缆插座以及 1 个电视电缆插座，也可按每户需求设置；主卫生间还应设置电话电缆插座。

(3) 每个数据电缆插座或光缆插座、电话电缆插座、电视电缆插座至每户弱电配线箱各敷设 1 根 4 对双绞电缆或 2 芯光缆、1 根 75Ω 同轴电缆。

(4) 弱电配线箱的箱体应一次暗装到位，满足远期的需要。

在每一住户内与综合布线同步敷设 75Ω 同轴电缆及相应的插座，是为了住宅内部统一施工和便于维护，给用户带来方便；一般情况每栋住宅楼楼道配线箱(FD)至每户敷设 1 根 75Ω 同轴电视电缆，只有在需要提供不同视频应用时，才考虑敷设 2 根 75Ω 同轴电缆。

家居综合布线参考布置如图 8-5 所示。

8.1.2　居住区综合布线线缆和连接件

1. 线缆

(1) 双绞电缆

住宅用水平线缆、干线线缆、跳线、接插线的等级、规格、外形尺寸与前面各章所描述的内容相同。

(2) 光缆

光纤可采用 50μm/125μm、62.5μm/125μm 多模光纤或 8.3μm/125μm 单模光纤以及多模、单模光纤混合布放。从小区设备间到每栋住宅楼可配置 4 芯或 6 芯光缆。

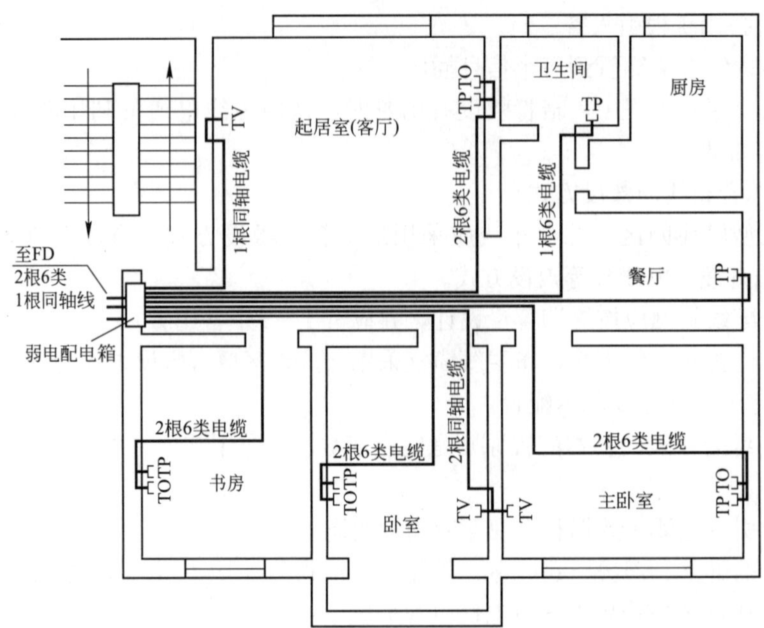

图 8-5　家居综合布线布置

（3）同轴电缆

有线电视信息目前是采用同轴电缆传输。随着数字电视的逐渐普及和基于 IP 技术的流媒体信息的大量应用，光纤和双绞电缆混合布线的网络可以取代光纤和同轴电缆混合布线的有线电视网(即 HFC 网)。

2. 连接硬件

（1）家庭配线箱

家庭配线箱(DD)一般为一户一箱。根据家庭的应用要求，可选用不同尺寸的箱体，箱体内可配置不同种类的配线模块。箱体一般采用壁龛暗装形式。小户型住户，壁龛的最小空间尺寸为：宽×高×深＝350mm×250mm×200mm；大户型住户，壁龛的最小空间尺寸为：宽×高×深＝460mm×610mm×200mm 或 610mm×460mm×200mm。常用家庭信息配线箱结构及尺寸如图 8-6 所示。

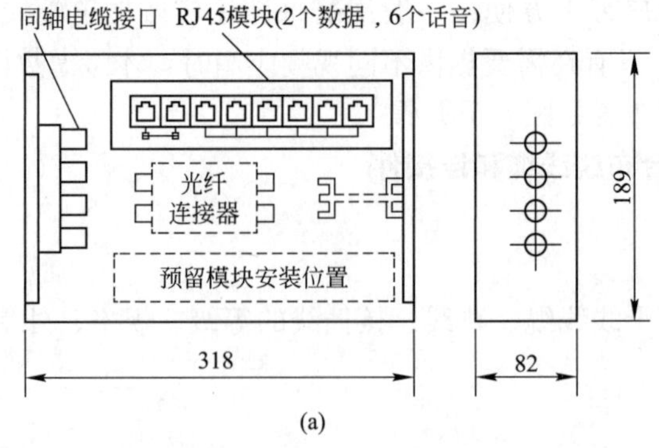

图 8-6　家庭信息接入箱结构(mm)（一）

(a)小型信息接入箱

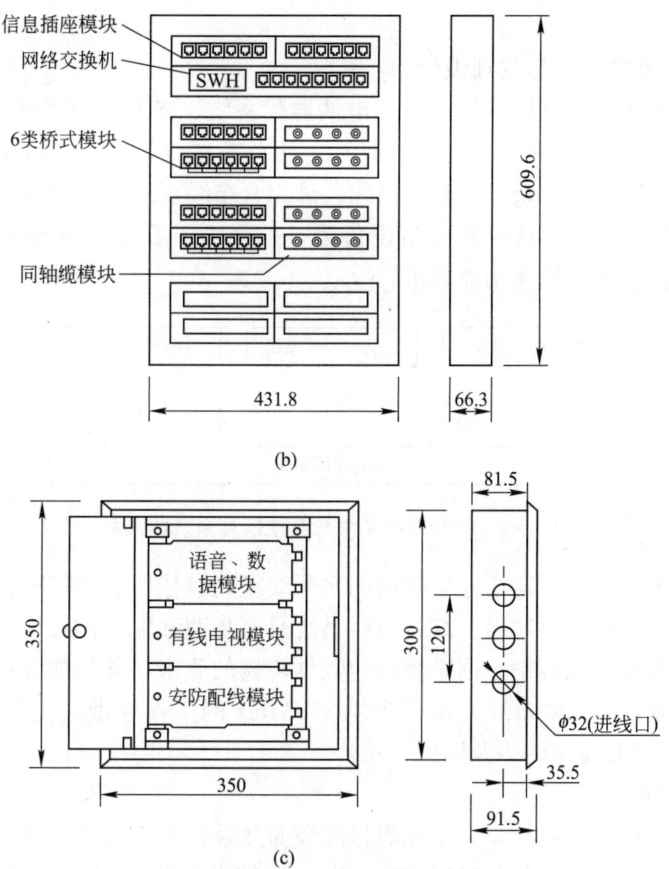

图 8-6　家庭信息接入箱结构(mm)（二）
(b)大型信息接入箱；(c)多媒体信息接入箱

(2) 信息插座

信息插座模块应选用 4 对 8 芯模块化插座/插头，按 T568B 方式接线。

(3) 接插线

同轴线可在箱内的接线排上直接端接，双绞线可用跳线或接插线连接。光纤插头可采用单工/双工的多模光纤连接器，光纤连接器应附加 A 和 B 的标记并与电缆的极性相对应，以便识别。

8.2　商业办公楼综合布线

商业办公楼具有建设预算与信息应用水平高、用户流动性大的特点，是综合布线前沿技术应用的风向标。本节以 2006 年建设的某商贸写字楼为例，介绍通用商业办公楼综合布线系统的设计学习要点。

8.2.1　商业办公楼工程概况

某商贸写字楼建设用地面积约 14.2 亩(约为 9467m^2)，工程总建筑面积约 8 万 m^2，其中 1 号出租写字楼(主楼)建筑面积为 30300.8m^2，二号出租写字楼(主楼)建筑面积为 30300.8m^2，中间通过 4 层 8095m^2 商场裙楼相连，地下建筑面积为 9580m^2。该项目拟建成现代的、数字的、智能化的综合办公楼，为用户提供一个安全、高效、舒适、便利的建筑环境。

8.2.2 用户需求分析与规划设计

综合布线是大楼内计算机网络系统、电话通信系统、各种管理系统的信息传输通道，是大楼智能化系统的神经中枢，如图 8-7 所示，因此布线设计应为大楼未来若干年信息系统应用发展的需要预留一定余量与升级空间。该综合布线系统采用国外厂家的全系列布线产品，不使用 OEM 产品。系统要满足设备运行的高度可靠性、设备变迁时的高度灵活性、管理的方便性、产品的通用性要求。

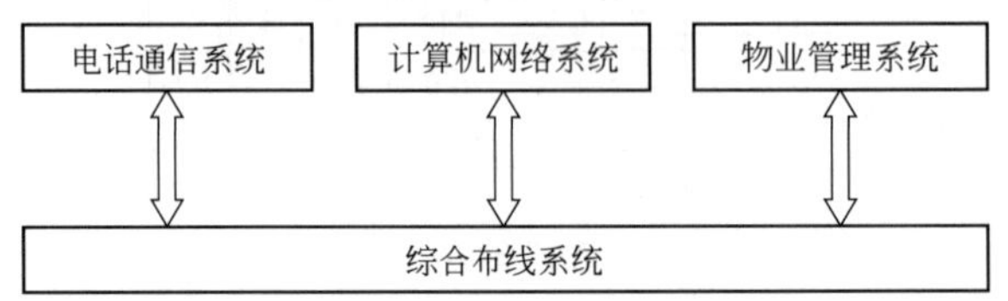

图 8-7　综合布线系统与其他信息系统的关系

综合布线系统中除去固定于建筑物内的水平线缆，其他所有的接插件都是积木式的标准件，系统的扩充升级变更容易。综合布线系统具有高速和宽带的传输能力，能满足楼内各类信息传输的需要，尤其是数据系统高速数据传输的要求，并且能够适应现代和未来若干年信息技术的发展。6 类布线系统可提供 250MHz 的工作频带，支持 1000Mbit/s 到桌面的数据传输速率(如高速网络及图像显示)。

1. 出租办公楼用房

只考虑预留信息集合点接口，不做具体线缆布放及信息点设置。在每楼层内按办公区域划分设置 12 个集合点区域配线箱(CP)，其中由楼层配线间竖井到 2 个 CP 箱布放 24 根非屏蔽 6 类 4 对双绞线、1 根 6 芯万兆光缆、1 根 25 对大对数电缆和 1 根 SYWV75—5 有线电视线缆；由竖井到其他 10 个 CP 箱各布放 12 根非屏蔽 6 类 4 对双绞线、1 根 6 芯万兆光缆、1 根 25 对大对数电缆和 1 根 SYWV75—5 有线电视线缆；CP 箱墙内暗装，内置 1 个 24 口 RJ45 数据配线架、1 个 6 口光纤配线架、1 个 50 对线语音配线架和预留 1 个有线电视分支器的安装位置。

2. 裙楼商业零售用房

按每 2 个承重柱区域内设置标准信息插座 2 对(2 个数据、2 个语音)，位置放在吊顶以上；信息点全部采用 6 类非屏蔽 4 对双绞线就近连接到双干线其中一个楼层弱电配线间，弱电配线间内水平线缆配线架全部采用 RJ45 配线设备；信息插座采用 6 类非屏蔽RJ-45 模块，86 型双孔面板，带防尘盖、语音数据标识条。

3. 物业管理用房

根据房间用途配置标准信息接口数量。信息接口布设到墙面，语音、数据全部采用 6 类非屏蔽 4 对双绞线连接到楼层弱电配线间。弱电配线间内水平线缆配线架全部采用标准 RJ45 口配线设备。信息插座采用 6 类非屏蔽 RJ45 模块、86 型双孔面板带防尘盖、语音数据标识条。

4. 拓扑结构与管理

主干光缆、大对数电缆采用三级管理方式。第一级主管理点位于 2 号楼 B1 层的综合布线总机房，第二级管理点位于 1 号楼 16 层、2 号楼 20 层的网络通信机房、2 号楼 B1 层通信进线间，第三级管理点位于 1、2 号楼和裙楼的各楼层配线间。

根据建筑结构分楼座进行系统管理：

(1) 1 号楼

除 B1F—3F 及三层半商业部分外，所有楼层的综合布线系统由 1 号楼 16 层网络通信机房统一管理。

(2) 2 号楼

除 B1F—3F 及三层半商业部分外，所有楼层包括 2 号楼地下车库及其管理用房的综合布线系统由 2 号楼 20 层网络通信机房统一管理。

(3) 1 号、2 号楼 B1F—3F 商业部分及裙楼

由 2 号楼 B1 层综合布线主机房统一管理。

(4) 1 号、2 号楼地下车库及其管理用房

分别设置干线到各自写字楼网络通信机房及 2 号楼 B1 层综合布线主机房，以便于灵活调整管理方式。

(5) 4 层裙楼

按办公区设置区域配线箱，主干光缆及大对数电缆敷设到 2 号楼 B1 层综合布线主机房。

8.2.3　综合布线系统设计

系统采用 6 类综合布线系统，建立一套为语音和数据等信号传输、具有高速灵活可扩展的模块化信息通路，主要服务于电话通信网络、计算机网络及办公管理系统，其中包含：

(1) 1 号楼办公区综合布线系统图(图 8-8)；

(2) 2 号楼办公区综合布线系统图(与图 8-8 相似，略)；

(3) 1、2 号楼商业区及地下车库、管理用房综合布线系统图(图 8-9)。

1. 工作区子系统设计

(1) 信息插座的位置依照《招标书》图纸要求确定；

(2) 在楼层内按办公区域设置区域配线箱(CP)，CP 箱的位置依照《招标书》图纸确定；

(3) CP 箱安装方式为吊顶内吊装，根据环境的不同也可以实施不同的安装方法；

(4) 信息插座为墙上暗埋式安装，根据环境的不同也可以实施不同的安装方法；

(5) 墙上型暗埋底盒距地面高度按标准应为 30cm；地面出线盒及分线盒规格为 284mm×284mm×95mm，材料为铝合金，厚度大于 2.5mm，埋地安装盒盖能镶嵌入厚度为 22mm 的地面装饰材料中，出线盒内可安装两个 RJ45 模块和两个单相电源插座；

(6) CP 箱暗埋距地面高度按标准应为 140cm；尺寸大小为 500mm×750mm×130mm，内部安装 24 口 6 类数据配线架 1 个、6 口光纤配线架 1 个、理线器 4 个、50 对 110 配线架 1 个、有线电视分配器 1 个和两个单相电源插座；

(7) 信息插座满足高速数据及语音信号的传输要求，信息模块可选择 90°(垂直)或 45°(斜角)安装方式，86 面板采用方形，并有明显的语音及数据接口标识；

(8) 对于光纤到桌面，采用 SFF 光纤头，面板具有对光纤模块的保护盖，并可与铜缆信息模块共用面板；

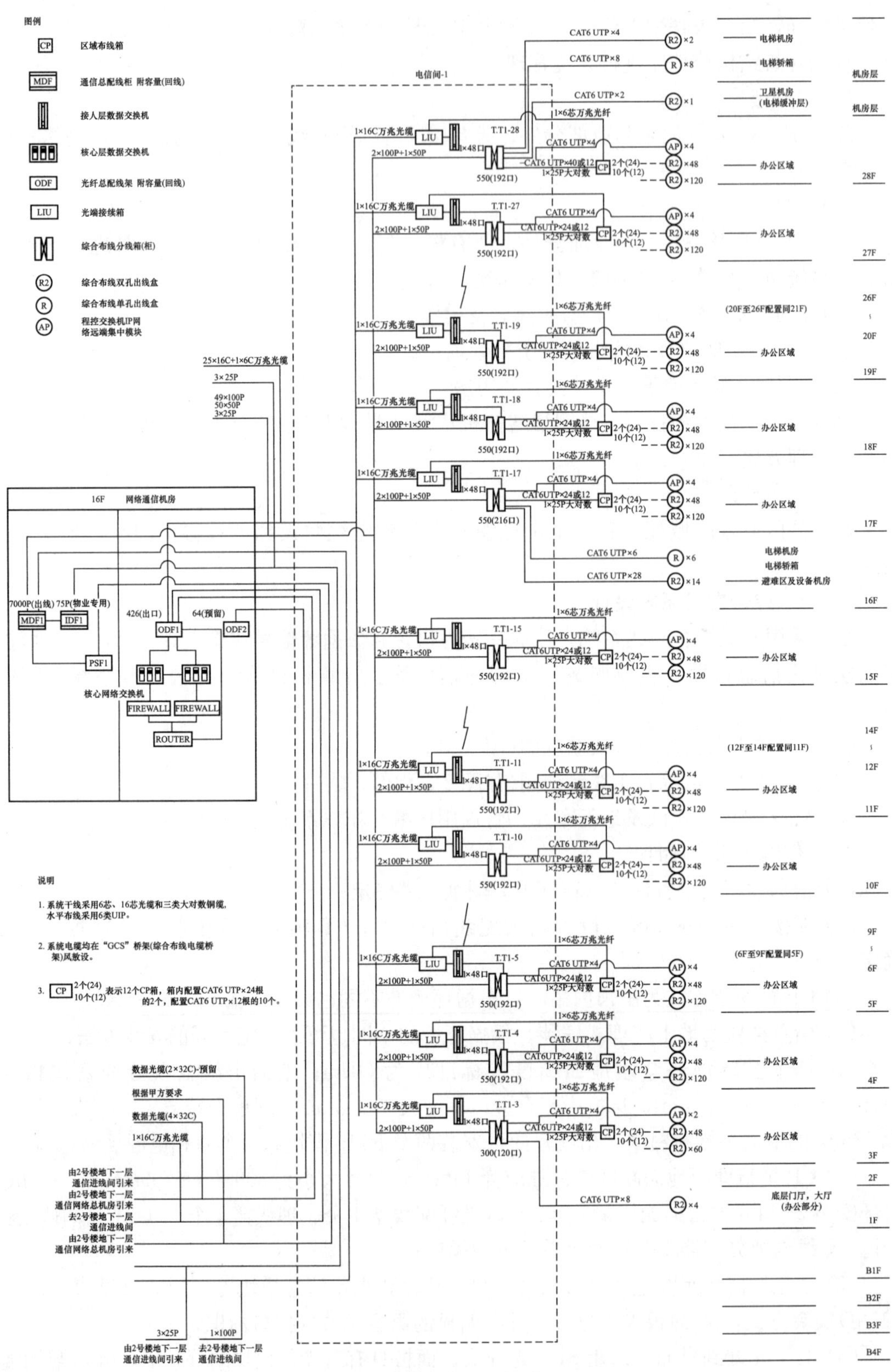

图 8-8 1号楼办公区综合布线系统图

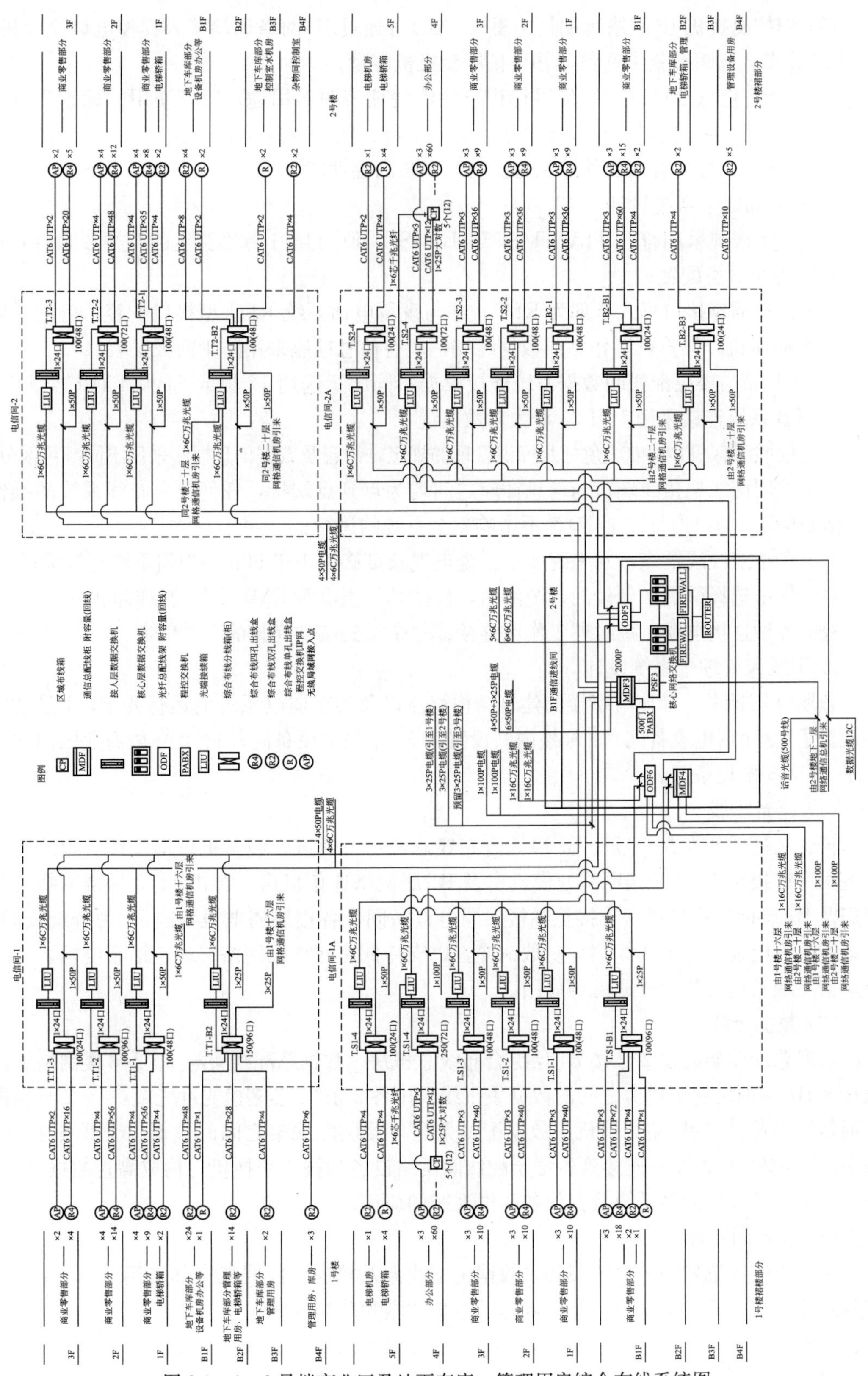

图 8-9　1、2 号楼商业区及地下车库、管理用房综合布线系统图

(9) 程控交换机 IP 网络远端集中模块(AP)可通过 IP 网络远端接入程控电话交换机，实现 IP 分布式远距离集中通信，并可拓展交换机容量；

(10) 所有信息端口以标签加以标识，并清楚地表明其用途，所有使用的标签为机器打印，标签上的编号同时支持简体汉字、英文字母、数字、标点，标签上每个字母的高度不小于 4mm，标签具有永久的防脱落、防水、防高温性能。

2. 水平布线子系统设计

(1) 水平线缆采用符合 TIA/EIA—568B、ISO/IEC 11801 标准拟定的 6 类 UTP 铜缆，信息插座为全 6 类配置；

(2) 信息插座接口形式全部为 RJ45，并与现行电话系统 RJ11 型接口兼容，可随时转换接插电话座机、计算机工作站或数据终端，所有信息插座采用防尘面板安装；

(3) CP 箱与楼层配线间数据系统连接根据不同配置选用 12 根或 24 根 4 对 6 类 UTP 铜缆，语音系统连接采用 1 根 25 对大对数电缆；

(4) 依照 EIA/TIA—606 色标及标识管理的规定，语音及数据信息插座采用不同颜色区分；

(5) 楼层配线架接线端口与信息插座之间均为点到点端接，任何改变布线系统的操作(如增减用户、用户地址改变等)都不影响整个系统的运行；

(6) 对于双绞线铜缆，水平配线子系统电缆长度必须小于 90m，中间不能有接续；

(7) 尽量选择最短、最佳的线缆路由，保持其与强电等 EMI 设备的足够间距；

(8) 各种连接电缆、跳线同工作区连接成一个端到端的完整的 6 类信道。

3. 干线及管理子系统设计

依照《招标书》和该写字楼的建筑结构特点以及各个弱电系统的运行要求，1 号楼内共设置了 29 个弱电设备间；2 号楼内共设置了 34 个弱电设备间；1、2 号楼商业区内共设置了 11 个弱电设备间。

(1) 语音干线

语音总配线架设在 2 号楼 B1 层综合布线总机房，通过光缆与电信局连接。由综合布线主机房连接至 1、2 号楼网络通信机房及 B1 层网络通信机房，再由 1、2 号楼网络通信机房及 B1 层网络通信机房连接至各楼层弱电设备间，各楼层弱电设备间(作为分配线间)的语音主干电缆全部采用 3 类大对数铜缆，以支持低速计算机网络终端、语音终端、多用户通信终端及电信局远程通道等应用。

(2) 数据干线

数据总配线架设在 2 号楼 B1 层综合布线总机房。数据总配线架与 1、2 号楼网络通信机房及 B1 层网络通信机房之间的数据主干线采用各 2 条 32 芯多模光纤光缆，1、2 号楼网络通信机房及 B1 层网络通信机房数据配线架与各楼层配线架之间的数据主干线各采用 1 条 16 芯多模光纤光缆并连接到各楼层配线间网络设备和核心交换机，构成高速数据通道，满足写字楼计算机网络系统及其他各弱电系统的应用。

(3) 设备间管理

语音主配线架采用机架式安装，数据主配线架及楼层分配线架全部采用 63cm(19 寸)密封式玻璃门标准机柜安装，并配备标准电源插座和散热风扇。

机柜安装 63cm(19 寸)模块化 RJ45 配线架、光纤配线架以及 110 配线架，并配有线路管理设备单元。

铜缆跳线采用 RJ45 快速跳线，光纤连接采用 ST/SC 连接器单模和多模光纤跳线。
配线架留有一定数量的预留端口，以便将来扩充。
多模光纤光缆数据主干的最大长度小于 300m。
铜缆语音主干的最大长度小于 500m。
电缆护套为紧密阻燃型。

8.2.4　综合布线设备材料清单

该商贸写字楼综合布线系统设备材料清单见表 8-1。

商贸写字楼综合布线系统设备材料清单　　表 8-1

序号	设备名称	型号	单位	数量
1　工作区子系统				
1	86 型单口面板	WSY-00012-02	个	42
2	86 型双口面板	WSY-00013-02	个	438
3	6 类非屏蔽 RJ45 模块	KSY-00018-02	个	918
2　水平子系统				
1	6 类非屏蔽低烟无卤 8 芯双绞线	CAA-00200	m	57500
2	6 芯万兆多模室内光缆	91-2053	m	85
3	3 类室内 25 对大对数缆	39-125	m	85
3　楼层配线间子系统				
1	24 口 6 类非屏蔽配线架	PID-00141	个	54
2	100 对语音配线架	KPD-00026	个	179
3	1U 理线器	25. C001G	个	102
4	12 芯光纤配线架	17. C101G	个	20
5	12 芯光纤配线架架装耳	17. C104G	个	20
6	24 芯光纤配线架	17. C130G	个	54
7	24 芯光纤配线架架装耳	17. C148G	个	54
8	单芯 ST 耦合器	86113-0000	个	990
9	千兆光纤尾纤	91. 10. 611. 00100	条	12
10	万兆光纤尾纤	91. 10. 311. 00100	条	978
11	110-RJ45 跳线	KPC-00115	条	480
12	6 类 RJ45 跳线	PCD-00208	条	438
13	单芯万兆 ST-LC 光纤跳线	91. 1L. 321. 00300	条	440
14	标准机柜	42U	个	73
4　垂直子系统				
1	3 类室内 25 对大对数缆	39-125	m	1150
2	3 类室内 50 对大对数缆	CAA-00022	m	9500
3	3 类室内 100 对大对数缆	CAA-00022	m	14500
4	6 芯万兆多模室内光缆	CFR00396	m	3300
5	16 芯万兆多模室内光缆	CFR00499	m	11000

续表

序号	设备名称	型号	单位	数量
5 设备间子系统				
1	100 对语音配线架	KPD-00026	个	170
2	1U 理线器	25. C001G	个	26
3	48 芯光纤配线架	RFR-00079	个	26
4	48 芯光纤配线架架装耳	RFR-00080	个	26
5	单芯 ST 耦合器	86113-0000	个	1182
6	单芯万兆 ST-LC 光纤跳线	91. 1L. 321. 00300	条	1182
7	万兆尾纤	91. 10. 311. 00100	条	291
8	标准机架	42U	个	11
6 标准层布线				
1	CP 箱	600×450×300	个	12
2	24 口 6 类非屏蔽配线架	PID-00141	个	2
3	16 口 7 类非屏蔽配线架	PID-00142	个	10
4	50 对语音配线架	KPD-00025	个	12
5	1U 理线器	25. C001G	个	48
6	单芯 ST 耦合器	86113-0000	个	144
7	12 芯光纤配线架	17. C101G	个	24
8	万兆光纤尾纤	91. 10. 611. 00100	根	144
9	6 类非屏蔽低烟无卤 8 芯双绞线	CAA-00200	m	10800
10	6 芯万兆多模室内光缆	91-2053	m	840
11	3 类 25 对室内大对数缆	39-125	m	840
12	有线电视缆	SYV75-5	m	840

8.3 数据中心综合布线

8.3.1 数据中心概述

如何更好地运用数据资产，发挥其最大的作用，使业务不断成长，成为众多大型企业最为关心的问题。数据中心(Data Center)的建立是为了全面、集中、主动并有效地管理和优化 IT 基础架构，实现信息系统的高可管理性、高可用性、高可靠性和高可扩展性，保障企业业务的顺畅运行和服务的及时传递。

数据中心实际上是一种独立设置的超大规模网络机房，内放置核心的数据处理设备，是企业的大脑，综合布线作为其物理基础设施建设尤为重要，成为网络建设成败的关键因素之一。如何为数据中心构建安全、高效、统一的物理基础平台，是数据中心布线设计的核心所在。

数据中心的布线系统生命周期，需要有效支持 3 代有源设备的更新换代。同时，数据中心需要能够支持高速率的数据传输和存储，单体文件的容量也越来越大。因此选择一套先进的布线系统是极其必要的。

8.3.2　某数据中心工程概况

某保险公司的数据中心建筑面积约 1668m^2，置放了企业的 Web 服务器、内部交换机、存储单元以及其他相关设备。

8.3.3　数据中心用户需求分析

中心机房区域划分为：通信机房(接入式)、网络中心机房、设备机房、UPS 室、介质室、配电室、监控室、操作室、气体灭火钢瓶室、备件室、办公区、会议室、值班室等。

数据中心机房综合布线系统各功能区的设计必须考虑各种应用系统的需要，预留充分的信息点，设计灵活的布线方式。根据需求，整个数据中心共设计有万兆多模光纤信息点 1440 个，万兆单模光纤信息点 1440 个，6 类电缆信息点 1880 个(不含办公区、运转中心)。

在布线线缆选择时，应充分考虑计算机网络发展对线路带宽容量资源的需要，以便为未来发展留下空间。数据中心机房规划区域如图 8-10 所示，包括：

(1) 进线接入设备间；

(2) 主配线区；

(3) 水平分配区；

(4) 设备分配区。

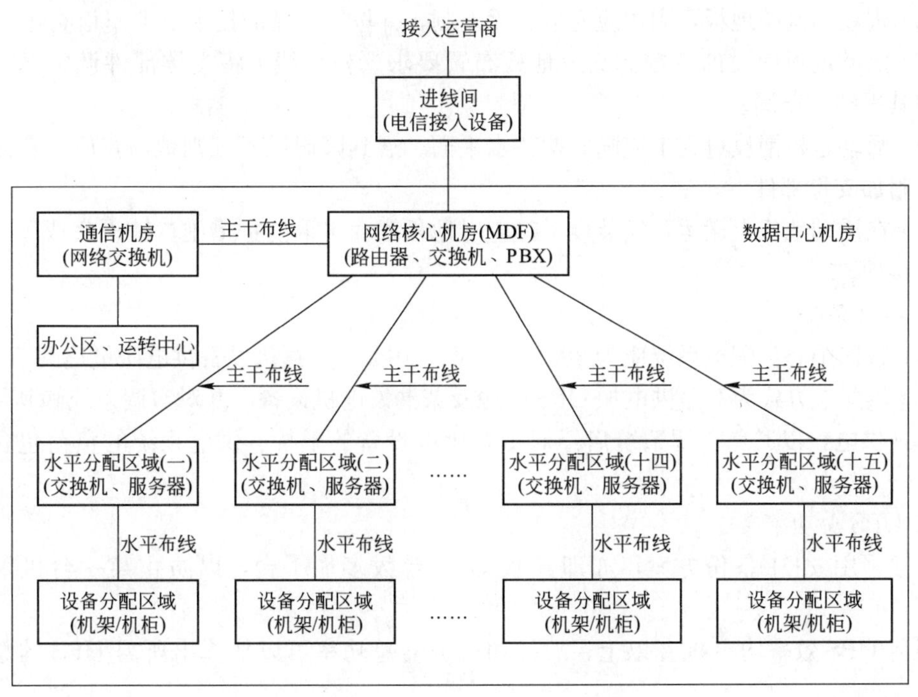

图 8-10　数据中心网络拓扑结构

8.3.4　数据中心机房建设要求

1. 一般规定

(1) 计算机房的室内装修工程施工验收主要包括吊顶、隔断墙、门、窗、墙壁装修、地面、活动地板的施工验收及其他室内作业。

(2) 室内装修作业应符合现行规范《建筑装饰装修工程质量验收标准》GB 50210—

2018、《地面与楼面工程施工操作规程》YSJ 407—1989、《木结构工程施工质量验收规范》GB 50206—2012 及《钢结构工程施工质量验收标准》GB 50205—2020 的有关规定。

（3）在施工时应保证现场、材料和设备的清洁。隐蔽工程（如地板下、吊顶上、假墙、夹层内）在封口前必须先除尘、清洁处理，暗处表层应能保持长期不起尘、不起皮和不龟裂。

（4）机房所有管线穿墙处的裁口必须做防尘处理，然后对缝隙必须用密封材料填堵。在裱糊、粘接贴面及进行其他涂覆施工时，其环境条件应符合材料说明书的规定。

（5）装修材料应尽量选择无毒、无刺激性的材料，尽量选择难燃、阻燃材料，否则应尽可能涂防火涂料。

2. 活动地板

（1）计算机房用活动地板应符合《防静电活动地板通用规范》SJ/T 10796—2001。

（2）活动地板的理想高度在 18～24 英寸（46～61cm）之间。

（3）活动地板的铺设应在机房内各类装修施工及固定设施安装完成并对地面清洁处理后进行。

（4）建筑地面应符合设计要求，并应清洁、干燥，当活动地板地下空间作为静压箱时，四壁及地面均作防尘处理，不得起皮和龟裂。

（5）现场切割的地板，周边应光滑、无毛刺，并按原产品的技术要求作相应处理。

（6）活动地板铺设前应按标高及地板布置要求严格放线，将支撑部件调整至设计高度，使其平整、牢固。

（7）活动地板铺设过程中应随时调整水平面。遇到障碍或不规则地面，应按实际尺寸镶补并附加支撑部件。

（8）在活动地板上搬运、安装设备时应对地板表面采取防护措施。铺设完成后，做好防静电接地。

3. 电气系统

（1）数据中心供配电系统应为 380V/200V、50Hz，计算机设备供电质量达到 A 级。

（2）供配电方式为双路供电加 UPS 电源及柴油发电机设备，并对空调系统和其他用电设备单独供电，以避免空调系统启停对重要用电设备的干扰。供电系统的负荷包含如下方面：

① UPS 总功率

一般采用 $n+1$ 备份方案，亦即并联 UPS 台数多加 1 台，以防止某一台机组出现故障。

目前 UPS 效率均在 90%以上，故按照服务器总功率可以估算出所需 UPS 的总千伏安数。

② 工作区恒温恒湿精密空调负荷

工作区面积×（200～250）kcal/（h · m^2）＝总的空调所需制冷量。

按上述数据即可确定精密空调的数量，同时亦可确定空调所耗费电功率。

4. 电源分类

一类电源为 UPS 供电电源，由电源互投柜引至机房墙面配电箱，分路送到活动地板下插座，再经插座分接计算机电源处，电缆用阻燃护套，穿金属线槽及钢管敷设。

二类电源为市电供电电源，由电源互投柜分别送至空调、照明配电箱和插座配电箱，再分路送至灯具及墙面插座。电缆用阻燃护套，照明支路用塑铜线，穿金属线槽及钢管敷设。

三类电源为柴油发电机组，是作为特别重要负荷的应急电源，应满足的运行方式为：正常情况下，柴油发电机组应始终处于准备发动状态，当两路市电均中断时机组应立即启动，并具备带 100%负荷的能力。任一市电恢复时，机组应能自动退出运行并延时停机，恢复市电供电。机组与市电系统间应有防止并列运行的连锁装置。柴油发电机组的容量应按照用电负荷的分类来确定，因为有的负荷需要很大的启动功率，如空调电动机，这就需要合理选择发电机组容量，以避免过大的启动电压降，一般根据上述用电负荷总功率的 2.5 倍来计算。

5. 配电柜

(1) 配电箱柜应有短路、过流保护，其紧急断电按钮与火灾报警联锁。

(2) 配电箱柜安装完毕后进行编号，并标明箱、柜内各开关的用途以便于操作和检修。

(3) 配电箱柜内留有备用电路，作机房设备扩充用电。

6. 电缆(电线)

(1) 电缆(电线)在铺设时应该平直，电缆(电线)要与地面、墙壁、天花板保持一定的间隙。

(2) 不同规格的电缆(电线)在铺设时要有不同的固定距离间隔。

(3) 电缆(电线)在铺设施工中弯曲半径按厂家和当地供电部门的标准施工。

(4) 铺设电缆时长度要留有适当的余度。

(5) 地板下的电缆穿钢管或在金属线槽里铺设。

7. 接地系统

依据《电气装置安装工程 接地装置施工及验收规范》GB 50169—2016，计算机直流地与机房抗静电接地及保护地应严格分开以免相互干扰，采用 T50×0.35 铜网，所有接点采用锡焊或铜焊使其接触良好，以保证各计算机设备的稳定运行，并要求其接地电阻 1Ω。机房抗静电接地与保护地采用软扁平编织铜线直接敷设到每个房间。地板就近接地，能使地板产生的静电电荷迅速入地。

8. 防雷

为防止机房设备因雷电流的损坏和数据的丢失，按照国家建筑物防雷设计规范，本设计对机房电气电子设备的外壳、金属件等实行等电位连接，并在低压配电电缆入室进线输入端加装电源防雷器。防雷接地电阻小于 10Ω。

8.3.5　数据中心规划设计

1. 进线设备间

进线设备间是数据中心布线系统和建筑布线系统之间的空间，也就是处于电信接入提供商和客户网络之间的桥梁。这个空间包括电信接入商所提供的接口设备。本项目进线设备间靠近网络核心机房，以避免由于线路长度的限制而建立第二个进线设备间的需要。

2. 数据中心机房

网络核心机房是数据中心的信息分配中枢，用于放置计算机网络的核心路由器、局域网核心 LAN 交换机、存储核心 SAN 交换机和程控用户交换机 PBX 设备。在多用户共同使用数据中心的情况下，网络核心机房应该使用专用的房间或区域用以保证其安全性。

本数据中心建设项目由 15 个机房组成，在管理区维护时需要经常进行机柜之间的光缆跳线，这给维护管理及跳线操作带来极大麻烦(光纤机柜之间跳线操作要掀开活动地板进行)。本系统采用西蒙动态光纤配线架，在此 15 个机房间互联一个 12 芯 MPO 带状光缆配线架接口，形成网状网格连接，这样配置可以方便地就近操作，跳接到其他管理区的机柜或机架光网络设备了。

每个部分采用标准 63cm(19 寸)高密度 288 芯 4U 光纤跳线架，用于光缆机柜内的端接。另外网络核心机房布放 1 根 100 对 3 类电缆到语音通信机房。

3. 水平分配区

本项目水平分配区共划分为 20 个分区，有 20 个主机柜组成，水平分配区的每个主机柜布置 1 根 48 芯多模光纤光缆、1 根 48 芯单模光纤光缆和 24 根 6 类双绞线至网络核心机房，各主机柜下设 5 个设备分配机柜。水平分配区主要包括水平跳接、SAN 网络交换机、服务器和 KVM 交换机。

在使用中，水平分配区以水平交叉连接管理方式将光缆接至设备分配区的端节点。水平分配区为设在设备分配区的 LAN 交换机、SAN 交换机、键盘/视频/鼠标(KVM)切换开关等终端设备所服务。

4. 设备分配区

每个设备分配区的机柜配置一个 24 口快接式配线架，每个水平分配区的主机柜设置 5 个 24 口快接式配线架，为一些应用(如无线接入点，IP 摄像机和自动控制系统等)考虑的线缆也要规划并在此端接，配线架之间的水平布线采用 6 类低烟无卤线缆。

本项目的设备分配区共有 100 个机柜组成，设备分配区是给终端设备配线的空间，包括计算机系统和通信设备，交换机和刀片服务器或服务器的外围设备。

复习思考题

1. 说明企业或校园计算机网络采用层次布线结构的好处。
2. 居住区综合布线与公共建筑综合布线最大的区别有几点？
3. 为什么办公楼综合布线的配置等级往往比居住区要高？
4. 对于本章中给出商贸写字楼综合布线设计案例，你能提出其他解决方案吗？

参 考 文 献

[1] TIA/EIA. TIA/EIA-568 Commercial Building Telecommunications Cabling Standard [S]. 1991.

[2] TIA/EIA. TIA/EIA-568-B Commercial Building Telecommunications Cabling Standard [S]. 2001.

[3] TIA. ANSI/TIA-568-C Generic Telecommunications Cabling for Customer Premises [S]. 2009.

[4] 中华人民共和国工业和信息化部. GB 50311—2016 综合布线系统工程设计规范 [S]. 北京：中国计划出版社，2017.

[5] 中华人民共和国工业和信息化部. GB/T 50312—2016 综合布线系统工程验收规范 [S]. 北京：中国计划出版社，2017.

[6] 中华人民共和国工业和信息化部. GB 50174—2017 数据中心设计规范 [S]. 北京：中国计划出版社，2017.

[7] 中华人民共和国工业和信息化部. GB 50462—2015 数据中心施工及验收规范 [S]. 北京：中国计划出版社，2015.

[8] 四川省住房和城乡建设厅. GB 50343—2012 建筑物电子信息系统防雷技术规范 [S]. 北京：中国建筑工业出版社，2004.

[9] 中华人民共和国住房和城乡建设部. GB/T 50314—2015 智能建筑设计标准 [S]. 北京：中国计划出版社，2015.

[10] 中国民航机场建设集团公司. MH/T 5021—2016 民用运输机场航站楼综合布线系统工程设计规范 [S]. 北京：中国民航出版社，2016.

[11] 中华人民共和国工业和信息化部. GB/T 50373—2019 通信管道与通道工程设计标准 [S]. 北京：中国计划出版社，2019.

[12] ISO/IEC. 18598 Edition 1. 0 2016-09 Information technology -Automated infrastructure management (AIM) systems-Requirements，data exchange and applications [S]. 2016.

[13] ISO/IEC. 14763-2 Edition 1. 0 Information technology- Implementation and operation of customer premises cabling-Part 2：Planning and installation . [S]. 2012.

[14] ANSI/TIA. 5017 Telecommunications Physical Network Security Standard [S]. 2016.

[15] ANSI/TIA. 606-B. Administration Standard for Telecommunications Infrastructure [S]. 2012.

[16] AT&T. AT&T SYSTIMAX® PDS Design and Engineering [R]. 1992.

[17] 综合布线工作组. 智能布线系统设计与安装技术白皮书 [R]. 2012. 11.

[18] 张宜. 综合布线工程 [M]. 北京：中国电力出版社，2008.

[19] 沈越泓等. 通信原理(第 2 版) [M]. 北京：机械工业出版社，2008.

[20] 黄载禄等. 通信原理 [M]. 北京：科学出版社，2007.

[21] 李履信等. 光纤通信(第 2 版) [M]. 北京：机械工业出版社，2007.

[22] 胡庆，刘鸿，张德民，杨晓波. 光纤通信系统与网络(第 3 版) [M]. 北京：电子工业出版社，2014.

[23] 刘化君. 综合布线系统(第 2 版) [M]. 北京：机械工业出版社，2008.

[24] 曾松鸣. 综合布线系统改造技术方案 [R]. 2014.

[25] 千家网. 浅析数据中心智能布线管理解决方案 [R]. 2014.